中国自主产权芯片
技术与应用丛书

深度学习与计算机视觉

项目式教材

彭飞 张强◎编著

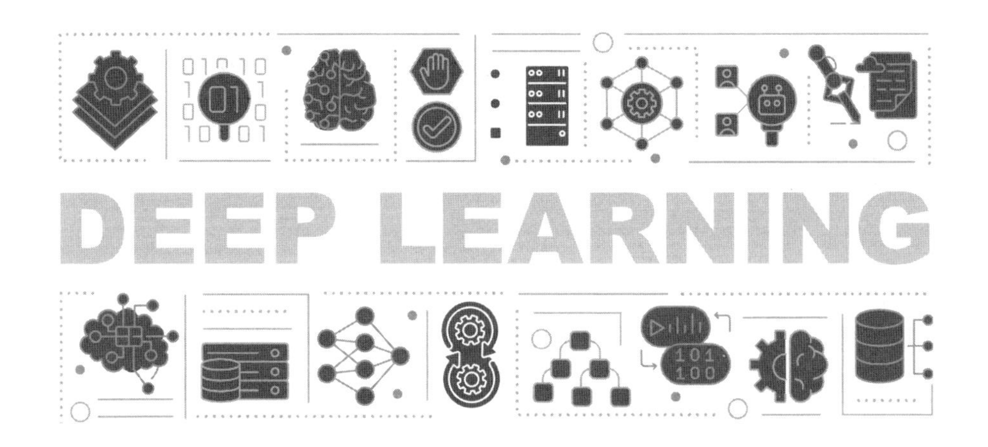

人民邮电出版社
北京

图书在版编目（CIP）数据

深度学习与计算机视觉 ：项目式教材 / 彭飞，张强编著. -- 北京 ：人民邮电出版社，2024. -- (中国自主产权芯片技术与应用丛书). -- ISBN 978-7-115-64779-5

I. TP181；TP302.7

中国国家版本馆 CIP 数据核字第 2024BZ9251 号

内 容 提 要

本书基于国产自主可控龙芯处理器，系统地介绍计算机视觉领域的基本理论与实践，并结合当前主流的深度学习框架和龙芯平台以项目式教学的形式讲述任务的实施。本书主要包括 OpenCV 基础功能实战、深度学习框架的部署、计算机视觉技术基础知识、图像分类网络的部署、目标检测网络的部署、图像分割网络的部署、龙芯智能计算平台模型的训练和龙芯智能计算平台的推理部署等内容。通过阅读本书，读者能够了解和掌握深度学习在计算机视觉中的应用，并基于国产自主可控龙芯处理器进行工程实践。

本书适合深度学习与计算机视觉领域的从业者、深度学习与计算机视觉的爱好者阅读，也可作为高等院校计算机相关专业的教材。

◆ 编　　著　彭　飞　张　强
　责任编辑　谢晓芳
　责任印制　陈　犇

◆ 人民邮电出版社出版发行　　北京市丰台区成寿寺路 11 号
　邮编　100164　　电子邮件　315@ptpress.com.cn
　网址　https://www.ptpress.com.cn
　涿州市京南印刷厂印刷

◆ 开本：787×1092　1/16
　印张：11.75　　　　2024 年 10 月第 1 版
　字数：313 千字　　　2024 年 10 月河北第 1 次印刷

定价：49.90 元

读者服务热线：(010) 81055410　印装质量热线：(010) 81055316
反盗版热线：(010) 81055315
广告经营许可证：京东市监广登字 20170147 号

前　言

人工智能正引领产业发展的新一轮技术革命，成为国家产业发展的战略控制点，对经济发展、社会进步和人类生活产生了深远影响。许多国家在战略层面对其予以高度重视，相关科研机构大量涌现，各大科技“巨头”大力布局，新兴企业迅速崛起，人工智能技术开始广泛应用于各行各业，展现出可观的商业价值和巨大的发展潜力。

近几年，国家对人工智能产业的重视达到空前的高度，不断加强对人工智能技术的研发和应用，陆续出台了一系列关于人工智能发展的政策和措施。我国对人工智能的重视主要体现为以下几点。

- 将人工智能技术作为国家战略发展的重要技术，发布了《新一代人工智能发展规划》，明确了人工智能的发展目标和路线。
- 加大对人工智能研发的投入，鼓励各行业、企业研发和应用人工智能技术，推动人工智能与实体经济深度融合等。
- 将人工智能作为重点发展的产业之一，鼓励各行业、企业在人工智能领域进行投资和创新。政府支持人工智能产业的发展，推动人工智能技术在教育、金融、医疗、交通等领域的应用。
- 重视人才培养，鼓励高校和科研机构加强人工智能领域的教育与研究。鼓励企业加强人才培养和引进，提高其在人工智能领域的专业技能和创新能力。

《促进新一代人工智能产业发展三年行动计划（2018—2020年）》强调，要形成安全可信、自主可控的基础软硬件技术生态，布局若干人工智能算力中心，形成广域协同的智能计算平台，从而提供普惠算力和服务支撑。国家发展改革委等部门印发的《关于促进电子产品消费的若干措施》提到，鼓励科研院所和市场主体积极应用国产人工智能（AI）技术提升电子产品智能化水平，增强人机交互便利性。各级地方政府也在大力推动人工智能国产化自主可控技术的实现，如《北京市加快建设具有全球影响力的人工智能创新策源地实施方案（2023—2025年）》提到，要推动一批国产替代，技术攻坚取得新突破。

人工智能算力布局初步形成，国产CPU处理器芯片、人工智能芯片和深度学习框架等基础软硬件产品的市场占比显著提升，算力、芯片等基本实现自主可控，全面兼容主流深度学习框架。人工智能算力资源并网互联，推动基础软硬件实现高质量自主可控。我国关于人工智能国产化的政策主要体现在以下几方面。

- 支持研发创新：鼓励企业、高校、科研机构等开展人工智能技术的研发和创新，提升国产化人工智能技术的水平和能力。
- 培育优质企业：支持培育具有自主知识产权的人工智能企业，鼓励企业完善产业生态，提升市场竞争力。
- 推进应用落地：鼓励企业和机构在各个领域推进人工智能应用落地，提升国产化人工智能产品的质量，增加其市场份额。
- 加强人才培养：加强人工智能领域人才的培养和引进，为国产化人工智能技术的发展提供人才保障。
- 加强安全保障：加强人工智能技术的安全保障，确保国产化人工智能产品和服务安全可靠。

龙芯中科技术股份有限公司（简称龙芯）一直以开放的态度面对人工智能技术的发展，积极投入人工智能深度学习平台的建设，围绕LoongArch自主指令集架构，从基础软硬件到算法及框架，再到最终的产品应用，形成了完整的人工智能技术栈，构建了多层的人工智能软件生态体系和全域异构硬件支撑体系，打造出自主可控的国产化龙芯智能计算平台，以满足人工智能在计算机视觉、自然语言处理、语音识别、智能交互、推荐算法、多模态交互等领域的应用场景需求。

在人工智能产业发展十分重要以及我国对自主可控技术的需求十分迫切的环境下，发展基于国产自主可控平台的人工智能技术势在必行。本书介绍计算机视觉技术的基本原理，并结合国产自主可控龙芯处理器阐述具体实践，让读者能够基于国产自主可控龙芯平台进行具体工程实践。

彭飞

2024 年 4 月

目　　录

项目 1　OpenCV 基础功能实战

本项目介绍 OpenCV 的主要模块，以及如何基于龙芯平台的 OpenCV 的基础功能完成相关任务。该项目的主要目标是帮助开发者熟悉并掌握 OpenCV 库的基本功能和使用方法，通过基于龙芯平台的实践应用，加深对计算机视觉领域的理解。

1.1 知识引入

1.1.1 OpenCV 简介

OpenCV 是一种开源的计算机视觉库（Computer Vision Library，CVL），一直被广泛使用。OpenCV 底层由 C/C++语言实现，其上层提供了 Python、Java、JavaScript、Ruby、MATLAB 等语言的接口，可以实现多平台无缝兼容。OpenCV 拥有超过 2500 种优化算法，包括一套全面的、经典的和先进的计算机视觉（Computer Vision，CV）和机器学习（Machine Learning，ML）算法，这些算法涉及图像识别和目标检测（object detection）等方面。目前，主要由来自微软、IBM、西门子、谷歌、英特尔、斯坦福大学、麻省理工学院、卡耐基-梅隆大学、剑桥大学等公司或大学的研究人员共同维护和支持 OpenCV 的开源库开发。

OpenCV 包含稳定的主仓库，以及具有实验性质的或需为专利付费的 opencv_contrib 仓库。OpenCV 模块中的硬件加速层提供了针对不同 CPU 和 GPU 的优化加速，以及不同的软件/硬件加速库。OpenCV 不仅为不同的操作系统提供了视频 I/O、文件 I/O 和用户界面（User Interface，UI），还提供了详细的用户指导手册以及大量的单元测试和例程。

1.1.2 OpenCV 的主要模块

OpenCV 提供了许多强大的图像和视频处理功能。其主要模块如下。

- **core 模块**。该模块为核心模块，包含基础数据结构、动态数据结构、算法（线性代数、快速傅里叶变换等相关算法）、绘图函数、XML/YAML 文件 I/O、系统函数和宏等。
- **imgcodecs 模块**。该模块为图像编解码模块，用于读取、写入图像并对各种格式的图像进行编解码处理，包括 JPEG、PNG、BMP 等格式的图像。
- **imgproc 模块**。该模块为图像处理模块，主要用于进行滤波操作、形态学处理、几何变换、色彩空间转换、直方图计算、结构形状分析、运动分析、特征检测、目标检测等。
- **highgui 模块**。该模块为高级用户交互模块，包含图形用户界面（Graphics User Interface，GUI）、图像和视频 I/O，提供了窗口操作功能，如创建显示图像或者视频的窗口、通过命令窗口响应键盘和鼠标事件、操作窗口中图像的某个区域等。
- **features2d 模块**。该模块为二维特征检测与描述模块，主要用于图像特征检测、描述、匹配等。利用该模块可以从二维图像中检测和提取对象的特征。
- **calib3d 模块**。该模块为三维重建模块，提供了三维重建功能，可根据二维图像创建三维场景。它主要用于完成相机标定、立体视觉模拟、姿态估计和三维物体重建等任务。

- **video 模块**。该模块为视频模块，提供了光流法、运动模板、背景分离、目标跟踪等视频处理技术，以及视频分析（video analysis）功能，如分析视频中连续帧的运动、跟踪视频中的目标。该模块还提供了视频稳定处理功能，可解决拍摄视频时的抖动问题等。
- **gapi 模块**。该模块为图形加速模块，可对图像算法做加速处理，主要用于图像和视频数据的高性能处理和计算，提供简化编程模型和优化图像处理的算法。
- **objdetect 模块**。该模块为目标检测模块，不仅提供了目标检测功能，还提供了常见的目标检测算法和预训练的目标检测模型。
- **ml 模块**。该模块为机器学习模块，提供了机器学习功能，包含常见的统计模型和分类算法等机器学习算法，如 *k* 近邻（*k*-Nearest Neighbors，*k*NN）、*k* 均值聚类（*k*-Means Clustering）、支持向量机（Support Vector Machine，SVM）、神经网络（neural network）等。
- **dnn 模块**。该模块为深度神经网络（Deep Neural Network，DNN）模块，提供了深度学习功能，支持 Caffe、TensorFlow、PyTorch、DarkNet 等主流的深度学习框架，用于加载和运行深度学习模型，从而可以进行图像分类（image classification）、目标检测、语义分割（semantic segmentation）等操作。
- **ts 模块**。该模块为测试模块，主要包含 OpenCV 的单元测试和功能测试框架，用于验证 OpenCV 相关库的正确性和稳定性。

OpenCV 还提供了许多其他模块，可以用于图像拼接、图像分割（image segmentation）、目标识别等。用户可以根据自己的需求组合使用这些模块，以完成特定的计算机视觉任务。

1.1.3　OpenCV 的版本

1999 年，加里 • 布拉德斯基（Gary Bradski）在英特尔公司创建了计算机视觉库项目。该项目旨在提供通用的计算机视觉接口，并以开源的方式发布。

本节介绍 OpenCV 的版本演进。

1. OpenCV 1.x

OpenCV 1.x 是最早的版本，这个版本提供了许多基本的图像处理功能和算法。OpenCV 1.x 主要关注实时计算机视觉，并且强调图像处理的速度和准确性。OpenCV 1.x 提供了多种图像处理和分析方法，包括滤波、边缘检测、形态学处理、测量分析等；支持多种格式的图像的读取、保存和显示，包括常见的 BMP、JPEG、PNG 等格式的图像；提供了多种图像变换和特征提取方法，如直方图均衡化、色彩空间转换、边缘检测等；支持多种窗口操作，如滑动窗口、固定窗口等，方便进行图像分析和检测等。

2. OpenCV 2.x

OpenCV 2.x 是基于 C++的版本，比 OpenCV 1.x 易用，具有更好的封装和自动内存管理功能。在 OpenCV 2.x 中，所有类和函数都包含在命名空间“cv”中。与 OpenCV 1.x 相比，OpenCV 2.x 更加灵活和强大，具有更多的特性和算法。在 OpenCV 2.x 中，可以基于面向对象的思想使用各种函数库，使代码更加清晰和易于维护。

另外，OpenCV 2.x 中增加了许多新的功能和算法，如视频分析、3D 重建、机器学习等领域的功能和算法。OpenCV 2.x 还支持多种语言接口，包括 Python、Java 和 MATLAB 等语言的接口。

3. OpenCV 3.x

OpenCV 3.x 在 OpenCV 2.x 的基础上进行改进和扩展，具有更多的新特性和算法。OpenCV 3.x

进一步加强了面向对象的编程思想，使代码更加简洁、易读和易于维护。OpenCV 3.x 中增加了一些新的功能，例如深度学习、全景拼接、立体视觉等。此外，OpenCV 3.x 还加强了与其他计算机视觉库（如 Halcon、Media SDK 等）的集成和互操作性。

4. OpenCV 4.x

OpenCV 4.x 在 OpenCV 3.x 的基础上进行了改进和扩展，如 OpenCV 4.x 中添加了新的模块 G-API，它可以作为基于图形的图像处理管线（pipeline）的引擎；OpenCV 4.x 的 dnn 模块支持 ONNX（Open Neural Network Exchange，开放神经网络交换）格式的网络；OpenCV 4.x 将二维码检测器和解码器添加到 objdetect 模块中，并将稠密逆搜索（Dense Inverse Search，DIS）光流算法从 opencv_contrib 转移到 video 模块。

相对于 OpenCV 3.x，OpenCV 4.x 增加了很多新的功能和算法，如神经风格迁移、目标检测和跟踪等。OpenCV 4.x 还加强了代码的优化和重构，提高了代码的执行效率。

1.1.4 OpenCV-Python

OpenCV-Python 是由原始 OpenCV C++实现的 Python 包装器，是 OpenCV 库的 Python 接口。

Python 是一种面向对象的、解释型的计算机高级程序设计语言。Python 凭借语法简洁、易于学习、功能强大、可扩展性强、跨平台等特点，成为继 Java 和 C 语言之后的又一热门程序设计语言。它的简单性和代码可读性使程序员能够用更少的代码实现功能。

但与 C/C++相比，Python 的执行速度较慢。Python 可以使用 C/C++轻松扩展，使用户可以使用 C/C++编写计算密集型代码，并使用 Python 进行封装。使用 OpenCV-Python 主要有两大好处：第一，代码运行速度与原始 C/C++代码的一样快，因为它在后台运行的实际是 C++代码；第二，用 Python 编写代码比用 C/C+容易。

OpenCV-Python 需要使用 NumPy 库，OpenCV 在程序中使用 NumPy 数组存储图像数据。

1.1.5 龙芯平台和 OpenCV

龙芯平台支持 OpenCV，当前 OpenCV 开源社区已经支持 LoongArch 自主指令集架构（龙架构）。基于龙芯平台，用户可以编写程序、调用 OpenCV 接口来实现具体功能，如图像与视频 I/O、二值图像分析与处理、颜色空间转换、视频对象分析与跟踪、边缘轮廓检测与提取、图像特征提取与匹配、深度学习模型推理等。

龙芯平台操作系统源中已经集成了 OpenCV 的相关软件包，用户只需要通过终端系统即可完成 OpenCV 的安装。如在 Loongnix 20 系统上，直接通过以下命令即可安装 OpenCV。

```
sudo apt-get install libopencv-dev python3-opencv
```

1.2 任务 1：图像读取、显示和保存

1.2.1 任务描述

基于龙芯平台，利用 OpenCV 实现读取图像、显示图像与保存图像的功能。

1.2.2 技术准备

图像的读取、显示与保存是工程应用和学术研究中的基础操作，OpenCV 提供用于完成这些基础操作的 API 函数，它们分别为 imread()、imshow()、imwrite()和 waitKey()。利用 OpenCV 实现图

像的读取与显示的主要流程为引入 OpenCV→读取图像→显示图像→等待用户输入。

OpenCV 的 imread()函数用于将文件中的图像读入内存，支持多种静态图像格式，如 BMP、PNG、JPEG 和 TIFF 等。imread()函数的完整格式如下。

```
img=cv2.imread(filename, flag)
```

其中，filename 为文件名，flag 为图像读取格式标志。若 imread()函数正确读取图像，返回表示图像的 NumPy 数组；否则，返回 NULL。

OpenCV 的 imshow(winname,mat)函数用于在指定的窗口中显示图像。若窗口已存在，图像直接显示在该窗口中；否则，新建一个名为 winname 的窗口，并显示 mat 参数对应的图像。

OpenCV 的 imwrite()函数用于将 NumPy 数组中保存的图像写入文件。

waitKey()函数的功能是等待用户输入。该函数的基本格式如下。

```
rv=cv2.waitKey([delay])
```

参数说明如下。

- rv：保存函数返回值。如果没有按某个键，返回−1；否则，返回所按键的对应 ASCII 值。
- delay：等待按键的时间（单位为 ms）。若 delay 为负数或 0，表示无限等待，其默认值为 0；若设置了 delay 参数，等待指定时间后，waitKey()函数返回−1。

1.2.3　任务实施

以下是使用 OpenCV 接口实现图像的读取、显示与保存的代码。

```
import cv2
# 使用 imread()函数读取图片。0 表示灰度图，1 表示彩色图，16 表示缩放后的灰度图，17 表示缩放后的彩色图
img = cv2.imread("./test.jpg", 1)
# 显示
# cv2.imshow("imshowtest", img)
# 保存
cv2.imwrite("test1.jpg", img)
cv2.waitKey(0)
```

运行结果如图 1-1 所示。

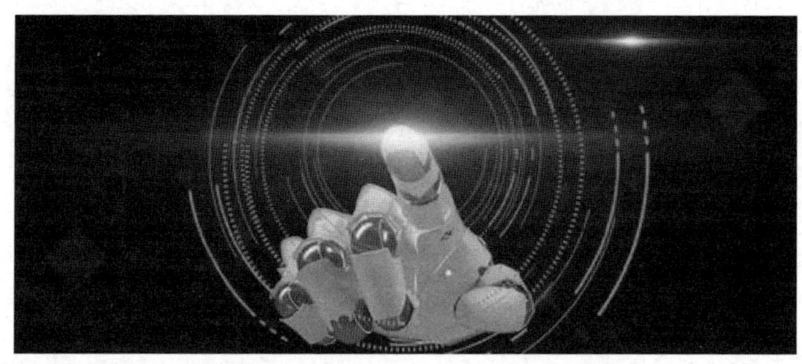

▲图 1-1　运行结果

1.3　任务 2：视频的获取、显示和保存

1.3.1　任务描述

基于龙芯平台，利用 OpenCV 和本地摄像头获取视频、显示视频和保存视频。

1.3.2 技术准备

在计算机中，视频资源可以源自专用摄像机、网络摄像头，也可以源自本地视频文件或图像序列文件。视频处理的是运动图像，而不是静止图像。OpenCV 的 VideoCapture 类和 VideoWriter 类是视频处理中重要的类，提供了视频处理功能，可以支持多种格式的视频文件。

VideoCapture 类是捕获视频对象的类，支持返回获取的外部视频对象。通过对返回的外部视频对象进行读取，VideoWriter 类可用作把视频对象保存至本地的程序接口，完成视频的显示、保存操作。

视频处理的基本操作步骤如下。

（1）以视频文件或者摄像头作为数据源，创建 VidcoCapture 对象。

（2）调用 VideoCapture 对象的 read()方法获取视频中的帧，这里每一帧都是一幅图像。获取视频的流程图如图 1-2 所示。

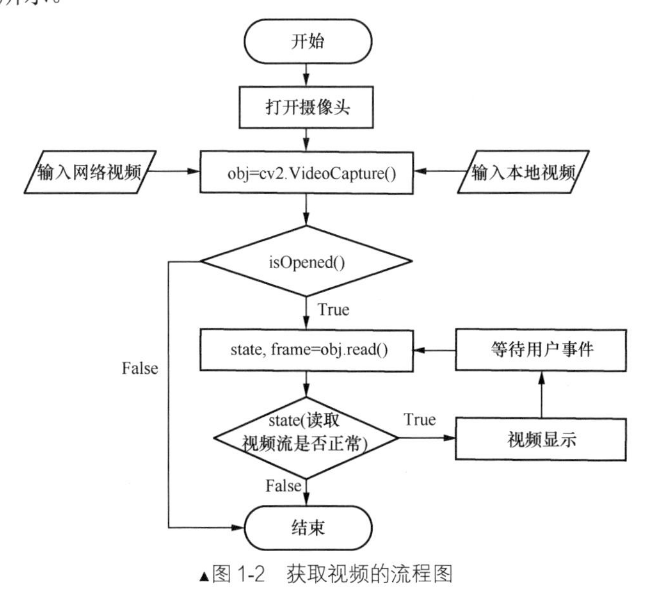

▲图 1-2 获取视频的流程图

（3）调用 VideoWriter 对象的 write()方法将帧写入指定的视频文件。保存视频的流程图如图 1-3 所示。

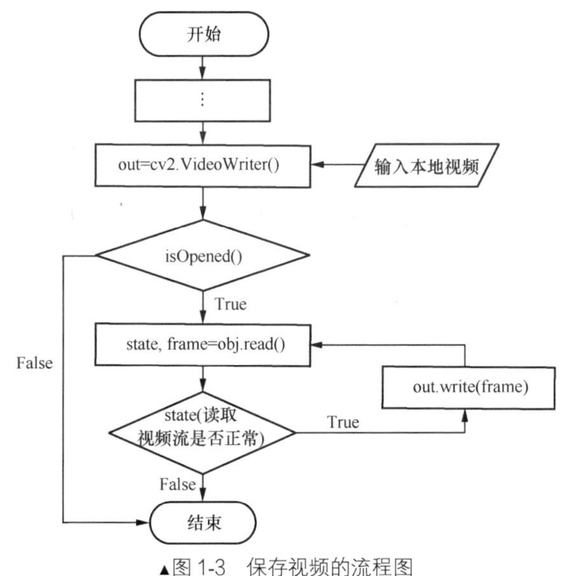

▲图 1-3 保存视频的流程图

1.3.3　任务实施

通过本地摄像头获取视频、显示视频并保存视频的代码如下。

```
import cv2
# 通过本地摄像头获取视频并保存至当前文件夹
# 创建 VideoCapture 对象，视频源为默认摄像头 0
cap = cv2.VideoCapture(0)
# 检查摄像头是否成功打开
if (cap.isOpened() == False):
    print("Error ")
# 默认分辨率取决于系统
# 将分辨率从 float 类型转换为 int 类型
frame_width = int(cap.get(3))
frame_height = int(cap.get(4))

# 定义编解码器并创建 VideoWriter 对象，把输出结果存储在 r8c_SaveVideo.avi 文件中
out = cv2.VideoWriter('Resources/r8c_SaveVideo.avi', cv2.VideoWriter_fourcc('M', 'J',
'P', 'G'), 35,(frame_width, frame_height))
# 循环读取视频帧，直到视频结束
while True:
    ret, frame = cap.read()
    if ret == True:
        # 将视频帧写入文件 r8c_SaveVideo.avi
        out.write(frame)
        # 显示视频帧
        cv2.imshow('frame', frame)
        # 按 Q 键停止记录
        if cv2.waitKey(1) & 0xFF == ord('q'):
            break
    # 跳出循环
    else:
        break
# 释放视频捕获器以及视频写对象
cap.release()
out.release()
# 关闭所有的窗口
cv2.destroyAllWindows()
```

视频获取与显示结果如图 1-4 所示。

▲图 1-4　视频获取与显示结果

1.4 任务 3：几何图形绘制

1.4.1 任务描述

基于龙芯平台，利用 OpenCV 的相关函数实现常用的几何图形绘制。

1.4.2 技术准备

在图像处理中，我们经常需要将某个感兴趣的区域用图形标注出来，以便在开发时观察和调试，尤其是在进行物体检测与物体跟踪时，绘图是必不可少的操作。OpenCV 提供了一系列的几何图形绘制函数，可以实现在图像中绘制线段、矩形、圆形、椭圆形、多边形、文本等功能。

1. line()函数

line()函数用于绘制线段，其基本格式如下。

```
cv2.line(img, start_point, end_point, color, thickness=0)
```

参数如下。

- img：指定需要绘制的图像。
- start_point：指定线段的起始坐标，必须是元组类型。
- end_point：指定线段的结束坐标，必须是元组类型。
- color：指定线条的颜色，必须是元组类型，通常使用 BGR 颜色值表示颜色，如(255, 0, 0)表示红色。
- thickness：指定线条的宽度，默认值为 1，若设置为-1，表示绘制填充图形。

2. rectangle()函数

rectangle()函数用于绘制矩形，其基本格式如下。

```
cv2.rectangle(img, point1, point2, color, thickness=0)
```

参数如下。

- img：指定需要绘制的图像。
- point1：指定矩形左上角顶点的坐标，必须是元组类型。
- point2：指定矩形右下角顶点的坐标，必须是元组类型。
- color：指定线条的颜色，必须是元组类型。
- thickness：指定线条的宽度。

注意，该函数每调用一次，就会产生一个矩形，多次调用就会产生多个矩形。

3. circle()函数

circle()函数用于绘制圆形，其基本格式如下。

```
cv2.circle(img, center, R, color, thickness=0)
```

参数如下。

- img：指定需要绘制的图像。
- center：指定圆心坐标，必须是元组类型。

- R：指定圆形的半径。
- color：指定线条的颜色，必须是元组类型。
- thickness：指定线条的宽度。

4. ellipse()函数

ellipse()函数用于绘制椭圆形，其基本格式如下。

```
cv2.ellipse(img, center, (a, b), direction, angle_start, angle_end, color, thickness)
```

参数如下。

- img：指定需要绘制的图像。
- center：指定椭圆形的中心坐标。
- (a,b)：指定椭圆形的长轴和短轴。
- direction：指定顺时针方向的旋转角度。
- angle_start：指定绘制椭圆形开始的角度。
- angle_end：指定绘制椭圆形结束的角度。
- color：指定线条的颜色。
- thickness：指定线条的宽度。

5. polylines()函数

polylines()函数用于绘制多边形，其基本格式如下。

```
cv2.polylines(img, pts, isClosed, color, thickness=0)
```

参数如下。

- img：指定需要绘制的图像。
- pts：指定点的坐标集合，一般以列表的形式填入。
- isClosed：指定多边形是否闭合。若它为 False，表示不闭合；若为 True，表示闭合。
- color：指定线条的颜色。
- thickness：指定线条的宽度。

6. putText()函数

putText()函数用于绘制文本，其基本格式如下。

```
cv2.putText(img, text, org, fontFace, fontScale, color, thickness, lineType)
```

参数如下。

- img：指定需要添加文字的背景图。
- text：指定需要添加的文字。
- org：指定添加文字的位置。
- fontFace：指定字体。
- fontScale：指定字号大小。
- color：指定文字的颜色。
- thickness：指定线条的宽度。
- lineType：指定线条的种类。

1.4.3 任务实施

利用 OpenCV 的相关函数进行几何图形绘制的代码如下。

```
import cv2
import numpy as np
# 创建一张图片
img = np.ones((500, 500, 3), np.uint8)
# 绘制线段
cv2.line(img, (60, 240), (220, 240), BGR(0, 0, 255):红色, 3, cv2.LINE_AA)
cv2.line(img, (140, 160), (140, 320), BGR(0, 0, 255):红色, 3, cv2.LINE_AA)
# 绘制矩形
cv2.rectangle(img, (100, 200), (180, 280), (0, 255, 255), 3, cv2.LINE_AA)
cv2.rectangle(img, (80, 180), (200, 300), (0, 255, 255), 3, cv2.LINE_AA)
cv2.rectangle(img, (60, 160), (220, 320), (0, 255, 255), 3, cv2.LINE_AA)
# 绘制圆形
cv2.circle(img, (140, 240), 80, (255, 255, 0), 2, cv2.LINE_AA)
cv2.circle(img, (140, 240), 60, (255, 255, 0), 2, cv2.LINE_AA)
cv2.circle(img, (140, 240), 40, (255, 255, 0), 2, cv2.LINE_AA)
# 绘制椭圆形
cv2.ellipse(img, (140, 80), (100, 50), 0, 0, 360, (0, 255, 0), 2, cv2.LINE_AA)
cv2.ellipse(img, (140, 80), (90, 40), 0, 0, 90, (255, 0, 0), 2, cv2.LINE_AA)
cv2.ellipse(img, (140, 80), (90, 40), 0, 270, 360, (0, 255, 0), 2, cv2.LINE_AA)
cv2.ellipse(img, (140, 80), (80, 30), 0, 0, 90, (0, 255, 0), 2, cv2.LINE_AA)
cv2.ellipse(img, (140, 80), (80, 30), 0, 270, 360, (255, 255, 0), 2, cv2.LINE_AA)
cv2.ellipse(img, (140, 80), (70, 20), 0, 90, 270, (255, 255, 0), 2, cv2.LINE_AA)
# 绘制多边形
pts = np.array([[400, 100], [300, 140], [450, 250], [350, 250]], np.int32)
cv2.polylines(img, [pts], True, (0, 0, 255), 1, cv2.LINE_AA)
# 绘制文字
cv2.putText(img, 'loongson Platform: OpenCV', (0, 450), cv2.FONT_HERSHEY_SIMPLEX, 1,
(255,255,0),4)
cv2.imshow("Image ", img)
cv2.waitKey(0)
```

几何图形绘制结果如图 1-5 所示。

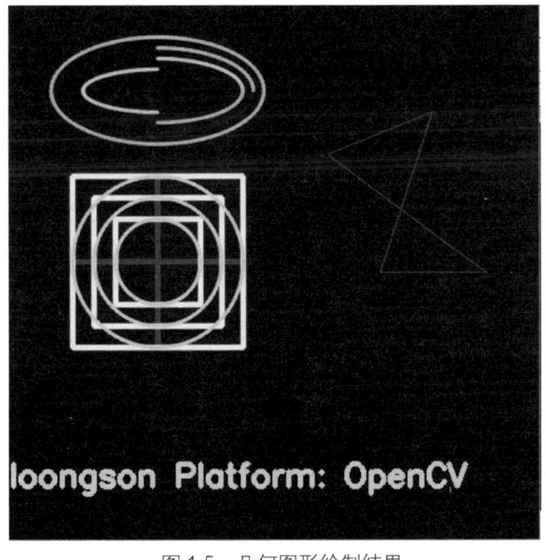

▲图 1-5　几何图形绘制结果

1.5 任务 4：鼠标事件的交互与响应

1.5.1 任务描述

本任务要求结合图形绘制的知识，基于龙芯平台，利用 OpenCV 实现鼠标事件的交互与响应，完成鼠标操作的综合实验。

1.5.2 技术准备

在使用 OpenCV 实现计算机视觉算法的过程中，通常需要大量使用 highgui 模块进行一些交互式的操作，如鼠标事件监听或者滑块交互操作。这些操作需要在 OpenCV 中通过响应函数并结合回调函数来实现。

OpenCV 提供了鼠标事件响应函数，程序调用鼠标事件响应函数之后，会一直监听鼠标动作，一旦监听到新的鼠标事件发生，就会通过调用回调函数指针 onMouse 所指向的函数，实现鼠标动作对应的功能。因此，鼠标事件响应函数在程序中是一直运行的，但鼠标事件响应函数本身并不直接实现某个功能，而通过 onMouse 回调函数指针调用回调函数间接实现具体的功能。鼠标回调函数的基本格式如下（mouseCallback 是指定义的函数的名称）。

```
def mouseCallback(event, x, y, flags, param)
```

参数如下。

- event：指定调用时传递给函数的鼠标事件对象。
- x、y：指定鼠标事件触发时，鼠标指针在窗口中的坐标。
- flags：指定鼠标事件触发时，鼠标或键盘按键的具体操作，一般可以设置为以下常量。
  - ✓ cv2.EVENT_LBUTTONDBLCLK：双击鼠标左键。
  - ✓ cv2.EVENT_LBUTTONDOWN：按下鼠标左键。
  - ✓ cv2.EVENT_LBUTTONUP：释放鼠标左键。
  - ✓ cv2.EVENT_MBUTTONDBLCLK：双击鼠标中键。
  - ✓ cv2.EVENT_MBUTTONDOWN：按下鼠标中键。
  - ✓ cv2.EVENT_MBUTTONUP：释放鼠标中键。
  - ✓ cv2.EVENT_MOUSEHWHEEL：滚动鼠标中键（正值、负值分别表示向左、向右滚动）。
  - ✓ cv2.EVENT_MOUSEMOVE：鼠标移动。
  - ✓ cv2.EVENT_MOUSEWHEEL：滚动鼠标中键（正值、负值分别表示向前、向后滚动）。
  - ✓ cv2.EVENT_RBUTTONDBLCLK：双击鼠标右键。
  - ✓ cv2.EVENT_RBUTTONDOWN：按鼠标右键。
  - ✓ cv2.EVENT_RBUTTONUP：释放鼠标右键。
  - ✓ cv2.EVENT_FLAG_ALTKEY：按 Alt 键。
  - ✓ cv2.EVENT_FLAG_CTRLKEY：按 Ctrl 键。
  - ✓ cv2.EVENT_FLAG_LBUTTON：按住鼠标左键拖动。
  - ✓ cv2.EVENT_FLAG_MBUTTON：按住鼠标中键拖动。
  - ✓ cv2.EVENT_FLAG_RBUTTON：按住鼠标右键拖动。
  - ✓ cv2.EVENT_FLAG_SHIFTKEY：按 Shift 键。

- param：指定传递给回调函数的其他数据。

setMouseCallback()函数用于为图像窗口绑定鼠标事件回调函数，其基本格式如下。

```
cv2.setMouseCallback(wname, mouseCallback)
```

参数如下。

- wname：指定图像窗口的名称。
- mouseCallback：指定鼠标事件回调函数的名称。

1.5.3 任务实施

以下是使用 OpenCV 接口实现鼠标事件的交互与响应的代码。

```
# 定义绘制矩形的函数
import cv2 as cv
import numpy as np

ox = 0
oy = 0
sx = 0
sy = 0

def draw_rectangle(event, x, y, flags, param):
    global img
    global ox, oy, sx, sy

    if event == cv.EVENT_LBUTTONDBLCLK:
        img = np.ones((500, 500, 3), np.uint8) * 100
    elif event != cv.EVENT_MOUSEMOVE and flags == cv.EVENT_FLAG_LBUTTON:
        sx, sy = x, y
        ox, oy = x, y
    elif event == cv.EVENT_MOUSEMOVE and flags == cv.EVENT_FLAG_LBUTTON:
        cv.line(img, (ox, oy), (x, y), (255, 255, 255), 3, cv.LINE_AA)
        ox, oy = x, y
    elif flags != cv.EVENT_FLAG_LBUTTON and event != cv.EVENT_MOUSEMOVE:
        cv.rectangle(img, (sx, sy), (x, y), (255, 0, 255), 3, cv.LINE_AA)

# 创建窗体，绑定监听回调函数
cv.namedWindow("image")
cv.setMouseCallback('image', draw_rectangle)
# 创建矩阵图像
img = np.ones((500, 500, 3), np.uint8)
while True:
    cv.imshow("image", img)
    k = cv.waitKey(25) & 0xFF
    if chr(k) == 'q':
        break
```

鼠标事件的交互与响应结果如图 1-6 所示。

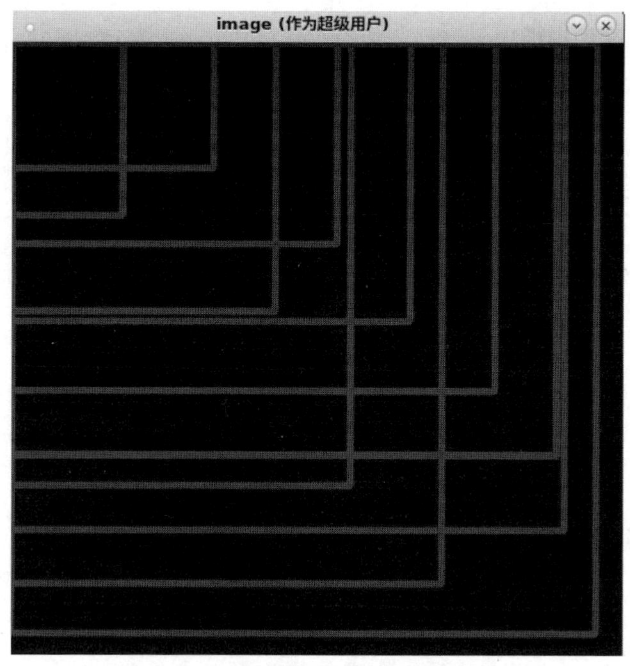

▲图 1-6　鼠标事件的交互与响应结果

1.6 任务 5：图像几何变换

1.6.1　任务描述

本任务要求基于龙芯平台完成 6 种图像几何变换——平移、缩放、旋转、翻转、仿射变换和透视变换。

1.6.2　技术准备

图像几何变换（也称为图像空间变换）是一种改变图像中像素空间位置但不改变像素值的过程。常见的图像几何变换包括平移、缩放、旋转等。这些变换可以通过变换矩阵实现，如平移和缩放通常以图像坐标系的原点（左上角）为变换中心，而旋转这类变换通常以图像的中心（即笛卡儿坐标系的原点）为变换中心。

在进行图像几何变换时，需要考虑两种坐标系间的变换，以确保图像的准确性和美观度。要完成一张图像的几何变换需要两种算法：一种算法用于实现空间坐标变换，描述每个像素如何从初始位置移动到终止位置；另一种算法是插值算法，用于输出图像的每个像素的灰度值。

OpenCV 提供了两种变换函数，分别为 warpAffine()和 warpPerspective()，它们可以进行所有类型的变换。warpAffine()使用 2×3 的变换矩阵作为输入，warpPerspective()使用 3×3 的变换矩阵作为输入。

1. 平移

图像平移就是将图像中所有的点按照平移量水平或者垂直移动。图像平移是通过函数 warpAffine()来实现的，其基本格式如下。

```
warpAffine(src, M, dsize, dst=None, flags=None, borderMode=None, borderValue=None)
```

参数如下。

- src：指定需要变换的原始图像。
- M：指定变换矩阵 ***M***。
- dsize：指定变换图像的大小。如果变换图像的大小和原始图像的大小不相同，那么函数会自动通过插值调整像素间的关系。
- border Mode：像素外推模式。
- borderValue：外边框值。

图像平移是指沿着 x 轴方向移动 t_x 的距离，沿着 y 轴方向移动 t_y 的距离，可以创建一个类似于下面的变换矩阵 ***M***。

$$\boldsymbol{M}=\begin{bmatrix}1 & 0 & t_x \\ 0 & 1 & t_y\end{bmatrix}$$

我们可以通过 NumPy 产生变换矩阵（必须是 float 类型的），并将其赋给 warpAffine()函数。

2. 缩放

缩放指调整图像的大小。OpenCV 为缩放图像提供了函数 resize()，其基本格式如下。

```
resize(src, dsize, dst=None, fx=None, fy=None, interpolation=None)
```

参数如下。

- src：指定输入的图像。
- dsize：指定输出图像的大小。
- fx、fy：分别指定沿 x 轴和 y 轴的缩放系数。dsize 和 fx、fy 不能同时为 0。
- interpolation：指定插值方式，有以下几种插值方式。
  - ✓ INTER_NEAREST：最近邻插值。
  - ✓ INTER_LINEAR：线性插值（默认）。
  - ✓ INTER_AREA：区域插值。
  - ✓ INTER_CUBIC：三次样条插值。
  - ✓ INTER_LANCZOS4：Lanczos 插值。

3. 旋转

对于图像平移和缩放而言，只要以图像的坐标系原点为变换中心进行变换即可，但是进行图像旋转操作时需要以图像的中心为中心，将图像的坐标转换成以指定中心为原点的笛卡儿坐标。在 OpenCV 中，getRotationMatrix2D()函数可用于计算执行旋转操作的变换矩阵，其基本格式如下。

```
m = cv2.getRotationMatrix2D(center, angle, scale)
```

参数如下。

- center：指定原始图像中作为旋转中心的坐标。
- angle：指定旋转角度。若它为正数，表示按逆时针方向旋转；若它为负数，表示按顺时针方向旋转；若它为零，表示不旋转。
- scale：指定目标图像与原始图像的大小比例。

例如，若原始图像的宽度为 width，高度为 height，以图像的中心作为中心顺时针旋转 60°，并将图像缩小 50%，则用于计算变换矩阵的语句如下。

```
m = cv2.getRotationMatrix2D((width/2, height/2), -60, 0.5)
```

4. 翻转

翻转也称为镜像变换，翻转后的图像与原始图像是对称的。翻转又可分为以下 3 种情况。

- 绕 x 轴翻转：将图像以 x 轴为对称轴进行对称变换。
- 绕 y 轴翻转：将图像以 y 轴为对称轴进行对称变换。
- 绕 x 轴和 y 轴同时翻转：将图像以原点为对称中心进行对称变换。

图像翻转在 OpenCV 中主要通过调用 flip()函数实现，其基本格式如下。

```
flip(src, flipCode, dst=None)
```

常用的参数如下。

- src：指定原始图像。
- flipCode：指定翻转方向。如果 flipCode = 0，则以 x 轴为对称轴翻转；如果 flipCode > 0，则以 y 轴为对称轴翻转；如果 flipCode < 0，则沿 x 轴、y 轴方向同时翻转。

5. 仿射变换

仿射变换（又称仿射映射）是指在几何中，对一个向量空间进行一次线性变换并接上一个平移，使它变换为另一个向量空间。这种变换可以描述为从一个向量空间通过一次线性变换和一次平移得到另一个向量空间的过程。

在仿射变换中，原始图像中平行的线在输出图像中仍然保持平行。为了求出变换矩阵，需要找到原始图像中的 3 个点，以及这 3 个点在输出图像中的位置。getAffineTransform()会创建一个 2×3 的矩阵，将这个矩阵传入 warpAffine()中。在 OpenCV 中，getAffineTransform()函数用于计算变换矩阵，其基本格式如下。

```
m = cv2.getAffineTransform(src, dst)
```

参数如下。

- src：指定原始图像的 3 个点的坐标。
- dst：指定输出图像的 3 个点的坐标。

在 getAffineTransform()函数中，参数 src 和 dst 都是包含 3 个二维数组(x, y)的数组，用于定义两个平行四边形。src 和 dst 中的 3 个点分别对应平行四边形的左上角、右上角、左下角。由 getAffineTransform()函数得到的变换矩阵 $\boldsymbol{M}$ 将作为 warpAffine()函数的参数，将 src 中的点仿射到 dst 中。选择 3 个点主要是因为三角形可以表现出变换的尺度和角度。

6. 透视变换

透视变换会将图像变换为任意的四边形，原始图像中的所有直线在变换后的图像中仍然是直线。在 OpenCV 中，使用 warpPerspective()函数实现透视变换操作，其基本格式如下。

```
dst=cv2.warpPerspective(src,M,dsize[,flags[,borderMode[,borderValue]]])
```

参数如下。

- flags：插值方法的组合，一般为默认值。
- borderMode：像素外推模式。
- borderValue：外边框值。

其中，M 表示大小为 3×3 的变换矩阵，其他参数的含义与 warpAffine()函数中的一致。

另外，getPerspectiveTransform()函数用于计算透视变换使用的变换矩阵，其基本格式如下。

```
M=cv2.getPerspectiveTransform(src,dst)
```

参数如下。

- src：指定原始图像中 4 个点的坐标。
- dst：指定原始图像中 4 个点在变换后的目标图像中的对应坐标。

1.6.3 任务实施

1. 平移

以下是使用 OpenCV 接口实现图像平移的代码。

```
import cv2
import numpy as np
# 读取图像
src = cv2.imread("./SunsetSea.png", 17)
rows, cols = src.shape[:2]
# 指定平移的距离
tx = 100
ty = 100
# 生成变换矩阵
affine = np.float32([[1, 0, tx], [0, 1, ty]])
dst = cv2.warpAffine(src, affine, (cols, rows))
# 显示图像
cv2.imshow('src', src)
cv2.imshow("dst", dst)
# 等待显示
cv2.waitKey(0)
cv2.destroyAllWindows()
```

图像平移结果如图 1-7 所示。

▲图 1-7　图像平移结果

注意，warpAffine()函数的第三个参数指定输出图像的大小，这里设置的大小是原始图像的大小，所以输出图像会有部分被遮挡。

2. 缩放

以下是使用 OpenCV 接口实现图像缩放的代码。

```
import cv2
import numpy as np
# 读取图像
img = cv2.imread("./SunsetSea.png", 17)
# 获取图像的高度、宽度
imageInfo = img.shape
h = imageInfo[0]
w = imageInfo[1]
# 生成变换矩阵
mat = np.array([[.5, 0, 0], [0, .5, 0]], np.float32)
dst = cv2.warpAffine(img, mat, (w, h))
# 缩放图像
mat_r = cv2.resize(img, (w * 2, h * 2))
# 显示图像
cv2.imshow("src Image", img)
cv2.imshow("dst Image", dst)
# 等待显示
cv2.waitKey(0)
```

图像缩放结果如图 1-8 所示。

▲图 1-8　图像缩放结果

3. 旋转

以下是使用 OpenCV 接口实现图像旋转的代码。

```
import cv2
# 读取图像
img = cv2.imread("./SunsetSea.png", 17)
# 获取图像的高度、宽度
imageInfo = img.shape
h = imageInfo[0]
w = imageInfo[1]
# 旋转图像
rotate = cv2.getRotationMatrix2D((w / 2, h / 2), 30, .5)
dst = cv2.warpAffine(img, rotate, (w, h))
# 显示图像
cv2.imshow("src Image", img)
cv2.imshow("dst Image", dst)
# 等待显示
cv2.waitKey(0)
```

图像旋转结果如图 1-9 所示。

▲图 1-9 图像旋转结果

4. 翻转

以下是使用 OpenCV 接口实现图像翻转的代码。

```
import cv2
import matplotlib.pyplot as plt
# 读取图片，并由 BGR 格式转换为 RGB 格式
img = cv2.imread("Resources/SunsetSea.png", 17)
src = cv2.cvtColor(img, cv.COLOR_BGR2RGB)
# 翻转图像
# 如果 flipCode 为 0 ，则以 x 轴为对称轴翻转；如果 flipCode > 0，则以 y 轴为对称轴翻转；
# 如果 flipCode < 0，则沿 x 轴、y 轴方向同时翻转
img1 = cv2.flip(src, 0)
img2 = cv2.flip(src, 1)
img3 = cv2.flip(src, -1)
# 显示图形
titles = ['Source', 'Ima1', 'Ima2', 'Ima3']
images = [src, img1, img2, img3]
for i in range(4):
  plt.subplot(2, 2, i + 1)
  plt.imshow(images[i])
  plt.title(titles[i])
plt.xticks([])
plt.yticks([])
plt.show()
```

图像翻转结果如图 1-10 所示。

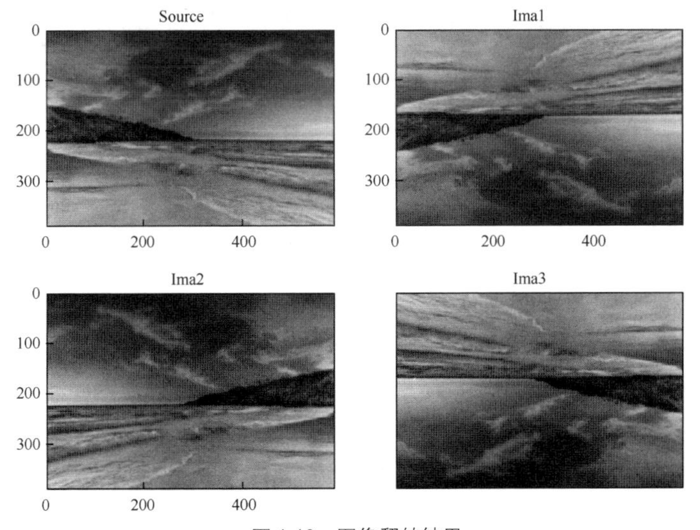

▲图 1-10 图像翻转结果

5. 仿射变换

以下是使用 OpenCV 接口实现图像仿射变换的代码。

```
import cv2
import numpy as np
# 读取图像
img=cv2.imread("Resources/SunsetSea.png", 17)
# 显示图像
cv2.imshow('img',img)
# 获得图像的高度、宽度
height=img.shape[0]
width=img.shape[1]
dsize=(width,height)
# 取原始图像中的 3 个点
src=np.float32([[0,0],[width-10,0],[0,height-1]])
# 设置 3 个点在目标图像中的坐标
dst=np.float32([[50,50],[width-100,80],[100,height-100]])
# 创建变换矩阵
m = cv2.getAffineTransform(src, dst)
# 执行变换
img2=cv2.warpAffine(img,m,dsize)
# 显示图像
cv2.imshow('imgThreePoint',img2)
cv2.waitKey(0)
```

图像仿射变换结果如图 1-11 所示。

▲图 1-11　图像仿射变换结果

6. 透视变换

以下是使用 OpenCV 接口实现图像透视变换的代码。

```
import cv2
import numpy as np
# 读取图像
img=cv2.imread("Resources/SunsetSea.png", 17)
# 显示图像
cv2.imshow('img',img)
# 获得图像的高度、宽度
height=img.shape[0]
width=img.shape[1]
```

```
dsize=(width,height)
# 取原始图像中的 4 个点
src=np.float32([[0,0],[width-10,0],[0,height-10],[width-1,height-1]])
# 设置 4 个点在目标图像中的坐标
dst=np.float32([[50,50],[width-50,80],[50,height-100],[width-100,height-10]])
# 创建变换矩阵
m = cv2.getPerspectiveTransform(src, dst)
# 执行变换
img2=cv2.warpPerspective(img,m,dsize)
# 显示图像
cv2.imshow('imgFourPoint',img2)
cv2.waitKey(0)
```

图像透视变换结果如图 1-12 所示。

▲图 1-12 图像透视变换结果

1.7 任务 6：图像滤波技术

1.7.1 任务描述

基于龙芯平台，利用 OpenCV 实现图像滤波技术，包括均值滤波、高斯滤波、方框滤波、中值滤波和双边滤波。

1.7.2 技术准备

图像滤波即图像平滑，是在尽量保留图像细节特征的条件下对目标图像的噪声进行抑制，使图像变得平滑、锐化、边界增强的过程。图像滤波是图像预处理中不可缺少的操作，其处理效果将直接影响后续图像处理和分析的有效性与可靠性。进行滤波处理的要求是不能损坏图像的轮廓及边缘等重要信息，且会使图像清晰、视觉效果好。常见的图像滤波技术包括均值滤波、高斯滤波、方框滤波、中值滤波和双边滤波等。下面对这几种滤波技术进行介绍。

1. 均值滤波

均值滤波是典型的线性滤波算法，也称为线性滤波，采用的主要方法为邻域平均法。

均值滤波的基本原理是用像素均值代替原始图像中的各个像素值，即为待处理的当前像素(x,y)选择一个模板，该模板由其近邻的若干像素组成，求模板中所有像素的均值，再把该均值赋予当前像素(x,y)，作为处理后图像在该点上的灰度值。但是，均值滤波本身存在固有的缺陷，不能很好地保护图像的细节特征，在为图像去噪的同时会破坏图像的细节特征，从而使图像变得模糊，不能很好地去除噪声。

在 OpenCV 中，blur()函数可以用于实现均值滤波，其基本格式如下。

```
dst=cv2.blur(src, ksize [,anchor [,borderType]])
```

参数如下。

- dst：指定均值滤波的结果图像。
- src：指定原始图像。
- ksize：指定卷积核大小，表示为(width,height)，width 和 height 通常设置为相同值，且为正奇数。
- anchor：指定锚点，默认值为(−1,−1)，表示锚点位于卷积核的中心。
- borderType：指定边界值的处理方式。

2. 高斯滤波

高斯滤波是一种线性平滑滤波器，适用于消除高斯噪声，广泛应用于图像处理的降噪过程。通俗地讲，高斯滤波就是对整幅图像进行加权平均的过程，每一像素的值都由其本身和邻域内的其他像素值经过加权平均后得到。

高斯滤波的具体操作如下：用一个模板扫描图像中的每一像素，用模板确定的邻域内像素的加权平均灰度值替代模板中心像素的值。

在 OpenCV 中，GaussianBlur()函数可以用于实现高斯滤波，其基本格式如下。

```
dst=cv2.GaussianBlur(src, ksize, sigmaX [,sigmaY [,borderType]])
```

参数如下。

- sigmaX：指定水平方向上的权重值。
- sigmaY：指定垂直方向上的权重值。

其他参数的含义和 blur()函数中的一致。若 sigmaY 为 0，则令其等于 sigmaX；若 sigmaX 和 sigmaY 均为 0，则按下面的公式计算 sigmaX 和 sigmaY 的值，其中 ksize 为(width, height)。

$$sigmaX=0.3((width-1)\times 0.5-1)+0.8$$

$$sigmaY=0.3((height-1)\times 0.5-1)+0.8$$

3. 方框滤波

方框滤波是均值滤波的一种实现形式，也可以称为线性滤波。在均值滤波中，滤波结果的像素值是任意一个点的邻域像素平均值，即各邻域像素值之和的均值。而在方框滤波中，可以自由选择是否对滤波的结果进行归一化，即可以自由选择滤波结果是邻域像素值之和的平均值，还是邻域像素值之和。

在 OpenCV 中，boxFilter()函数可以用于实现方框滤波，其基本格式如下。

```
dst=cv2.boxFilter(src, ddepth, ksize[,anchor[,normalize[,borderType]]])
```

参数如下。

- ddepth：指定目标图像的深度，一般为-1，表示与原始图像的深度一致。
- normalize：若为 True（默认值），表示执行归一化操作；若为 False，表示不执行归一化操作。

其他参数的含义和 blur()函数中的一致。

4. 中值滤波

中值滤波是一种非线性的信号处理方法，也是一种统计排序滤波器。中值滤波将每一个像素的灰度值设置为该像素某邻域内的所有像素灰度值的中值，从而消除孤立的噪声点。中值滤波的基本原理是用某种结构的二维滑动模板，将模板内的像素按照像素值的大小进行排序，生成单调上升（或下降）的二维数据序列，从而选择中间值作为输出像素值。

中值滤波在图像处理中主要用于去除噪声，尤其是对于椒盐噪声（脉冲噪声）的去除效果显著，同时能保留图像的边缘特征，不会使图像产生显著的模糊效果。

在 OpenCV 中，medianBlur()函数可以用于实现中值滤波，其基本格式如下。

```
dst=cv2.medianBlur(src, ksize)
```

其中，ksize 为卷积核大小，必须是大于 1 的奇数。

5. 双边滤波

双边滤波是一种非线性的滤波方法，结合图像的空间邻近度和像素值相似度进行滤波处理。双边滤波在平滑滤波的同时能够大量保留图像的边缘和细节特征。在灰度值变化平缓的区域，值域滤波系数接近 1，此时空域滤波起主要作用，双边滤波器将退化为传统的高斯低通滤波器，对图像进行平滑处理。但当图像发生剧烈变化的时候，像素间差异较大，值域滤波将起主要作用，因此能保留图像的边缘特征。

在 OpenCV 中，bilateralFilter()函数可以用于实现双边滤波，其基本格式如下。

```
dst=cv2.bilateralFilter(src,d,sigmaColor,sigmaSpace[,borderType])
```

参数如下。

- d：指定以当前点为中心的邻域的直径，一般为 5。
- sigmaColor：指定颜色空间标准差，用于确定颜色相似性的权重。
- sigmaSpace：指定空间坐标标准差，这个值越大表示有更多的像素点会参与滤波计算。

在 bilateralFilter()函数中，当 d>0 时，将会忽略 sigmaSpace 的值，由 d 决定邻域大小；否则，d 将由 sigmaSpace 计算得出，与 sigmaSpace 成正比。

1.7.3 任务实施

1. 均值滤波

以下是使用 OpenCV 接口实现均值滤波的代码。

```
import cv2
img=cv2.imread('test.jpg')
cv2.imshow('img',img)
img2=cv2.blur(img,(20,20))
cv2.imshow('imgBlur',img2)
cv2.waitKey(0)
```

均值滤波结果如图 1-13 所示。

▲图 1-13　均值滤波结果

2. 高斯滤波

以下是使用 OpenCV 接口实现高斯滤波的代码。

```
import cv2
img=cv2.imread('test.jpg')
cv2.imshow('img',img)
img2=cv2.GaussianBlur(img,(5,5),0,0)
cv2.imshow('imgBlur',img2)
cv2.waitKey(0)
```

高斯滤波结果如图 1-14 所示。

▲图 1-14　高斯滤波结果

3. 方框滤波

以下是使用 OpenCV 接口实现方框滤波的代码。

```
import cv2
img=cv2.imread('test.jpg')
cv2.imshow('img',img)
img2=cv2.boxFilter(img,-1,(3,3),normalize=False)
cv2.imshow('imgBlur',img2)
cv2.waitKey(0)
```

方框滤波结果如图 1-15 所示。

▲图 1-15 方框滤波结果

4. 中值滤波

以下是使用 OpenCV 接口实现中值滤波的代码。

```
import cv2
img=cv2.imread('test.jpg')
cv2.imshow('img',img)
img2=cv2.medianBlur(img,21)
cv2.imshow('imgBlur',img2)
cv2.waitKey(0)
```

中值滤波结果如图 1-16 所示。

▲图 1-16 中值滤波结果

5. 双边滤波

以下是使用 OpenCV 接口实现双边滤波的代码。

```
import numpy as np
import cv2
img=cv2.imread('test.jpg')
cv2.imshow('img',img)
img2=cv2.bilateralFilter(img,20,100,100)
cv2.imshow('imgBlur',img2)
cv2.waitKey(0)
```

双边滤波结果如图 1-17 所示。

▲图 1-17　双边滤波结果

1.8　任务 7：图像边缘检测

1.8.1　任务描述

基于龙芯平台，利用 OpenCV 对图像进行边缘检测，主要实现拉普拉斯（Laplacian）边缘检测、Sobel 边缘检测和 Canny 边缘检测。

1.8.2　技术准备

图像边缘是图像中重要的结构性特征，往往存在于目标和背景以及不同的区域之间，因此可以作为图像分割的重要依据。边缘检测是一种图像处理技术，也是图像处理的一个重要操作，主要用于从图像中检测出物体的轮廓或边缘，以显示出图像的基本构成。

边缘检测技术主要用于检测图像中的一些像素。当被检测的图像周围的像素的灰度值发生了明显的变化时，则认为图像中出现了不同的物体，可以将这些灰度值发生明显变化的像素作为一个集合，用来标注图像中不同物体的边缘。边缘区域的灰度值剖面可被看作阶跃，即图像的灰度从一个很小的缓冲区域内急剧变化到另一个相差较明显的缓冲区域。

边缘检测过程中提取的是图像中不连续部分的特征，提取出来的闭合边缘可以作为一个区域。与区域划分不同的是，边缘检测不需要逐个对像素进行比较，非常适用于对大图像的处理。常用的边缘计算算子有拉普拉斯算子、Sobel 算子和 Canny 算子。以下对基于这几种算子的边缘检测技术进行阐述。

1. 拉普拉斯边缘检测

拉普拉斯边缘检测是一种处理图像的边缘检测技术。它利用拉普拉斯算子识别图像中的边缘和纹理特征。拉普拉斯算子是一个二阶微分算子，用于检测图像中像素灰度值变化相对明显的位置，即边缘位置。通过卷积运算，可以将拉普拉斯算子应用于图像，得到图像的二阶微分。然后，通过阈值处理，将二阶微分值大于阈值的像素点标记为边缘点。

拉普拉斯边缘检测使用图像矩阵与拉普拉斯核进行卷积运算，其本质是计算图像中任意一点与其在水平方向和垂直方向上的 4 个相邻点的平均值的差值。常用的拉普拉斯核如图 1-18 所示。

$$\begin{bmatrix}0&1&0\\1&-4&1\\0&1&0\end{bmatrix}\begin{bmatrix}0&-1&0\\-1&4&-1\\0&-1&0\end{bmatrix}\begin{bmatrix}0&2&0\\2&-8&2\\0&2&0\end{bmatrix}\begin{bmatrix}0&-2&0\\-2&8&-2\\0&-2&0\end{bmatrix}$$

▲图1-18　常用的拉普拉斯核

在OpenCV中，Laplacian()函数可以用于实现拉普拉斯边缘检测，其基本格式如下。

```
dst=cv2.Laplacian(src,ddepth[,ksize[,scale[,delta[,borderType]]]])
```

参数如下。

- dst：指定边缘检测的结果图像。
- src：指定原始图像。
- ddepth：指定目标图像的深度。
- ksize：指定用于计算二阶导数的滤波器的系数，必须为正奇数。
- scale：指定可选的比例因子。
- delta：指定添加到边缘检测结果中的可选增量值。
- borderType：指定边界值类型。

拉普拉斯边缘检测具有以下特点。

- **对噪声敏感**。由于拉普拉斯算子是一种二阶微分算子，对噪声比较敏感，因此在使用拉普拉斯算子进行边缘检测之前，需要进行噪声抑制处理。
- **可能会产生伪边缘**。由于拉普拉斯算子具有锐化效果，可能会将图像中的一些细节特征错误地识别为边缘，因此在使用拉普拉斯算子进行边缘检测时，需要进行后处理擦操作，如使用形态学操作去除伪边缘。
- **对图像中的细节敏感**。拉普拉斯边缘检测算法对图像中的细节比较敏感，因此在使用该算法时需要注意选择合适的阈值和参数值，以避免产生过多的伪边缘和细节特征。

2. Sobel边缘检测

Sobel边缘检测算法主要通过计算图像中某像素周围的灰度值差异，得到该像素的梯度值，从而判断该点是不是图像的边缘点。Sobel算子是一种离散微分算子，可以对图像中的每一像素与其周围的像素进行卷积运算，进而得到该像素的梯度值。Sobel算子可以在水平与垂直两个方向分别检测图像中的水平边缘和垂直边缘。

在OpenCV中，Sobel()函数可以用于实现Sobel边缘检测，其基本格式如下。

```
dst=cv2.Sobel(src, depth, dx, dy[,ksize[,scale[,delta[,borderType]]]])
```

参数如下。

- dst：指定边缘检测的结果图像。
- src：指定原始图像。
- depth：指定目标图像的深度。
- dx：指定导数x的阶数。
- dy：指定导数y的阶数。
- ksize：指定扩展的Sobel核的大小，必须是1、3、5或7。
- scale：指定用于计算导数的可选比例因子。
- delta：指定添加到边缘检测结果中的可选增量值。
- borderType：指定边界值类型。

Sobel 边缘检测具有以下特点。

- **准确性高**。Sobel 算子能够准确地检测出图像中的边缘和细节特征，并且可以有效地抑制噪声的干扰。
- **速度快**。Sobel 算子的计算过程相对简单，因此其执行速度较快，适合用于实时图像处理场景。
- **可视化效果好**。通过生成二值图像，Sobel 边缘检测可以清晰地显示出图像中的边缘和细节特征，使结果易于理解和分析。

3. Canny 边缘检测

拉普拉斯边缘检测和 Sobel 边缘检测都通过卷积运算计算边缘，它们的算法比较简单，因此其结果可能会损失过多的边缘信息或有很多的噪声。Canny 边缘检测是一个多阶段的算法，包括图像降噪、图像梯度计算、非极大值抑制（Non-Maximum Suppression，NMS）、双阈值筛选等步骤。

Canny 边缘检测的基本原理是通过寻找图像中灰度值变化相对明显的区域确定图像的边缘。Canny 边缘检测的具体步骤如下。

（1）使用高斯滤波器对图像进行平滑处理，其目的是去除噪声的影响。

（2）计算图像的梯度，得到可能是边缘的像素集合。

（3）通过 NMS 方法，保留局部范围内梯度方向上灰度值变化最大的点，即真正的边缘点。

（4）通过双阈值筛选，将灰度值变化大于高阈值的像素设置为强边缘像素，将灰度变化低于低阈值的像素剔除，而对于灰度值变化在低阈值和高阈值之间的像素，则需要进一步判断其邻域内是否存在强边缘像素。如果存在，则保留；如果不存在，则剔除。

在 OpenCV 中，Canny()函数可以用于实现 Canny 边缘检测，其基本格式如下。

```
dst=cv2.Canny(src, threshold1, threshold2[,apertureSize[,L2gradient]])
```

参数如下。

- dst：指定边缘检测的结果图像。
- src：指定原始图像。
- threshold1：指定第 1 个阈值。
- threshold2：指定第 2 个阈值。
- apertureSize：指定计算梯度时使用的 Sobel 核的大小。
- L2gradient：指定是否使用 L_2 范数计算梯度。默认为 False，使用 L_1 范数。

Canny 边缘检测具有以下特点。

- **准确性高**。Canny 边缘检测算法能够准确地检测出图像中的边缘和细节特征，并且能够高效地抑制噪声干扰。
- **边缘定位准确**。Canny 边缘检测算法使用多阶段处理方法，不仅能够准确地定位边缘，而且能够提供单像素宽度的边缘。
- **对噪声具有平滑作用**。Canny 边缘检测算法中使用的高斯滤波器能够平滑图像，从而减少噪声的影响。
- **可调节参数少**。Canny 边缘检测算法使用的参数较少，能够方便开发者调整和使用。

1.8.3　任务实施

1. 拉普拉斯边缘检测

以下是使用 OpenCV 接口实现拉普拉斯边缘检测的代码。

```
import cv2
img=cv2.imread('test.jpg')                    # 读取图像
cv2.imshow('original',img)                    # 显示原始图像
img2=cv2.Laplacian(img,cv2.CV_8U)             # 边缘检测
cv2.imshow('Laplacian',img2)                  # 显示结果
cv2.waitKey(0)
```

拉普拉斯边缘检测的结果如图 1-19 所示。

▲图 1-19 拉普拉斯边缘检测的结果

2. Sobel 边缘检测

以下是使用 OpenCV 接口实现 Sobel 边缘检测的代码。

```
import cv2
img=cv2.imread('test.jpg')                    # 读取图像
cv2.imshow('original',img)                    # 显示原始图像
img2=cv2.Sobel(img,cv2.CV_8U,0,1)             # 边缘检测
cv2.imshow('Sobel',img2)                      # 显示结果
cv2.waitKey(0)
```

Sobel 边缘检测的结果如图 1-20 所示。

▲图 1-20 Sobel 边缘检测的结果

3. Canny 边缘检测

以下是使用 OpenCV 接口实现 Canny 边缘检测的代码。

```
import cv2
img=cv2.imread('test.jpg')                    # 读取图像
cv2.imshow('original',img)                    # 显示原始图像
img2=cv2.Canny(img,200,300)                   # 边缘检测
cv2.imshow('Canny',img2)                      # 显示结果
cv2.waitKey(0)
```

Canny 边缘检测的结果如图 1-21 所示。

▲图 1-21　Canny 边缘检测的结果

1.9 任务 8：人脸检测与识别

1.9.1　任务描述

人脸检测（face detection）是指在图像或者视频中识别和定位人脸。人脸检测技术采用一系列算法，在输入的图像或视频中检测出人脸的位置、大小和姿态等信息。人脸检测技术的使用通常包括人脸候选区域选取、人脸特征提取和分类器分类等。本任务要求实现两种人脸检测方法——基于 Haar 的人脸检测和基于深度学习的人脸检测。

1.9.2　技术准备

1. 基于 Haar 的人脸检测

基于 Haar 的人脸检测利用 Haar 特征和 AdaBoost 算法来识别与定位人脸。其中，Haar 特征是一种描述图像中特定区域亮度变化特征的数学方法，可以用于检测图像中的边缘、线条和斑点等特征。而 AdaBoost 算法是一种机器学习方法，它通过迭代增强简单分类器的性能，提取最优特征，构建强分类器。

基于 Haar 的人脸检测通常包括以下几个步骤。

（1）**收集样本**。收集一些正面人脸和非人脸的样本，这些样本是用于进行 Haar 训练的数据集。

（2）**提取 Haar 特征**。对收集的正面人脸和非人脸的样本进行 Haar 特征提取，选择最能够区分正面人脸和非人脸的特征。

（3）**训练 Haar 分类器**。使用 AdaBoost 算法训练 Haar 分类器。

（4）**形成级联分类器**。在进行 Haar 特征检测时，需要运用多个分类器的级联结构，形成级联分类器，以达到降低误检率的效果。如果某一级分类器负责的特征检测结果不存在，则将该样本剔除，只将检测通过的样本传递到下一个选择器。

（5）**滑动窗口**。在图像中进行人脸检测时，需要对图像进行滑动窗口的操作，将整个图像划分为很多小区域，对每个小区域应用级联分类器。一旦级联分类器检测到人脸，则对该区域进行标记。

（6）**采用 NMS 算法**。为了消除检测到的重叠区域，一般采用 NMS 算法。假如检测到的两个人脸区域的重叠超过一定比例，就将它们归为一类，从而避免同一个人的脸被检测多次。

使用 OpenCV 提供的 Haar 级联分类器可以进行人脸检测实验。OpenCV 源码中的 data/haarcascades 文件夹包含许多训练好的 Haar 级联分类器文件，部分如下。

- haarcascade_eye.xml：用于人眼检测。
- haarcascade_eye_tree_eyeglasses.xml：用于眼镜检测。
- haarcascade_frontalcatface.xml：用于猫脸检测。
- haarcascade_frontalface_alt.xml：用于人脸检测。
- haarcascade_profileface.xml：用于侧脸检测。

在 OpenCV 中，CascadeClassifier()函数可以用于加载分类器，其基本格式如下。

```
faceClassifier=cv2.CascadeClassifier(filename)
```

参数如下。

- faceClassifier：指定返回的级联分类器对象。
- filename：指定级联分类器的文件名。

另外，使用级联分类器对象的 detectMultiScale()方法可以执行人脸检测，其基本格式如下。

```
objects=faceClassifier.detectMultiScale(image[,scaleFactor[,minNeighbors[,flags
[,minSize[,maxSize]]]]])
```

参数如下。

- objects：指定返回的目标矩形，矩形中为人脸。
- image：指定输入图像，通常为灰度图。
- scaleFactor：指定图像缩放比例。
- minNeighbors：指定构成目标矩形的最少相邻矩形个数。
- flags：在低版本的 OpenCV 中使用，在高版本的 OpenCV 中通常省略。
- minSize：指定目标矩形的最小尺寸。
- maxSize：指定目标矩形的最大尺寸。

2. 基于深度学习的人脸检测

基于深度学习的人脸检测利用深度学习算法检测图像或视频中的人脸，通常采用卷积神经网络（Convolutional Neural Network，CNN）来进行处理。与基于 Haar 的人脸检测相比，基于深度学习的人脸检测具有更高的准确性和鲁棒性，能够更好地处理复杂的人脸姿态、表情和光照变化。

基于深度学习的人脸检测通常包括以下几个步骤。

（1）**特征提取**。使用深度学习相关算法提取图像中的特征。由于特征提取需要通过大量的标注数据进行训练，因此基于深度学习的人脸检测算法通常需要大量标注数据集。

（2）**生成人脸候选区域**。在图像中生成人脸候选区域。这一步可以通过滑动窗口或者区域提议算法实现。

（3）**分类和回归**。对人脸候选区域进行分类和回归，确定其是不是人脸，并进行边界框的调整。这一步通常需要使用 CNN 等深度学习算法。

（4）**进行后处理**。对检测结果进行后处理，如 NMS 等，从而优化检测的结果。

在 OpenCV 中，dnn 模块提供了基于深度学习的人脸检测器。dnn 模块使用主流的深度学习框架，包括 Caffe、TensorFlow 和 PyTorch 等。基于深度学习的人脸检测算法有很多种，如多任务卷积神经网络（Multi-Task Convolutional Neural Network，MTCNN）、YOLO（You Only Look Once）、单阶段多框检测器（Single Shot MultiBox Detector，SSD）等。这些算法在人脸检测的准确性和速度方面都取得了不错的效果，因此在人脸识别、智能安防、人机交互等领域得到了广泛应用。

1.9.3 任务实施

1. 基于 Haar 的人脸检测

基于 Haar 的人脸检测主要使用 haarcascade_frontalface_default.xml 与 haarcascade_eye.xml 分别检测图像中的人脸和眼睛。具体代码如下。

```
import cv2
# 打开输入图像
img=cv2.imread('face.png')
# 转换为灰度图
gray = cv2.cvtColor(img,cv2.COLOR_BGR2GRAY)
# 加载人脸分类器
face = cv2.CascadeClassifier('haarcascade_frontalface_default.xml')
# 加载眼睛分类器
eye = cv2.CascadeClassifier('haarcascade_eye.xml')
# 执行人脸检测
faces = face.detectMultiScale(gray)
for x,y,w,h in faces:
    # 绘制矩形，标注人脸
    cv2.rectangle(img,(x,y),(x+w,y+h),(255,0,0),2)
    # 根据人脸获得眼睛的检测范围
    roi_eye = gray[y:y+h, x:x+w]
    # 在人脸范围内检测眼睛
    eyes = eye.detectMultiScale(roi_eye)
    # 标注眼睛
     for (ex,ey,ew,eh) in eyes:
         cv2.circle(img[y:y+h, x:x+w],(int(ex+ew/2),
         int(ey+eh/2)),int(max(ew,eh)/2),(0,255,0),2)
# 显示检测结果
cv2.imshow('face',img)
cv2.waitKey(0)
```

基于 Haar 的人脸检测结果如图 1-22 所示。

▲图 1-22　基于 Haar 的人脸检测结果

2. 基于深度学习的人脸检测

OpenCV 源码的 sources/samples/dnn/face_detector 文件夹提供了模型配置文件，但一般没有提供预训练模型文件。可运行该文件夹中的 download_weights.py 来下载预训练模型文件。

使用预训练模型进行人脸检测主要包括以下步骤。

（1）调用 dnn.readNetFromCaffe()函数或 dnn.readNetFromTensorFlow()函数加载预训练模型，并创建检测器。

（2）调用 dnn.blobFromImage()函数将待检测的图像转换为图像块数据。

（3）调用检测器的 setInput()方法将图像块数据设置成预训练模型的输入数据。

（4）调用检测器的 forward()方法执行计算，获得预测结果。

（5）将可信度高于指定值的预测结果指定为检测结果，并在原始图像中标注人脸，同时输出可信度。

以下是使用 OpenCV 的深度学习库接口实现人脸检测的代码。

```
import cv2
import numpy as np
from matplotlib import pyplot as plt
# 加载预训练模型
dnnnet = cv2.dnn.readNetFromCaffe("deploy.prototxt","res10_300x300_ssd_iter_140000_
fp16.caffemodel")
# 读取图像
img = cv2.imread("heard.jpg")
# 获得图像尺寸
h, w = img.shape[:2]
# 创建图像块数据
blobs = cv2.dnn.blobFromImage(img,1.0,(300,300), [104., 117., 123.], False, False)
# 将图像块数据设置为输入数据
dnnnet.setInput(blobs)
# 执行计算，获得预测结果
detections = dnnnet.forward()
faces = 0
# 迭代，输出可信度高的人脸检测结果
for i in range(0, detections.shape[2]):
    # 获得可信度
    confidence = detections[0, 0, i, 2]
    # 输出可信度高于 80%的结果
    if confidence > 0.8:
        faces += 1
        # 获得人脸在图像中的坐标
        box = detections[0,0,i,3:7]*np.array([w,h,w,h])
        x1,y1,x2,y2 = box.astype("int")
        # 标注人脸范围
        cv2.rectangle(img,(x1,y1),(x2,y2),(255,0,0),2)
cv2.imshow('faces',img)
cv2.waitKey(0)
```

基于深度学习的人脸检测结果如图 1-23 所示。

▲图 1-23　基于深度学习的人脸检测结果

1.10 项目总结

本项目基于龙芯平台，不仅介绍了利用 OpenCV 进行相关图像处理操作的基础知识，还讲述了多种图像处理操作的实现方法，并给出了代码。掌握 OpenCV 的相关知识可为后文的项目学习奠定基础。

项目 2　深度学习框架的部署

本项目介绍在龙芯平台上部署常用深度学习框架的方法。

2.1 知识引入

2.1.1　深度学习的定义

人工智能（Artificial Intelligence，AI）是一门新兴的技术科学，旨在研究和开发能够模拟、延伸以及扩展人类智能的理论、方法、技术及应用系统。机器学习是一种有效地实现 AI 的方式。而深度学习（Deep Learning，DL）则是机器学习算法中较热门的一个分支，并且近些年其研究取得了显著的进展，它替代了大多数传统机器学习算法。

深度学习包含于机器学习，而机器学习又包含于 AI。AI 是目的，也是结果；深度学习、机器学习是方法，也是工具。概括来说，AI、机器学习和深度学习覆盖的技术范畴是逐层递减的，三者的关系如图 2-1 所示，即 AI > 机器学习 > 深度学习。

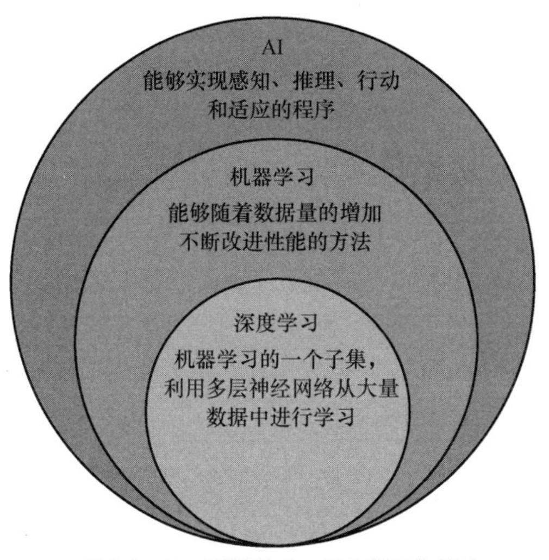

▲图 2-1　AI、机器学习、深度学习的关系

2.1.2　神经网络的基本概念

神经网络是一种模拟人脑神经元结构的计算模型，由大量的神经元相互连接而成。每个神经元都接收来自其他神经元的输入，并根据这些输入及其权重、阈值进行计算，产生一个输出。神经网络通过不断学习和调整权重，能够实现对输入的分类、预测、识别等功能。

神经网络的主要组成部分包括输入层、隐藏层和输出层。输入层负责接收从外部输入的数据，隐藏层负责对输入的数据进行处理，输出层则负责将处理后的结果输出。隐藏层中的神经元称为隐藏节点或隐藏层神经元。隐藏层包括多个神经网络层，如卷积层、池化层、全连接层等，每一层包括很多神经元，包括超过 3 层的非线性神经网络就可以称为深度神经网络。神经网络的基本结构如图 2-2 所示。

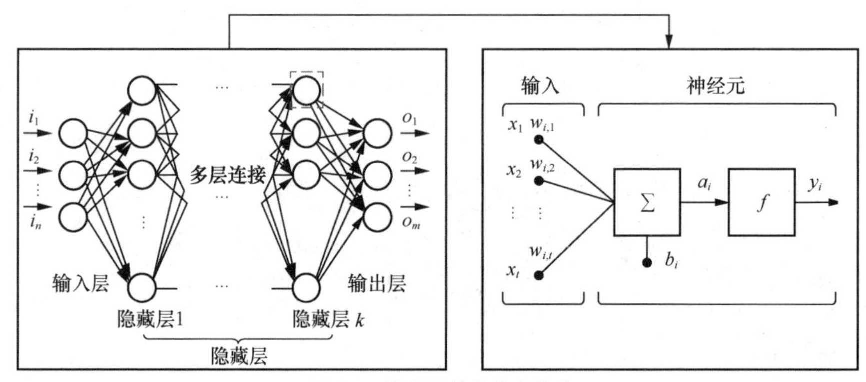

▲图 2-2　神经网络的基本结构

1. 神经元

神经网络中的神经元是一种数学模型，通常称为“人工神经元”或“感知器”。神经元是神经网络中的基本计算单元，其作用至关重要。它可以接收多个输入并产生一个输出。每个输入都有一个权重，用于调整输入对输出的影响程度。神经元还包括一个偏置参数，用于调整输出的阈值。通过对输入信号进行非线性转换、权重更新以及与其他神经元连接等操作，神经元能够实现复杂的数据处理。

神经网络中的每个神经元都可被看作一个非线性函数，它将输入向量映射到一个标量形式的输出。这个函数通常由激活函数（activation function，例如 Sigmoid 函数或 ReLU 函数）表示。这种非线性映射能够让神经网络学习非线性的模式和规律，从而提高网络的表达能力和泛化能力。

2. 多层连接

神经网络的多层连接是指神经网络中存在多层，每层由多个神经元组成，不同层通过神经元相互连接。这种多层连接的结构可以让神经网络实现复杂的映射和数据处理。

在多层连接的神经网络中，首先，输入数据通过输入层的神经元进行处理，然后，将结果传递给隐藏层的神经元并进行处理，如此逐层传递，直到到达输出层。在每层中，神经元会对输入数据进行非线性转换，并根据其权重和激活函数产生输出信号。这种分层处理方式能够使神经网络学习复杂的模式和规律。

多层连接的神经网络具有较好的泛化能力，即对新数据的适应能力。因为神经元之间的连接权重可以通过训练进行更新，从而使神经网络能够更好地适应不同的数据分布。

3. 前向计算

神经网络的前向计算是一种从网络的输入层开始，依次逐层往前计算，直到计算出输出层的结果的过程。前向计算也称为前向传播，其主要任务是从输入层开始，将输入数据传递给第一层的神经元并进行处理。每个神经元根据其权重、偏置和激活函数计算出一个输出值，然后将这个输出值传递给下一层的神经元。这个过程一直持续到输出层，最终得到神经网络的预测结果。

神经网络的前向计算是神经网络处理和预测数据的过程，也是神经网络训练和预测中的重要步骤。在前向计算过程中，神经网络的参数（如权重和偏置参数）是固定的，不会进行更新。通过前向计算，神经网络能够学习数据的复杂模式和规律，并产生有用的预测结果。

4. 计算图

计算图（computational graph）是一种用于描述神经网络中数学表达式的图形模型，通常用于深度学习中的自动微分。计算图中的节点（node）表示操作，如加法运算、乘法运算、求和运算、激活函数等，边（edge）表示输入和输出之间的关系。通过计算图，可以将复杂的数学表达式拆分并表示成简单的操作，方便求导和计算梯度。

在神经网络中，通常用计算图表示神经网络的计算过程。计算图可以清晰地展示输入数据如何通过一系列的层和节点得到输出结果。在进行前向计算时，计算图会按照从输入到输出的顺序依次计算每个节点的输出值。在进行反向计算时，从输出层开始，逐层计算损失函数的梯度，计算图则按照从输出到输入的顺序依次计算每个节点的梯度，并将梯度传递给其前驱节点。计算图在训练神经网络时非常有用，因为它可以帮助我们理解网络的计算过程，从而更好地优化网络结构和参数。在 PyTorch 中，计算图是由 torch.autograd 模块负责构建和维护的。通过构建和操作计算图，可以方便地进行神经网络的训练和优化。

深度学习的概念源于人工神经网络的研究，含多个隐藏层的多层感知器就是一种深度学习结构。深度学习通过组合低层特征，形成更加抽象的高层来表示属性类别或特征，以发现数据的分布式特征表示。深度学习神经网络如图 2-3 所示。

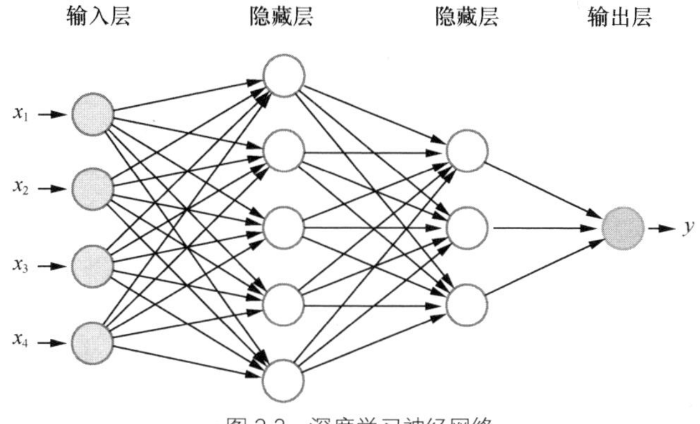

▲图 2-3 深度学习神经网络

普通的神经网络可能只有几层，深度神经网络可以达到十几层。深度学习中的“深度”两个字也表达了神经网络的层数很多。现在流行的深度学习网络有 CNN、循环神经网络（Recurrent Neural Network，RNN）、深度神经网络等。当前主流的深度学习框架有 TensorFlow、PyTorch、ONNX Runtime、PaddlePaddle、NCNN 等。

神经网络的神经元的层有以下 3 种。

- **输入层**：神经网络的第一层，负责接收来自外界的输入数据，并将其转换为神经网络可处理的格式。在处理图像时，输入层接收图像的像素值；在处理文本时，输入层接收文本的字符或词向量。这些输入数据通过神经网络的处理，最终成为有用的输出数据。
- **隐藏层**：输入层和输出层之间由众多神经元和连接组成的层。隐藏层通过非线性变换对输入数据进行处理和表示，帮助神经网络对非线性关系进行建模，并提取输入数据的特征。每个隐藏层的神经元可以学习不同层的抽象特征，随着层数量的增加，神经网络可以逐渐学习更加抽象和复杂的特征表示。隐藏层是神经网络的关键层，提供卷积、池化等功能。

- **输出层**：神经网络的最后一层，负责将隐藏层传递过来的信息转换为有意义的输出结果。输出层的神经元数量通常与其所解决的问题的类别数相等，对于分类问题，输出层会输出每个类别的概率分布；对于回归问题，输出层会输出连续的数值或向量。输出层的神经元会根据输入数据和权重的组合计算出加权和，并通过激活函数将其转换成非线性数据输出，以便更好地表示输入数据的复杂特征和关系。输出层的激活函数通常选择 Sigmoid 函数、tanh 函数、Softmax 函数等，以满足不同问题类型的需求。

图 2-3 所示的深度神经网络包括 4 层，从输入 x_1、x_2、x_3、x_4 到输出的过程中，定义了层的概念，其中最左边的为输入层，最右边的为输出层。如果这是一道选择题，那么题目就是输入层，而选择题的答案就是输出层。

类似选择题的解题过程是不用写出来的，深度学习的处理过程使用了“隐藏层”。题目越难，给出的信息可能越多，解题过程越复杂，就可能需要更多的隐藏层来计算最终的结果。

深度学习的“深度”就是从输入层到输出层所经历的层的数量，即隐藏层的数量，该数量越大，深度也越深。所以越复杂的选择题需要越多层的分析与计算。例如，AlphaGo 的神经网络有 13 层，每一层的神经元数为 192。

总之，深度学习就是用多层的分析与计算手段得到结果的一种方法，也是用于建立模型、模拟人脑进行分析、学习的神经网络并通过模仿人脑的机制解释数据的一种机器学习技术。

2.1.3 深度学习的发展历程

神经网络思想的提出已经是约 80 年前的事情了，神经网络和深度学习的研究已取得了一些关键进展。本节介绍深度学习的发展历程。

在 20 世纪 40 年代，首次提出了深度学习的前身——神经网络神经元的结构，但当时权重是不可学习的。

在 20 世纪 50 年代和 60 年代，权重学习理论被提出，神经元的结构也逐渐趋于完善，这开启了神经网络的第一个黄金时代。

1969 年是深度学习发展的重要时间点。在这一年，AI 先驱明斯基（Minsky）在其著作中证明了感知器本质上是一种线性模型，只能解决线性分类问题，甚至连简单的 XOR（异或）问题都无法正确分类。这一结论导致了神经网络发展的第一个重大低潮，在之后的 10 多年内，基于神经网络的研究几乎处于停滞状态。

1986 年，深度学习之父杰弗里•欣顿（Geoffrey Hinton）提出了 BP（Back Propagation，逆传播）算法，并引入了 Sigmoid 非线性激活函数，有效解决了非线性问题。这一突破为神经网络的进一步发展奠定了基础。

2010 年左右，神经网络模型的改进技术在计算机视觉和语音任务上大放异彩，改进后的神经网络模型在完成更多的任务（如自然语言和海量数据处理）时更加有效。至此，神经网络模型重新焕发生机，产生了一个更加响亮的名字——深度学习，深度学习也进入真正的兴起时期。

2017 年，基于多头注意力机制的序列到序列模型 Transformer 被提出。Transformer 是一个具有里程碑意义的模型，它的提出催生了众多基于 Transformer 的模型，其中 2018 年提出的预训练模型（Bidirectional Encoder Representations from Transformers，BERT）在多项自然语言处理（Natural Language Processing，NLP）任务上取得了突破性的进展。从此，无论是学术界还是工业界，都掀起了基于 Transformer 的预训练模型研究和应用的热潮，并且其研究和应用领域逐渐从自然语言处理领域延伸到计算机视觉、语音识别等领域。

2022 年，Open AI 的 ChatGPT（Chat Generative Pre-trained Transformer，聊天生成预训练转换器）正式发布；2023 年，百度的文心一言正式发布，生成式大规模语言模型正式“破圈”，AI 开始被千行百业了解，进入AI应用“大爆发”时代。

2.1.4 深度学习的应用场景

以深度学习为基础的AI技术在不断改造众多的传统领域，存在极其广阔的应用场景。深度学习在许多领域有广泛的应用。以下是其一些主要的应用场景。

- 深度学习在图像识别、目标检测、图像分割、人脸识别等方面取得了显著的成果。例如，CNN在处理图像方面表现出色。
- 深度学习在机器翻译、情感分析、文本摘要、问答系统等自然语言处理任务中取得了重要进展。例如，RNN和Transformer模型在处理序列数据方面具有优势。
- 深度学习在实时语音翻译、语音合成、语音识别领域取得了显著的进展，使语音助手、语音输入法等应用的功能变得更加准确和实用。
- 深度学习在推荐系统领域有广泛应用。例如，使用深度神经网络对用户行为进行建模，提高推荐的准确性和个性化程度。
- 深度学习在游戏领域有广泛应用。例如，AlphaGo等围棋程序以及实时策略游戏中的智能代理。基于深度学习的电子游戏AI系统能够通过观看游戏学习如何玩得更好。
- 深度学习在自动驾驶领域中汽车的感知、决策和控制等方面发挥了重要作用，例如，使用CNN进行车道线检测、目标检测等，确保行驶的安全性和稳定性。
- 深度学习在医疗影像诊断、基因序列分析、药物发现等医疗领域取得了显著成果，有助于提高诊断准确性和降低医疗成本。
- 深度学习在信用评分、股票预测、风险管理等金融领域有广泛应用，有助于提高金融服务的效率和准确性。利用深度学习技术分析信用风险、进行反欺诈识别，助力金融机构加强风险管理。
- 深度学习在机器人领域的导航、操控、人机交互等方面发挥了重要作用，使机器人更加智能化和自主化。
- 深度学习在音乐生成、绘画创作、影视特效等艺术领域也取得了一定的成果，为艺术创作提供了新的可能性。

2.1.5 如何学习深度学习

深度学习是一个相对复杂的领域，也是一门涉及多个学科和领域的技术，读者需要具有一定的基础才能学习深度学习。以下是一些建议，可帮助读者学习和掌握深度学习的知识。

- **学习数学基础知识**。要学习深度学习，需要先学习一些数学基础知识，包括线性代数、概率论、统计学和微积分等方面的知识。读者可以通过在线课程、教材或专业培训学习这些基础知识。
- **学习编程语言和工具**。Python是最常用的深度学习编程语言之一，因此学习Python是必要的。此外，还需要了解一些常用的深度学习框架，如TensorFlow和PyTorch。
- **学习机器学习基础知识**。深度学习是机器学习的一个分支，因此具备机器学习的基础知识对于学习深度学习也是很有帮助的。可以通过在线课程、图书和学术论文学习机器学习的基本概念和方法。
- **学习深度学习算法和模型**。深度学习算法与模型的基本原理和应用是深度学习的核心。可以通过阅读学术论文、参加专业培训或在线课程深入了解各种深度学习算法和模型。
- **实践项目和经验**。通过实践项目和经验加深对深度学习的理解和应用。可以参与一些深度学习竞赛或项目，或者在相关的领域中寻找应用深度学习的机会。

- **持续学习和探索新技术**。深度学习是一个快速发展的领域，新的算法和技术不断涌现。因此，持续学习和探索新技术是非常重要的。可以通过参加学术会议、阅读最新论文和浏览专业论坛实现对深度学习最新进展的了解。

总之，深度学习能力的提高需要持续学习和实践。通过掌握基础知识和工具、参与实践项目等，可以逐步提高自己的深度学习能力，并将其应用到实际问题的解决中。

2.1.6　使用深度学习框架的优势

深度学习在很多机器学习任务中有着非常出色的表现，在图像识别、语音识别、自然语言处理、医学自动诊断和金融等领域有着广泛的应用。在这些丰富的应用场景中，深度学习框架有助于开发者聚焦业务场景和模型设计本身，而省去大量烦琐的代码编写工作。使用深度学习框架的优势主要表现在以下几个方面。

- **提高开发效率**。深度学习框架降低了深度学习模型的开发难度，其高级 API 和抽象接口使模型的构建过程更加简洁和直观，从而提高了开发效率。
- **简化调试**。深度学习框架提供了丰富的调试和可视化工具，可以帮助开发人员更好地理解模型的行为和训练过程，从而快速发现和解决问题。
- **提高计算性能**。深度学习框架通常会针对不同硬件和平台进行优化，以提高计算性能。例如，利用 GPU 或 TPU 等加速器进行并行计算，加快模型的训练和推理速度。
- **支持并行计算**。深度学习框架能够自动处理模型中的并行计算，将数据分割成多个小批量，从而提高训练速度。
- **提供丰富的预训练模型和模型库**。深度学习框架通常提供许多预训练模型和模型库，它们可以直接用于完成特定任务，或者作为迁移学习的基础模型，节省大量的时间和计算资源。
- **支持灵活的部署方式**。深度学习框架支持多种部署方式，包括在云端、本地服务器、移动设备等平台上部署模型，使深度学习应用可以根据需求在不同环境下灵活部署和运行。
- **提供社区支持和开源生态**。流行的深度学习框架通常拥有庞大的用户社区。这些社区提供丰富的教程、资源和技术支持，使初学者能够快速入门，并与其他研究者和开发者交流、分享经验。
- **促进深度学习算法的研究和发展**。深度学习框架的出现和普及为深度学习算法的研究和发展提供了便利。研究人员可以借助深度学习框架的功能和工具，快速验证新的算法和想法，从而推动深度学习领域的不断创新和进步。

目前深度学习的发展非常迅速，国内外涌现出了一大批深度学习框架。虽然框架众多，但是深度学习的总体概念以及模型训练过程差异不大。所以建议初学者先深入学习一种框架，然后研究其他框架的使用方法，这样会轻松许多，学习思路也不会太混乱。

本项目将介绍深度学习领域中国内外常用的深度学习框架，包括 TensorFlow、PyTorch、ONNX Runtime、PaddlePaddle 及 NCNN 等。

2.2　任务 1：基于龙芯平台编译与部署 TensorFlow

2.2.1　任务描述

在龙芯平台上配置和编译 TensorFlow 源码，生成安装包后，测试安装、卸载等操作，并掌握 TensorBoard 的使用方法。

2.2.2 技术准备

1. TensorFlow 框架

TensorFlow 是一个开源的深度学习框架，由谷歌公司开发和维护。它提供了丰富的工具和库，用于构建和训练各种深度学习模型。TensorFlow 拥有全面而灵活的生态，包含多种工具、库和社区资源，可以帮助开发者轻松地构建和部署由机器学习提供支持的应用。以下是 TensorFlow 框架的一些特点。

- TensorFlow 框架的核心是计算图，用户可以通过定义计算图来描述深度学习模型的结构和操作。使用计算图的表示方式使 TensorFlow 能够有效地进行分布式计算和自动求导。
- TensorFlow 提供了丰富的高级 API，允许用户以高级的方式构建和训练深度学习模型。它支持多种编程语言，包括 Python、C++、Java 等，使开发者可以根据自己的喜好和需求选择编程语言。
- TensorFlow 还提供了一些高级工具和库，如 TensorBoard（用于可视化模型的训练和性能评估）、tf.data API（用于高效处理和预处理数据）及 Estimator API（用于简化模型的训练和评估过程）等。
- TensorFlow 的应用广泛，包括计算机视觉、自然语言处理、推荐系统等。其强大的功能和较高的灵活性使它成为许多研究人员和工程师首选的深度学习框架之一。

目前，TensorFlow 是所有深度学习框架中生态最完整的框架之一，由 C++语言开发，并支持 Python、Java、Go 等语言的调用。

TensorFlow 一直是一个比较热门的深度学习框架，其优点主要体现在以下几个方面。

- 强大的社区支持：TensorFlow 拥有庞大的开源社区和丰富的学习资源，为开发者提供了大量的教程、示例和模型库，这使开发者可以快速上手并解决所遇到的问题。
- 高灵活性：TensorFlow 提供了高级 API 和低级 API，可以灵活地满足多种不同的需求。开发者可以根据自己的需求使用合适的 API 构建和训练模型。
- 高性能：TensorFlow 针对 GPU 和 TPU 进行了优化，支持分布式计算，能够高效地进行大规模的数据处理和模型训练。
- 高可扩展性：TensorFlow 可以方便地扩展到多个设备和服务器上，支持分布式计算，能够处理大规模的数据和复杂模型。

当然，TensorFlow 也存在一些缺点，具体如下。

- 学习曲线陡峭：TensorFlow 的入门门槛较高，需要花费一定的时间和精力来学习和掌握基础知识。初学者可以通过开源社区提供的学习资源来学习。
- 底层实现复杂：TensorFlow 的底层实现较复杂，对于一些特定的应用场景，需要进行额外的调优。
- 难以调试：TensorFlow 的计算图在程序运行时是静态的，这使调试过程相对困难。虽然 TensorFlow 提供了诸如 tfdbg 等调试工具，但是在某些情况下调试仍然具有一定的挑战性。
- 占用较多资源：TensorFlow 的安装包较大，占用较多的存储空间。同时，在运行时它也会占用较多的内存和计算资源。

TensorFlow 的系统架构如图 2-4 所示，从下向上分别为网络层和设备层、数据操作层、图计算层、API 层、应用层。其中网络层和设备层、数据操作层、图计算层是 TensorFlow 的核心层。

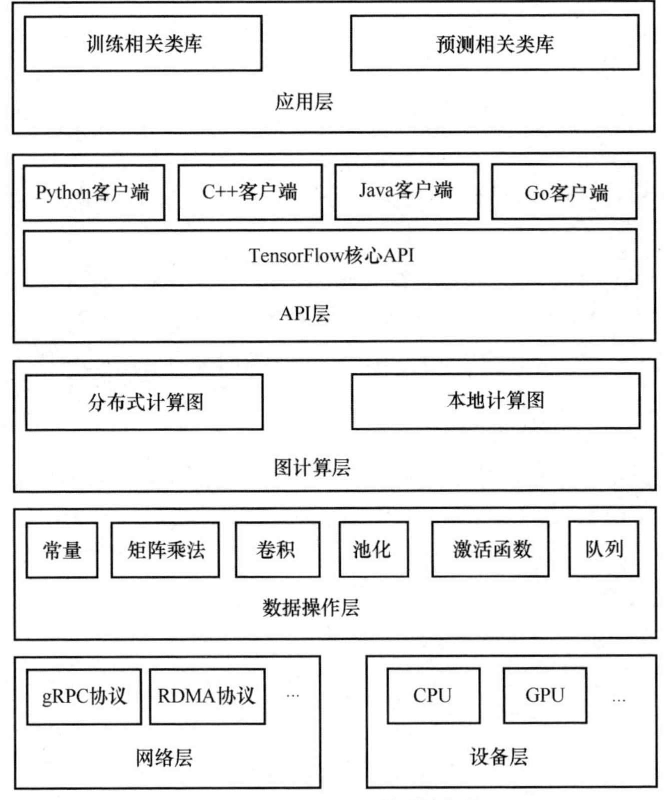

▲图 2-4　TensorFlow 的系统架构

整个框架以 API 层为界，分为前端和后端两大部分。**前端**提供编译模型和多语言接口支持，如 Python、Java、C++、Go 等语言的接口，用户可以根据编程习惯进行应用开发。**后端**是整个框架的重点，它提供运行环境，用于完成计算图的执行。

后端大致可分为以下 4 层。

- 图计算层：包括分布式计算图和本地计算图的实现，主要负责计算图的创建、编译、优化和执行等任务。
- 数据操作层：以张量（tensor）为处理对象，实现张量的各种操作和计算。这些操作涉及卷积函数、激活函数等。通过这些操作，数据操作层能够实现数据的处理、转换和计算，为上层应用提供支持。
- 网络层：用于实现组件间的数据通信，主要基于 gRPC（Google Remote Procedure Call，谷歌远程过程调用）、RDMA（Remote Direct Memory Access，远程直接存储器访问）两种协议。网络层用于实现不同设备之间的数据传输和更新。这些协议在分布式计算中发挥着重要的作用，能够实现节点间的通信和数据同步，提高计算效率。
- 设备层：提供多种异构设备［如 CPU、GPU、TPU、FPGA（Field Programmable Gate Array，现场可编程门阵列）等］支持。这一层在不同硬件设备上实现计算命令的转换，给上层提供统一接口，从而实现程序的跨平台功能。

TensorFlow 代码的结构如图 2-5 所示。

▲图 2-5　TensorFlow 代码的结构

tensorflow/core 目录包含 TensorFlow 核心模块的代码，主要内容如下。

- public：API 头文件目录，用于外部接口调用的 API 定义，主要包含 session.h 和 tensor_c_api.h。
- platform：包含与操作系统相关的接口文件。
- protobuf：包含的文件均为.proto 文件，用于数据传输时的结构序列化。
- common_runtime：公共运行库，包含 session、executor、threadpool、rendezvous、memory 管理和设备分配算法等。
- distributed_runtime：分布式执行模块，包含 rpc session、rpc master、rpc worker 等。
- framework：基础功能模块，包含 log、memory、tensor 等。
- graph：用于进行计算图的相关操作，包含 construct、partition、optimize、execute 等。
- kernels：用于进行核心操作，包含 matmul、conv2d、argmax、batch_norm 等。
- lib：公共基础库，包含 gif、gtl（谷歌模板库）、hash、histogram 等。
- ops：用于进行基本运算、梯度运算、与 io 相关的运算，以及控制流（stream）和数据流操作。

tensorflow/stream_executor 目录包含并行计算框架，用于对计算统一设备体系结构（Compute Unified Device Architecture，CUDA）和 OpenCL 进行统一封装。

tensorflow/python 目录包含 Python API 客户端脚本。

third_party 目录包含 TensorFlow 第三方依赖库，具体如下。

- eigen3：Eigen 矩阵运算库，供 TensorFlow 基础运算调用。
- gpus：封装了 CUDA/CUDNN 编程库。

深度学习通常涉及在训练期间可视化和度量模型的性能，有许多工具可用于完成此任务。TensorBoard 是 TensorFlow 自带的一个功能强大的数据可视化工具，也是一个 Web 应用程序套件。TensorBoard 是 TensorFlow 的一部分，也可以独立安装。TensorBoard 的主要可视化功能如下。

- Scalars：展示训练过程中的准确率、损失值、权重/偏置的变化情况。
- Images：展示训练过程中记录的图像。
- Audio：展示训练过程中记录的音频。
- Graphs：展示模型的数据流图，以及训练在各个设备上消耗的内存和时间。
- Distributions：展示训练过程中记录的数据的分布图。
- Histograms：展示训练过程中记录的数据的柱状图。
- Embeddings：展示词向量后的投影分布，可以将高维数据映射到二维或三维空间中。

TensorBoard 刚出现时只能用于检查 TensorFlow 的指标和 TensorFlow 模型的可视化效果，后来经过多方的努力，其他深度学习框架也可以使用 TensorBoard 的功能。例如，PyTorch 已经抛弃了自己的 visdom 而全面支持 TensorBoard。

2. Keras 框架

Keras 是一个用于快速构建深度学习原型的高层神经网络库，用 Python 语言编写，以 TensorFlow、CNTK、Theano 和 MXNet 作为底层引擎，提供简单易用的 API，能够极大地减少一般应用的用户工作量，而且能够和 TensorFlow、CNTK 和 Theano 配合使用，例如“Keras+Theano”“Keras+CNTK”的模式曾经深受开发者的喜爱。通过 Keras 的 API，用户仅使用数行代码就可以构建一个网络模型。

Keras 原来作为 Python 的第三方包提供。2017 年，Keras 成为 TensorFlow 的默认 API。谷歌公司主推“Keras+TensorFlow”的深度学习框架，在 TensorFlow 2.4.1 中，Keras 已经集成到 TensorFlow 中，并作为 tf.keras 模块供开发者使用，其官网页面如图 2-6 所示。

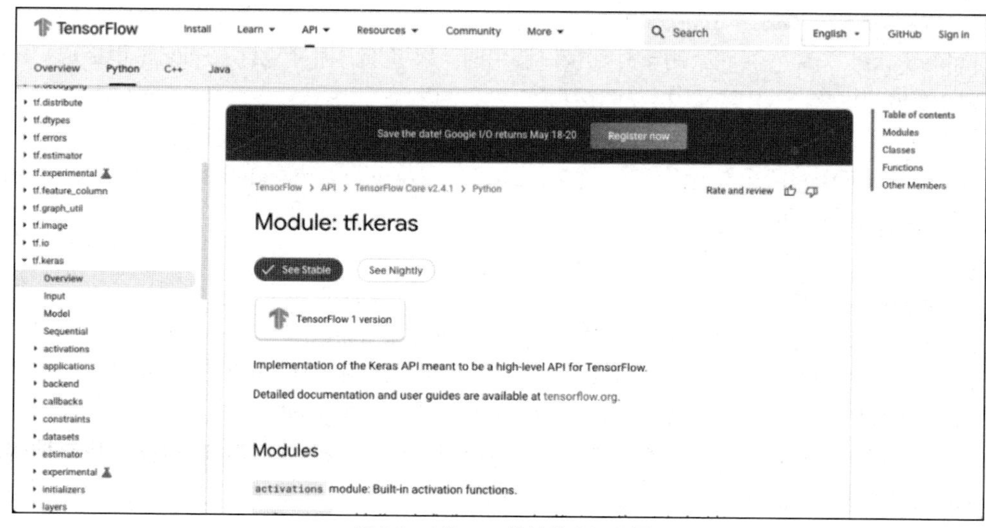

▲图 2-6　tf.keras 模块的官网页面

Keras 框架的优点较多，主要如下。

- **简单易用**：Keras 提供了简洁的 API，使模型的搭建、训练和评估更加简单。
- **高度模块化**：Keras 的模型可以通过简单的堆叠层构建，并且可以轻松地添加和删除层。这种模块化的结构使对神经网络进行实验和修改等变得更加容易。
- **多后端支持**：Keras 可以在多个深度学习框架上运行，包括 TensorFlow、Theano 和 CNTK 等。这使用户可以选择最满足自己需求的后端，而不需要重新编写代码。
- **强大的可扩展性**：Keras 支持用户自定义层和损失函数，使用户能够根据自己的需求定制模型。同时，Keras 还提供了丰富的预训练模型，可用于迁移学习和特征提取。
- **社区支持**：Keras 拥有庞大的用户社区，用户可以通过社区获取技术支持、分享经验和解决问题等。通过社区，用户学习和使用 Keras 会更加容易和高效。

Keras 框架同样存在一些缺点，具体如下。

- **灵活性不足**：由于 Keras 的设计初衷是简化深度学习的使用过程，因此它可能在灵活性上有所妥协。对于一些复杂的模型和网络结构，可能需要对 Keras 进行一些额外的配置或者修改才能实现。
- **性能问题**：虽然 Keras 本身的使用方法很简单，但是它在处理大规模数据或者复杂模型时，性能可能会成为问题。对于需要优化性能的情况，可能需要深入了解底层框架的细节并进行针对性的优化。
- **依赖性问题**：由于 Keras 依赖 TensorFlow 等底层框架，因此如果遇到依赖性问题，可能会影响其使用。对于这种情况，需要确保所有依赖库的版本都是兼容的。

3. Keras 的模型构建方式

Keras 提供了以下 3 种构建模型的方式。

- **序列式 API**：允许用户为大多数问题逐层堆叠构建模型。虽然对于很多应用来说，这种方式简单且能解决深度学习网络模型的构建问题，但是它有一些限制，例如，无法构建有共享层或有多个输入或输出的模型。
- **函数式 API**：为构建模型提供了更灵活的方式。它允许用户定义多个输入或输出模型以及共享层的模型。此外，它还可以定义动态和非周期性的模型。
- **模型式 API**：基于序列式 API 的一个扩展，允许用户定义一个输入和输出模型，以及共享层的模型。

每种模型构建方式都有其适用的场景和优点，可以根据实际需求选择合适的方式。下面简要介绍这 3 种模型的构建方式。

1）序列式 API

序列式 API 是一种简单的模型构建方式，允许用户按照顺序添加层到模型中。序列式 API 的核心操作是添加层，包括卷积层、全连接层等。这种方式的编译速度快，操作简单，适用于快速原型设计和开发。在由序列式 API 构建的模型中，层与层之间只有相邻关系，没有跨层连接。

序列式 API 主要利用 add()方法来添加层，其中第一层需要指定 input_shape，即模型所期望的输入尺寸，后续的层系统会自动推算它的输入尺寸。以下是使用序列式 API 构建神经网络模型的示例代码。

```
from keras.models import Sequential
from keras.layers import Dense, Conv2D, Flatten

model = Sequential()
model.add(Conv2D(32, (3, 3), activation='relu', input_shape=(28, 28, 1)))
```

```
model.add(Flatten())
model.add(Dense(128, activation='relu'))
model.add(Dense(10, activation='softmax'))
```

在上述示例代码中，首先导入一些必要的模块，然后创建一个 Sequential 模型对象，接下来使用 add()方法将层添加到模型中。这里添加了一个卷积层、一个转换层、两个全连接层。卷积层的参数包括卷积核数量、卷积核大小和激活函数等。全连接层的参数包括神经元个数和激活函数。

需要注意的是，虽然序列式 API 简单易用，但在处理复杂任务或大型数据集时它可能不够灵活。对于更复杂的模型，可以考虑使用 Keras 的函数式 API 来构建。

2）函数式 API

序列式 API 适用于按顺序将基础层堆叠起来的线性设计，但如果想进行跨层或组合操作，例如像 ResNet（Residual Network，残差网络）一样，就可以使用函数式 API 来设计模型。

函数式 API 是一种更灵活的模型构建方式，允许用户构建复杂的模型拓扑，其中包括多输入模型、多输出模型、具有共享层的模型和具有非序列数据流的模型。使用函数式 API，可以规避序列式 API 的限制，并更好地满足复杂的模型需求。

在函数式 API 下，可以先使用 keras.layers.Input 函数定义输入层，然后使用 keras.layers 模块中的各种层函数来构建模型。通过将层对象组合在一起，可以构建任意复杂的模型拓扑。以下是使用函数式 API 构建神经网络模型的示例代码。

```
from keras.layers import Input, Dense
from keras.models import Model
# 定义输入层
input_layer = Input(shape=(784,))
# 添加隐藏层
hidden_layer1 = Dense(64, activation='relu')(input_layer)
hidden_layer2 = Dense(32, activation='relu')(hidden_layer1)
# 添加输出层
output_layer = Dense(10, activation='softmax')(hidden_layer2)
# 创建模型对象
model = Model(inputs=input_layer, outputs=output_layer)
```

在上述示例代码中，首先，导入必要的模块，并使用 Input 函数定义一个输入层；然后，添加两个隐藏层和一个输出层，每层都通过 Dense 函数定义并指定节点数和激活函数；最后，使用 Model 函数创建一个模型对象，并将输入层和输出层作为参数传入。

通过使用函数式 API，可以更加灵活地构建模型，并更好地处理复杂的模型。此外，Keras 还提供了丰富的层函数和模型构建工具，使用户可以轻松地创建各种类型的神经网络模型。

3）模型式 API

模型式 API 是一种用于灵活地构建和训练神经网络模型的方式。模型式 API 允许用户构建具有共享层的模型，并且可以处理多输入和多输出的情况。

在模型式 API 下，可以使用 keras.models.Model 类创建模型对象。这个类接收两个参数，分别表示输入层和输出层。输入层和输出层可以是 keras.layers.Layer 对象，也可以是函数。如果输入层和输出层都是函数，那么它们应该接收一个输入张量并返回一个输出张量。以下是使用模型式 API 构建神经网络模型的示例代码。

```
from keras.layers import Input, Dense
from keras.models import Model
# 定义输入层
input_layer = Input(shape=(784,))
```

```
# 添加隐藏层
hidden_layer1 = Dense(64, activation='relu')(input_layer)
hidden_layer2 = Dense(32, activation='relu')(hidden_layer1)
# 定义输出层
output_layer = Dense(10, activation='softmax')(hidden_layer2)
# 创建模型对象
model = Model(inputs=input_layer, outputs=output_layer)
```

在上述示例代码中，首先，定义一个输入层，然后，添加两个隐藏层和一个输出层，接着，使用 Model 类创建一个模型对象，并将输入层和输出层作为参数传入。最后，我们可以使用该模型进行训练、评估和预测等操作。

相对于序列式 API，模型式 API 更加灵活，可以更好地处理复杂的模型。使用模型式 API，用户可以更加方便地构建、训练和评估神经网络模型，并更好地应对不同的应用场景。

关于 Keras，还有很多其他内容，如图像预处理、文本预处理、常规的损失函数、常见的评估标准、优化方法等，在此就不赘述。

2.2.3　任务实施

1. TensorFlow 编译前的准备

下载源码，如 TensorFlow 2.4.0 的源码。

安装如下工具。

- Python：Python 3（推荐安装 Python 3.7，它自带 pip）。
- Bazel：Bazel 3.4.1。
- GCC：GCC 7.3.1 及以上。

通过 pip3 install 安装第三方依赖包，tensorflow/tools/pip_package/setup.py 文件列出了需要安装的第三方依赖包。

2. TensorFlow 源码的编译

在 tensorflow 主目录下运行./configure。

在 Shell 终端执行以下命令。

```
bazel build --verbose_failures --config=noaws --config=opt --host_copt=-march=loongar
ch64  //tensorflow/tools/pip_package:build_pip_package
```

在 Shell 终端执行以下命令生成.whl 安装包。

```
bazel-bin/tensorflow/tools/pip_package/build_pip_package ~/tensorflow_pkg
```

执行以上命令后将在 dist 目录下生成基于 Python 3.7 和 LoongArch 平台的 TensorFlow Python 安装包——tensorflow-2.4.0-cp37-cp37m-linux_loongarch64.whl。

3. TensorFlow 的安装

在 Shell 终端执行以下命令即可安装 TensorFlow。

```
sudo pip3 install tensorflow-2.4.0-cp37-cp37m-linux_loongarch64.whl
```

在龙芯平台上，直接通过以上命令安装 TensorFlow，安装过程中会检测相关的依赖包。若系统中安装了对应的依赖包且版本满足 TensorFlow 的依赖需求，则提示“Requirement already satisfied”。

若系统中没有安装对应的依赖包或安装了，但版本不满足 TensorFlow 的需求，则会从官方网站下载依赖包源码并自动编译，编译完成后自动安装。安装成功后，Shell 终端会输出“Successfully installed tensorflow-2.4.0”字样。

4. TensorFlow 的安装验证

使用 pip3 list 命令可以检测系统安装的 TensorFlow 的 Python 包以及相应的 TensorFlow 工具包 TensorBoard 等，如图 2-7 所示。

```
tensorboard                2.7.0
tensorboard-data-server    0.6.1
tensorboard-plugin-wit     1.8.0
tensorflow                 2.4.0
tensorflow-estimator       2.4.0
```

▲图 2-7 检测系统安装的 TensorFlow 的 Python 包和 TensorFlow 工具包

同时，在 Shell 终端依次执行命令，可以检测安装的 TensorFlow 版本，如图 2-8 所示。

```
[root@localhost loongson]# python3
Python 3.7.9 (default, Mar 17 2021, 15:38:28)
[GCC 7.3.1 20180303 (Red Hat 7.3.1-6)] on linux
Type "help", "copyright", "credits" or "license" for more information.
>>> import tensorflow as tf
>>> tf.__version__
'2.4.0'
>>> 
```

▲图 2-8 检测安装的 TensorFlow 版本

5. TensorFlow 的卸载

卸载 TensorFlow 的方法很简单，只需要在 Shell 终端执行命令 pip3 uninstall tensorflow 即可，如图 2-9 所示。

```
root@loongson-pc:/home/loongson# pip3 uninstall tensorflow
Uninstalling tensorflow-2.4.0:
  Would remove:
    /usr/local/bin/estimator_ckpt_converter
    /usr/local/bin/import_pb_to_tensorboard
    /usr/local/bin/saved_model_cli
    /usr/local/bin/tensorboard
    /usr/local/bin/tf_upgrade_v2
    /usr/local/bin/tflite_convert
    /usr/local/bin/toco
    /usr/local/bin/toco_from_protos
    /usr/local/lib/python3.7/dist-packages/tensorflow-2.4.0.dist-info/*
    /usr/local/lib/python3.7/dist-packages/tensorflow/*
Proceed (y/n)? y
  Successfully uninstalled tensorflow-2.4.0
root@loongson-pc:/home/loongson#
```

▲图 2-9 TensorFlow 的卸载

命令运行完成后，若提示“Successfully uninstalled tensorflow-2.4.0”，表示已卸载 TensorFlow。此时，若运行 pip3 list，将看不到图 2-7 中与 TensorFlow 相关的 Python 包列表。

6. TensorBoard 的使用

因为 TensorBoard 包含在 TensorFlow 库中，所以如果我们成功安装了 TensorFlow，就可以使用 TensorBoard。要启动 TensorBoard，打开 Shell 终端并运行如下命令即可。

```
tensorboard --logdir=<directory_name>
```

根据个人需求，用户可以将<directory_name>标记改为保存数据的目录。默认是“logs”。运行完该命令后，若在 Shell 终端若看到如下提示信息，就说明 TensorBoard 已经成功启动。

```
Serving TensorBoard on localhost; to expose to the network, use a proxy or pass
--bind_all TensorBoard 2.7.0 at http://localhost:6006/ (Press CTRL+C to quit)。
```

可以用浏览器打开 http://localhost:6006/，查看 TensorBoard 页面。当第一次打开该页面时，浏览器的页面中显示的内容如图 2-10 所示。

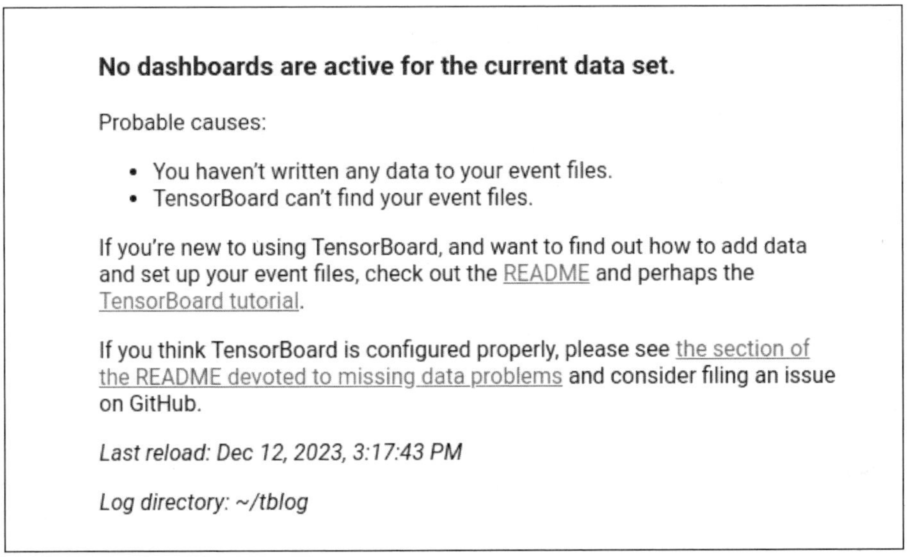

No dashboards are active for the current data set.

Probable causes:

- You haven't written any data to your event files.
- TensorBoard can't find your event files.

If you're new to using TensorBoard, and want to find out how to add data and set up your event files, check out the README and perhaps the TensorBoard tutorial.

If you think TensorBoard is configured properly, please see the section of the README devoted to missing data problems and consider filing an issue on GitHub.

Last reload: Dec 12, 2023, 3:17:43 PM

Log directory: ~/tblog

▲图 2-10　浏览器的页面中显示的内容

此时，已经启动并运行 TensorBoard。接下来，以 TensorFlow 为例介绍如何使用 TensorBoard。

1）在本地使用 TensorBoard

根据 Keras 文档，回调是可以在训练的各个阶段执行操作的对象。当想在训练过程中的某个时间节点（例如，在每次训练周期/训练样本批次之后）自动执行任务时，可以使用回调。TensorBoard 回调是 TensorFlow 库提供的。下面用一个示例介绍如何使用 TensorBoard 回调。

首先，使用 TensorFlow 创建一个简单的模型，并使用 MNIST 数据集进行模型训练。

```
# 导入 TensorFlow
import TensorFlow as tf
# 加载并规范化 MNIST 数据集的数据
mnist_data = tf.keras.datasets.mnist
(X_train, y_train), (X_test, y_test) = mnist_data.load_data()
X_train, X_test = X_train / 255.0, X_test / 255.0
# 定义模型
model = tf.keras.models.Sequential([
tf.keras.layers.Flatten(input_shape=(28, 28)),
tf.keras.layers.Dense(128, activation='relu'),
```

```
tf.keras.layers.Dropout(0.2),
tf.keras.layers.Dense(10, activation='softmax')
])
# 编译模型
model.compile(
optimizer='adam',
loss='sparse_categorical_crossentropy',
metrics=['accuracy'])
```

编译模型完成后，创建一个回调，后续调用 fit()方法时使用该回调。

```
tf_callback = tf.keras.callbacks.TensorBoard(log_dir="./logs")
```

接下来，在模型上调用 fit()方法，并将回调作为参数传入。

```
model.fit(x_train, y_train, epochs=5, callbacks=[tf_callback])
```

调用 fit()方法后，进入 http://localhost:6006，查看结果。TensorFlow 训练图表如图 2-11 所示。

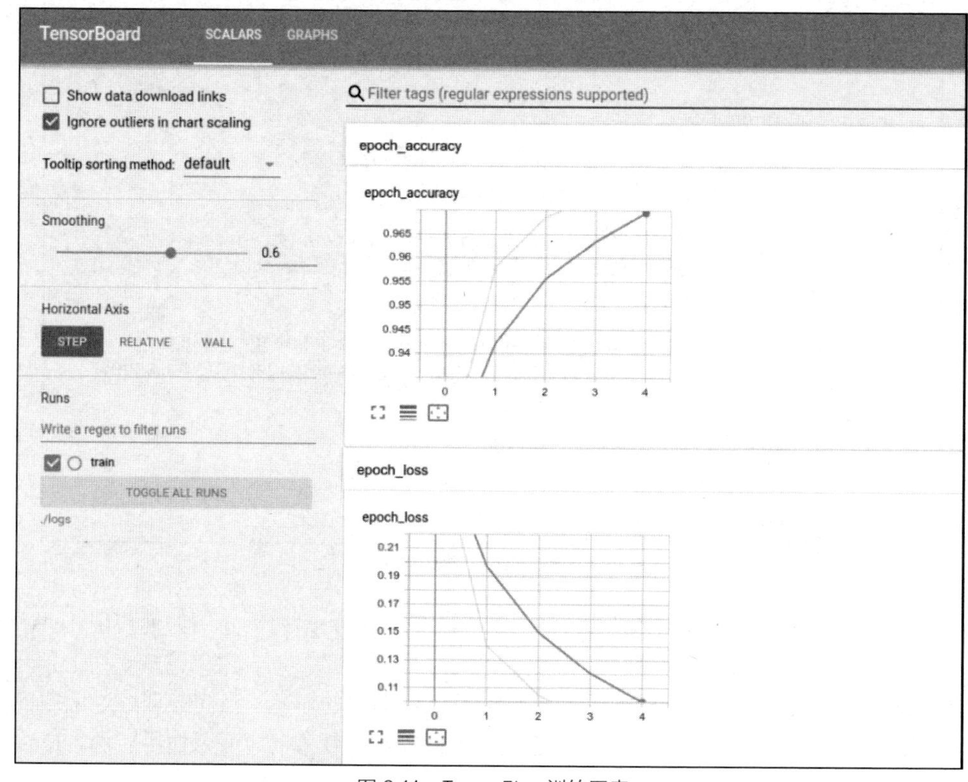

▲图 2-11　TensorFlow 训练图表

在上图中可以看到两幅不同的图。上面的图显示了模型在每个训练周期的准确率，下面的图显示的是精度损失率。

2）远程运行 TensorBoard

除了在本地运行 TensorBoard 之外，还可以远程运行 TensorBoard。

首先，使用 SSH（Secure Shell，安全外壳）将远程服务器的端口映射到本地的计算机。

```
ssh -L 6006:127.0.0.1:6006 username@server_ip
```

然后，在远程服务器上启动 TensorBoard。这只需要在远程服务器的终端执行如下命令即可。

```
TensorBoard --logdir='logs'--port=6006
```

接下来，就可以通过浏览器访问 http://localhost:6006，查看远程的 TensorBoard 训练图表。

3）TensorBoard 仪表板

TensorBoard 仪表板主要由用于可视化数据的不同组件组成，组件比较多。下面主要介绍两个组件——Images 和 Graphs。

在处理图像数据时，如果想要通过查看数据查找问题，或者查看样本从而确保数据质量，就可以使用 TensorBoard 的 Images。

接下来，我们再次使用 MNIST 数据集，了解图像在 TensorBoard 中是如何显示的。以下是实现过程的代码。

```
# 加载和规范化 MNIST 数据集的数据
mnist_data = tf.keras.datasets.mnist
(X_train, y_train), (X_test, y_test) = mnist_data.load_data()
X_train, X_test = X_train / 255.0, X_test / 255.0
# 重塑第一幅图像的形状
img = np.reshape(X_train[0], (-1, 28, 28, 1))
# 指定日志数据的目录
logdir = "./logs"
# 创建一个文件，将数据写入 logdir
file_writer = tf.summary.create_file_writer(logdir)
# 记录图像数据
with file_writer.as_default():
   tf.summary.image("Training data", img, step=0)
```

可以使用 Images 组件查看图像，如图 2-12 所示。

▲图 2-12　查看图像

实际上，所有模型都可以看作计算图，但是有时很难通过单独查看代码了解模型的体系结构。然而，若对模型进行可视化，就很容易查看模型的体系结构，并且能够确保模型使用的体系结构是我们想要的。

我们同样使用 MNIST 数据集进行模型训练，再通过 TensorBoard 的 Graphs 查看训练后的模型体系结构。定义和训练模型的代码如下。

```
# 定义模型
model = tf.keras.models.Sequential([
    tf.keras.layers.Flatten(input_shape=(28, 28)),
    tf.keras.layers.Dense(128, activation='relu'),
    tf.keras.layers.Dropout(0.2),
    tf.keras.layers.Dense(10, activation='softmax')
])
# 需要创建一个 TensorBoard 回调并在训练模型时使用它
tf_callback = tf.keras.callbacks.TensorBoard(log_dir="./logs")
# 拟合模型时传入回调
model.fit(X_train, y_train, epochs=5, callbacks=[tf_callback])
```

训练完成后，使用 TensorBoard 的 Graphs 组件，查看模型体系结构。部分模型体系结构如图 2-13 所示。

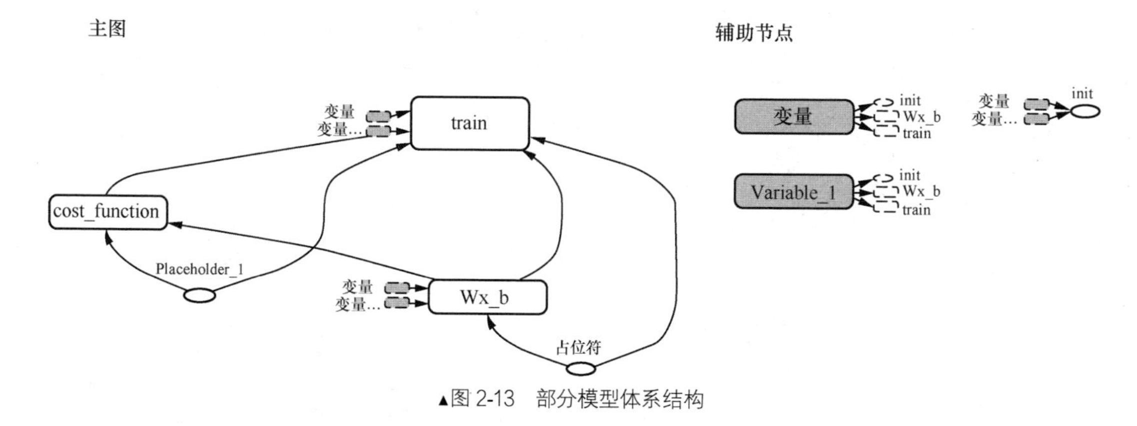

▲图 2-13　部分模型体系结构

这里显示的是模型的操作级图（逐层显示模型体系结构）。这对于查看模型是否正确以及每一层是否符合我们的预期非常重要。图 2-13 中的数据从底部流向顶部。

4）**TensorBoard 插件**

TensorBoard 还提供了很多不同的插件，可以利用这些插件满足我们的不同需求。下面主要介绍 Profiler 插件。

Profiler 插件主要用于分析 TensorFlow 代码的执行情况。例如，我们想知道正在运行的模型是否得到了适当的优化，就可以使用 Profiler 插件。要安装 Profiler 插件，只需要在 Shell 终端执行如下命令。

```
pip3 install TensorBoard_plugin_profile
```

下面介绍如何使用 Profiler 插件。

首先，创建一个回调函数，然后，在拟合模型时使用 TensorBoard 回调，具体如下。

```
# 创建回调函数
tf_callback = tf.keras.callbacks.TensorBoard(log_dir="./logs")
# 拟合模型
model.fit(x_train, y_train, epochs=5, callbacks=[tf_callback])
```

当进入 TensorBoard 页面时，可以看到 Profile 选项卡，单击 CAPTURE PROFILER 按钮，我们将会看到图 2-14 所示的性能分析信息。

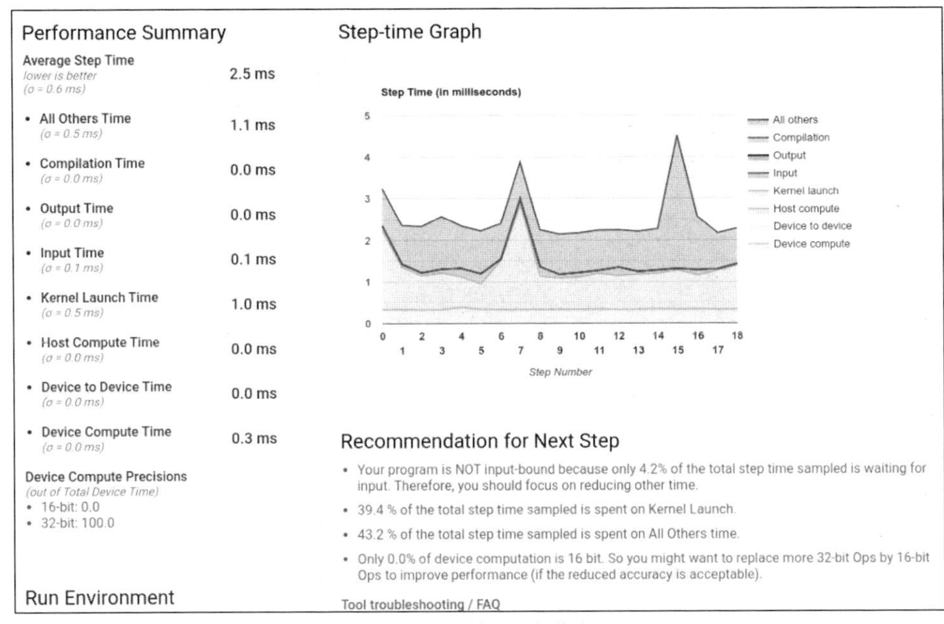

▲图 2-14 性能分析信息

这是一个概览页面，我们可以从中了解到很多信息。其中有一个 Step-time 图，显示训练过程中哪些部分花费的时间最多。从此图中可以看到模型不是输入绑定的，很多时间花在启动内核上，同时给出了一些优化模型性能的建议。

2.3 任务 2：基于龙芯平台编译与部署 PyTorch

2.3.1 任务描述

在龙芯平台上配置和编译 PyTorch 源码，测试安装、卸载等操作。

2.3.2 技术准备

1. PyTorch 框架

PyTorch 是一个开源的深度学习框架，PyTorch 是基于 Lua 语言的深度学习库 Torch 在 Python 上的衍生，并继承了 Torch 灵活、动态的编程环境和友好的界面。PyTorch 支持以快速和灵活的方式构建动态神经网络，允许在训练过程中快速更改代码却不影响其性能，并且在此基础上新增了自动求导模块，这一切使 PyTorch 已经成为当前最流行的动态计算图框架之一。

PyTorch 重构和统一了 Caffe2 和 PyTorch 0.4 框架的代码库，删除了重复的组件并共享上层抽象，支持高效的图模式执行、移动端部署和广泛的供应商集成等，同时具有 PyTorch 和 Caffe2 的优点。PyTorch 框架具有以下优点。

- **具有较好的灵活性和速度**。与 TensorFlow 不同，PyTorch 使用动态计算图，用户可以根据需要动态地构建、修改和调整计算图，使模型更加灵活和易于调试。PyTorch 实现并优化了基本计算单元，可以很简单地在此基础上实现自己的算法，不用浪费精力在计算优化上。PyTorch 支持动态计算图，能处理长度可变的输入和输出，这尤其适合 RNN 的应用。
- **提供自动求导系统**。PyTorch 提供了自动求导系统，可以自动计算梯度，简化模型训练过程中的求导操作。

- **易于调试**。通过 PyTorch 可以使用标准调试器，如 pdb 或 PyCharm。PyTorch 的设计思路是线性、直观且易于使用，当用户的代码出现缺陷的时候，用户可以通过这些标准调试器快捷地查找到出错的代码，不会让用户在调试的时候因为错误的指向等花费太多的时间。
- **代码简单易学**。相对于 TensorFlow，PyTorch 的代码更加简洁直观，且 PyTorch 的 API 设计更加简单、直观，易于学习和使用，使用户能够快速上手并进行模型训练。

PyTorch 源码主要由以下三部分组成。

- **ATen**：A Tensor library for C++ 11 的缩写，PyTorch 的 C++ 张量库。ATen 部分中大量的代码是用于声明和定义与 Tensor 运算相关的逻辑的。
- **C10**：来自 Caffe Tensor Library 的缩写，这里存放的都是基础的 Tensor 库的代码，可以运行在服务器端和移动端。
- **torch**：采用 C 语言作为底层、Lua 语言作为接口的深度学习库，这是早期的使用方式，现在逐渐过渡到使用 C++作为接口。

PyTorch 的核心模块主要包括以下部分。

- **torch.nn**：包含 PyTorch 中很多经常使用的激活函数，以及 Tensor 的一些操作函数。另外，还有一类函数能够产生一定形状的张量。
- **torch.Storage**：负责 torch.Tensor 底层的数据存储。
- **torch.nn.init**：定义神经网络权重的初始化。神经网络权重的初始值对神经网络的训练以及模型收敛有很大程度的影响。如果初始的权重值不合适，严重的情况下会导致后续的优化过程收敛很慢，甚至不收敛。
- **torch.Tensor**：PyTorch 底层的张量操作和方法。
- **torch.nn.functional**：定义一些和神经网络相关的函数，包含卷积函数、池化函数、不常用的激活函数。
- **torch.optim**：定义一系列的随机优化器。
- **torch.cuda**：定义与 CUDA 运算相关的一系列函数，包括检查系统的 CUDA 是否可用、获取当前进程对应的 GPU 序号、清除 GPU 上的缓存、设置 GPU 的计算流、同步 GPU 上执行的所有核函数。
- **torch.autograd**：定义一系列的自动微分函数。
- **torch.distributed**：PyTorch 的分布式计算模块，其主要功能是提供 PyTorch 并行运行环境。
- **torch.hub**：提供一系列预训练的模型供用户使用。
- **torch.jit**：把 PyTorch 的动态图转换成可以优化和序列化的静态图，其主要工作原理是通过输入预先定义好的张量，跟踪整个动态图的构建过程，得到构建出来的动态图，然后将其转换为静态图。
- **torch.multiprocessing**：定义 PyTorch 中的多进程 API，使用这个模块可以启动不同的进程，每个进程运行不同的深度学习模型，并且能够在进程间共享张量。
- **torch.random**：提供一系列的方法来保存和设置随机数生成器的状态。
- **torch.onnx**：定义 PyTorch 导出和加载 ONNX 格式的深度学习模型描述文件。
- **torch.utils**：提供一系列的辅助模块。
- **torch.utils.data**：引入数据集和数据加载的概念。
- **torch.utils.TensorBoard**：在 PyTorch 的训练过程中，可以很方便地观察中间输出的张量，也可以方便地调试深度学习模型。
- **torchvision**：包含目前流行的数据集、计算机视觉的模型和常用图片转换工具。
- **torchvision.datasets**：包含常用的数据集。

- **torchvision.models**：包含常用的基础模型结构。

PyTorch 的核心概念是动态图、张量以及操作。Tensor 可以简单地理解为高维数组，与 NumPy 矩阵类似，具有一些方法和属性，但是 Tensor 可以使用 GPU 加速。一维张量可以视为标量，即纯数字；二维张量可以视为数组或矩形表（灰度图）；三维张量则可以看作立方体表（彩色图）；四维张量可以视为视频。当然，还有更高维的张量。使用 Tensor 的示例代码如下。

```
import torch as th
print(th.empty(2, 3))          # 分配空间，但未初始化
print(th.rand(2, 3))           # 在[0,1]范围内均匀随机初始化
# 输出
tensor([[-6.0193e+10, 4.5902e-41, 1.3356e-37],
        [0.0000e+00, 4.4842e-44, 0.0000e+00]])
tensor([[0.3285, 0.3328, 0.3363],
        [0.3214, 0.4482, 0.5949]])
```

上述示例代码主要用于获取 Tensor 的形状，支持两种索引方式，即 Tensor.size()[i]和 Tensor.size(i)，但是这两种方式等价。其中，size 的作用类似于 NumPy 中 shape 的作用，如以下示例代码所示。

```
print(t.rand(12, 13).size())
print(t.rand(12, 13).size()[1])
print(t.rand(12, 13).size(0))

# 输出
torch.Size([12, 13])
13
12
```

下面以加法（减法、乘法、除法等类似）为例，说明算术运算的几种方式。我们可以看到以下 3 种加法运算的结果是一样的，不同的是，z3 的运算方法是必须先对一个目标形状的矩阵进行初始化操作，然后才能使用关键字 out。同样，我们还可以使用 z4=x.add(y)，这种运算方式会将加法运算结果（一个新的张量）赋给 z4。注意，修改原值时需要加_，如 x.add_(y)，具体代码如下。

```
x,y = t.rand(2, 3), t.rand(2, 3)
z1 = x + y
z2 = t.add(x, y)
z3 = t.Tensor(2, 3)
t.add(x, y, out=z3)
print(z1, z2, z3)

z4 = x.add(y)
print(x)
x.add_(y)
print(x)

# 输出
tensor([[0.8985, 1.1798, 1.0203],
       [0.9379, 1.6840, 1.1765]])
tensor([[0.8985, 1.1798, 1.0203],
        [0.9379, 1.6840, 1.1765]])
tensor([[0.8985, 1.1798, 1.0203],
        [0.9379, 1.6840, 1.1765]])
tensor([[0.4965, 0.7843, 0.2315],
       [0.3911, 0.8524, 0.9054]])
tensor([[0.8985, 1.1798, 1.0203],
        [0.9379, 1.6840, 1.1765]])
```

索引获取（即切片）与 NumPy 中的类似，如果要变换矩阵的形状，则可以进行视图操作，类似于 NumPy 中的重塑操作，要求操作前后矩阵大小一样，如以下示例代码所示。

```
x = t.rand(3,4)
print(x)
print(x[:, 2:4])              # 取所有行中第 2 列到第 3 列的元素
print(x[0:2, :])              # 取第 0 行到第 1 行中所有列的元素
print(x[0:2, 1:3])            # 取第 0 行到第 1 行中第 1 列到第 2 列的元素

# 输出
tensor([[0.1550, 0.3647, 0.6956, 0.4983],
       [0.2763, 0.1134, 0.9641, 0.1543],
       [0.4749, 0.3128, 0.4133, 0.5369]])
tensor([[0.6956, 0.4983],
       [0.9641, 0.1543],
       [0.4133, 0.5369]])
tensor([[0.1550, 0.3647, 0.6956, 0.4983],
       [0.2763, 0.1134, 0.9641, 0.1543]])
tensor([[0.3647, 0.6956],
       [0.1134, 0.9641]])
```

有些情况下，如果想用 NumPy 的相关功能，但它不支持张量，该如何处理呢？其实 NumPy 的数组类型和 PyTorch 的张量类型之间的相互转换是很方便的，可以将两者的矩阵数据存储共享，因此当一个矩阵改变时，另一个矩阵也会随着发生改变。

下面的示例代码说明了这一点，代码并没有直接对 y 进行操作，而只对 x 的每个元素进行加 1 的操作，但最后的输出结果是 y 和 x 的数值变化一样。从 NumPy 的数组类型转换为 PyTorch 中的张量类型只需调用 from_numpy()函数即可。

```
x = t.rand(2, 3)
y = x.numpy()
print(type(x), type(y))
x.add_(1)
print(x, y)
z = t.from_numpy(y)
print(type(z))

# 输出
<class 'torch.Tensor'> <class 'numpy.ndarray' >
tensor([[ 1.1672, 1.4772, 1.4756],
       [1.5880, 1.1556, 1.7043]])
      [[1.1671882 1.4771868 1.4756109]
      [1.5880387 1.1556346 1.7043335]]
<class 'torch.Tensor' >
```

另外，还可以通过.to()方法来将数据移动到其他设备［如 GPU 或者 ASIC（Application Specific Integrated Circuit，专用集成电路）］上，用户可以直接在对应设备上创建张量，但是需要提前获取设备对象，或者使用 to(device)或 to("string")来将原有数据转移到指定的设备上并进行数据类型的转变。

```
if t.cuda.is_available():                        # 检查是否有 GPU
    device = t.device("cuda")                    # CUDA 设备对象
    y = t.ones_like(x, device=device)            # 在 GPU 上创建张量
    x = x.to(device)
    x2 = x.to("cuda")
    z = x + y
```

```
    print(z)
    print(z.to("cpu", t.double))

# 输出
tensor([[1.6168, 1.8657, 1.9190],
        [1.0523, 1.0626, 1.0878]], device='cuda:0'
tensor([[1.6168, 1.8657, 1.9190],
        [1.0523, 1.0626, 1.0878]], dtype=torch.float64)
```

PyTorch 框架的核心模块是 Autograd（自动求导）模块，Autograd 模块提供了基于张量的自动微分操作 define-by-run，模型的构建和计算图的生成是在运动时动态进行的，即边运动边计算，反向传播在运行时决定，这就是所谓的动态特性。

如果将 Tensor 变量 w 的属性 requires_grad 设置为 True，PyTorch 便会在计算时对该变量进行跟踪，经过一系列的运算后，再对最终结果（如 loss）使用 backward()方法，PyTorch 会自动计算出 loss 对 w 的微分，我们可以使用 w.grad 查看对应的值。如果想脱离跟踪，则可使用 detach()方法，且整个计算过程中都不需要进行梯度计算。若使用 with t.no_grad 上下文管理语句，在语句块内的计算都不会跟踪计算历史，也就没有梯度计算的需求了。

张量和函数一起可构建一种有向无环图，即计算历史图。每个变量会有一个.grad_fn 属性，该属性指向创建张量的一个函数，如对于 c=a+b，c.grad_fn 就表示前面的加法函数，如果这个变量是用户手动创建的，那么其值为 None。

当调用 backward()方法时，注意，如果变量为标量，那么它可以直接使用，不用带参数；如果变量有多个元素，那么需要指定 gradients 参数，gradients 的维度需要和被微分的变量维度保持一致。以下示例代码中，a 与 b 的维度为 2×3，因此 gradients 的维度也必须为 2×3。

```
import torch as th
a = th.rand(2, 3, requires_grad=True)
b = th.rand(2, 3)
c = 2*a + b
print(a.grad_fn, b.grad_fn, c.grad_fn)
gradients = th.tensor([[0.1, 1.0, 0.001],
[0.1, 10, 1.0]], dtype=th.float)
c.backward(gradients)
print(a.grad)
# 输出
tensor([[ 0.2000, 2.0000, 0.0020],
       [ 0.2000, 20.0000, 2.0000]])
```

PyTorch 框架包括神经网络工具包 torch.nn，它已经与 Autograd 集成，所以调用起来十分方便，这里不做详细描述。

2. Detectron2

Detectron 是 Facebook 人工智能研究（FAIR）小组公开的一个目标检测平台，包含业内大量具有较强代表性的目标检测、图像分割、关键点检测算法。Detectron2 在 Detectron 的基础上进行了全面重写，使用了 PyTorch 框架并进行了一系列改进，具有更高的可扩展性和灵活性。它支持完成常见的目标检测、实例分割、人体姿态估计和语义分割等任务，同时提供了大量的预训练模型和相关工具。

Detectron2 是 FAIR 小组的下一代目标检测平台。目前，它实现了先进的目标检测算法。Detectron2 与 Detectron 不同，它并不是在 Detectron 的基础上进行改写的，而是彻底重写的全新版本。Detectron2 基于 PyTorch 框架，以 Mask R-CNN 基准测试作为起点。通过全新的模块化设计，

Detectron2 能够在单个或多个 GPU 服务器上提供更快的训练速度。Detectron2 具有以下新特性。

- **基于 PyTorch 框架实现**。Detectron2 与 Detectron 在 Caffe2 中的实现不同，Detectron2 是基于 PyTorch 实现的。PyTorch 提供了一个直观的命令式编程模型，这使研究人员和工程师可以更快地迭代模型设计和实验。
- **模块化和可扩展设计**。Detectron2 引入了模块化设计，并具有可扩展性，用户可以将自定义模块插入目标检测系统的任意部分。这意味着许多新的研究项目可以用数百行代码编写，而 Detectron2 核心库和全新的研究之间可以实现完全分离。这种模块化特性使其可更有效地帮助研究人员探索最先进的算法设计。
- **新模型和新功能**。Detectron2 包括 Detectron 中的所有模型，如 Faster R-CNN、Mask R-CNN、RetinaNet 和 DensePose。除此之外，Detectron2 还新增了几个新模型，包括 Cascade R-CNN、Panoptic FPN 和 TensorMask，未来还将继续添加更多模型。Detectron2 还包含一些新功能，例如，支持同步批处理规范化与 LVIS 等新数据集等。
- **支持新任务**。除了目标检测、实例分割、人体姿态估计等任务外，Detectron2 还支持语义分割和全景分割等新任务。
- **高实现质量**。重写的 Detectron2 能够重新检测底层的设计决策，并解决 Detectron 的几个实现问题。
- **速度和可扩展性**。通过将整个训练过程移至 GPU，Detectron2 的训练速度比 Detectron 的训练速度更快，而且可以更加方便在各种标准型号下进行 GPU 服务器的分布式训练，从而轻松扩展训练数据集。
- **模型产品化部署的软件实现**。Detectron2 新增了将模型产品化部署的软件实现，包括标准的内部数据训练工作流实现、模型压缩量化实现、模型转化实现等。

2.3.3　任务实施

1. PyTorch 源码下载

在 Shell 终端依次执行以下命令即可下载 PyTorch 源码。

```
git clone --recursive https://github.com/PyTorch/PyTorch
cd PyTorch
git submodule sync
git submodule update --init --recursive --jobs 0
```

这里默认使用主分支，如果需要使用其他分支，可以自行切换分支。

2. 源码选项配置

PyTorch 源码选项配置示例如图 2-15 所示。

当然，也可以根据自己的需求以及硬件平台和操作系统的软件库情况配置其他选项。在龙芯平台上，我们修改了以下两项配置。

- 将 USE_BREAKPAD 设置成 OFF。
- 将 BLAS 设置成 OpenBLAS 或 Eigen。

3. PyTorch 源码编译

在 Shell 终端依次执行以下命令编译 PyTorch 源码。

```
export NO_CUDA=1          # 不使用 CUDA
python3 setup.py build --cmake-only  # 仅编译
ccmake build
python3 setup.py install develop
```

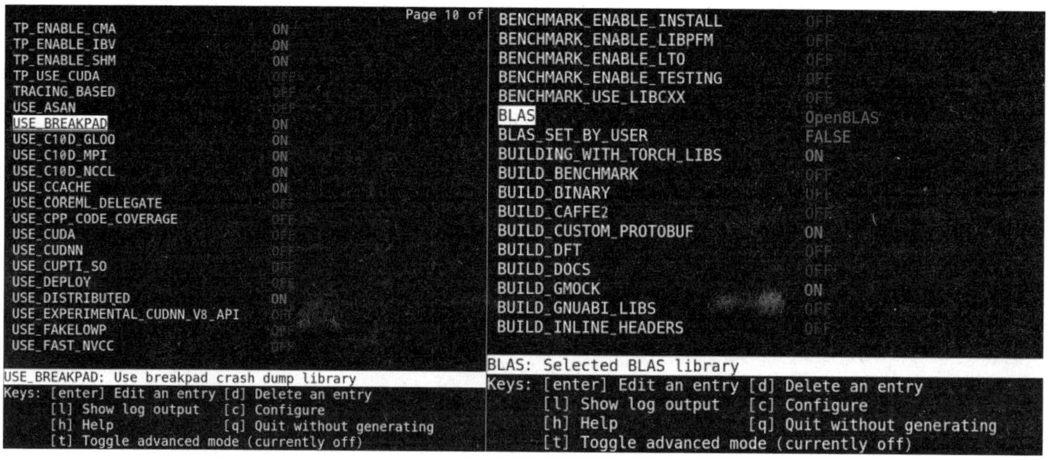

```
                                          Page 10 of
TP_ENABLE_CMA                      ON
TP_ENABLE_IBV                      ON
TP_ENABLE_SHM                      ON
TP_USE_CUDA                        OFF
TRACING_BASED                      OFF
USE_ASAN                           OFF
USE_BREAKPAD                       ON
USE_C10D_GLOO                      ON
USE_C10D_MPI                       ON
USE_C10D_NCCL                      ON
USE_CCACHE                         ON
USE_COREML_DELEGATE                OFF
USE_CPP_CODE_COVERAGE              OFF
USE_CUDA                           OFF
USE_CUDNN                          OFF
USE_CUPTI_SO                       OFF
USE_DEPLOY                         OFF
USE_DISTRIBUTED                    ON
USE_EXPERIMENTAL_CUDNN_V8_API      OFF
USE_FAKELOWP                       OFF
USE_FAST_NVCC                      OFF

USE_BREAKPAD: Use breakpad crash dump library
Keys: [enter] Edit an entry [d] Delete an entry
      [l] Show log output   [c] Configure
      [h] Help              [q] Quit without generating
      [t] Toggle advanced mode (currently off)
```

```
BENCHMARK_ENABLE_INSTALL           OFF
BENCHMARK_ENABLE_LIBPFM            OFF
BENCHMARK_ENABLE_LTO               OFF
BENCHMARK_ENABLE_TESTING           OFF
BENCHMARK_USE_LIBCXX               OFF
BLAS                               OpenBLAS
BLAS_SET_BY_USER                   FALSE
BUILDING_WITH_TORCH_LIBS           ON
BUILD_BENCHMARK                    OFF
BUILD_BINARY                       OFF
BUILD_CAFFE2                       OFF
BUILD_CUSTOM_PROTOBUF              ON
BUILD_DFT                          OFF
BUILD_DOCS                         OFF
BUILD_GMOCK                        ON
BUILD_GNUABI_LIBS                  OFF
BUILD_INLINE_HEADERS               OFF

BLAS: Selected BLAS library
Keys: [enter] Edit an entry [d] Delete an entry
      [l] Show log output   [c] Configure
      [h] Help              [q] Quit without generating
      [t] Toggle advanced mode (currently off)
```

▲图 2-15 PyTorch 源码选项配置示例

编译完成后，会在 dist 目录下生成 PyTorch 的 Python 包。

```
torch-1.11.0a0+git02064da-cp37-cp37m-linux_loongarch64.whl
```

其中 cp37 代表使用由 Python 3.7 编译生成的包，loongarch64 代表平台。

4. PyTorch 安装

PyTorch 是 Torch 的 Python 版本。为了安装 PyTorch 框架用于计算机视觉处理，需要依次安装 torch 和 torchvision。

要使用 root 权限安装 torch，在 Shell 终端执行以下命令即可。

```
pip3 install torch-1.11.0a0+git02064da-cp37-cp37m-linux_loongarch64.whl
```

若在 Shell 终端出现"Successfully installed torch-1.11.0a0+git02064da"，则表示 torch 安装成功，如图 2-16 所示。

```
root@loongson-pc:/home/loongson# pip3 install torch-1.11.0a0+git02064da-cp37-cp37m-linux_loongarch64.whl
Processing ./torch-1.11.0a0+git02064da-cp37-cp37m-linux_loongarch64.whl
Requirement already satisfied: typing-extensions in /usr/local/lib/python3.7/dist-packages (from torch==1.11.0a0+git02064da) (3.7.4.3)
Installing collected packages: torch
Successfully installed torch-1.11.0a0+git02064da
root@loongson-pc:/home/loongson#
```

▲图 2-16 安装 torch

要使用 root 权限安装 torchvision，在 Shell 终端执行以下命令即可。

```
pip3 install torchvision
```

若在 Shell 终端出现"Successfully installed torchvision-0.2.2.post3"，则表示 torchvision 安装成功，如图 2-17 所示。

5. PyTorch 安装版本验证

在 Shell 终端依次执行 import torch 和 torch.__version__ 命令，可以验证 PyTorch 的安装版本，如图 2-18 所示。

```
root@loongson-pc:/home/loongson# pip3 install torchvision
Collecting torchvision
  Using cached        files.pythonhosted    /packages/fb/01/03fd7e503c16b3dc262483e5555ad40974ab5da8b9879e164b56c1f4ef6f/torchvision-0.2.2.po
st3-py2.py3-none-any.whl
Requirement already satisfied: torch in /usr/local/lib/python3.7/dist-packages (from torchvision) (1.11.0a0+git02064da)
Requirement already satisfied: pillow>=4.1.1 in /usr/lib/python3/dist-packages (from torchvision) (5.4.1)
Requirement already satisfied: numpy in /usr/local/lib/python3.7/dist-packages (from torchvision) (1.19.5)
Requirement already satisfied: six in /usr/local/lib/python3.7/dist-packages (from torchvision) (1.15.0)
Requirement already satisfied: typing-extensions in /usr/local/lib/python3.7/dist-packages (from torch->torchvision) (3.7.4.3)
Installing collected packages: torchvision
Successfully installed torchvision-0.2.2.post3
root@loongson-pc:/home/loongson#
```

▲图 2-17　安装 torchvision

```
root@loongson-pc:/disk1/install-pkg/5000/pytorch# python3
Python 3.7.3 (default, Jan 28 2022, 10:05:25)
[GCC 8.3.0] on linux
Type "help", "copyright", "credits" or "license" for more information.
>>> import torch
>>> torch.__version__
'1.11.0a0+git02064da'
>>>
```

▲图 2-18　PyTorch 安装版本验证

6. PyTorch 卸载

要卸载 PyTorch，需要卸载 torch 主包和 torchvision 子包。

要使用 root 权限卸载 torch，在 Shell 终端执行以下命令即可。

```
pip3 uninstall torch
```

若在 Shell 终端出现“Successfully uninstalled torch-1.11.0a0+git02064da”，则表示 torch 卸载成功，如图 2-19 所示。

```
root@loongson-pc:/home/loongson# pip3 uninstall torch
Uninstalling torch-1.11.0a0+git02064da:
  Would remove:
    /usr/local/bin/convert-caffe2-to-onnx
    /usr/local/bin/convert-onnx-to-caffe2
    /usr/local/bin/torchrun
    /usr/local/lib/python3.7/dist-packages/caffe2/*
    /usr/local/lib/python3.7/dist-packages/torch-1.11.0a0+git02064da.dist-info/*
    /usr/local/lib/python3.7/dist-packages/torch/*
Proceed (y/n)? y
  Successfully uninstalled torch-1.11.0a0+git02064da
root@loongson-pc:/home/loongson#
```

▲图 2-19　卸载 torch

要使用 root 权限卸载 torchvision，在 Shell 终端执行以下命令即可。

```
pip3 uninstall torchvision
```

若在 Shell 终端出现“Successfully uninstalled torchvision-0.2.2.post3”，则表示 torchvision 卸载成功，如图 2-20 所示。

```
root@loongson-pc:/home/loongson# pip3 uninstall torchvision
Uninstalling torchvision-0.2.2.post3:
  Would remove:
    /usr/local/lib/python3.7/dist-packages/torchvision-0.2.2.post3.dist-info/*
    /usr/local/lib/python3.7/dist-packages/torchvision/*
Proceed (y/n)? y
  Successfully uninstalled torchvision-0.2.2.post3
root@loongson-pc:/home/loongson#
```

▲图 2-20　卸载 torchvision

2.4 任务 3：基于龙芯平台编译与部署 ONNX Runtime

2.4.1 任务描述

在龙芯平台上配置和编译 ONNX Runtime 源码，测试安装、卸载，以及将其他模型转换为 ONNX 模型等操作。

2.4.2 技术准备

1. ONNX Runtime

ONNX Runtime（ORT）是微软推出的一款推理引擎，用于跨平台的机器学习模型推理，支持多种编程语言和框架、操作系统及硬件平台。当将采用 PyTorch、TensorFlow、scikit-learned 等框架的模型转换为 ONNX 模型后，使用 ONNX Runtime 推理引擎即可进行模型推理，而不再需要原先的训练框架。这使模型的部署更便捷。此外，ONNX Runtime 通过内置的图优化策略和集成的硬件加速库，可以获得更快的推理速度。即使在相同的硬件平台，ONNX Runtime 也可以获得比 PyTorch 和 TensorFlow 更快的运行速度。

ONNX Runtime 支持的编程语言有 Python、C++、C#、C、Java、JavaScript、Objective-C、Julia、Ruby 等，支持的平台包括 Windows、Linux、macOS、Android、iOS 等。新版本的 ONNX Runtime 还支持加速 PyTorch 的模型训练过程。

2. ONNX

通常我们在训练模型时会根据个人喜好使用很多不同的框架，例如，有的人喜欢使用 PyTorch，有的人喜欢使用 TensorFlow，有的人喜欢使用 MXNet，甚至还有人喜欢使用 Caffe 等。但是，使用不同的训练框架训练后会产生不同的模型包，这会导致模型在进行部署推理时需要不同的依赖库，而且同一个框架（如 TensorFlow）的不同版本之间的差异也较大。为了解决这些问题，LF AI（Linux Foundation Artificial Intelligence，Linux 人工智能基金会）组织联合 Meta、微软等公司制定了机器学习模型的标准，这个标准就叫作 ONNX。所有其他框架产生的模型文件（.pth、.pb）都可以转换成 ONNX 标准格式，将其他模型转换成 ONNX 模型后，就可以使用 ONNX Runtime 推理引擎进行统一部署（这和 Java 生成的中间文件可以在 JVM 上运行一样，ONNX Runtime 为生成的 ONNX 模型文件提供推理功能）。ONNX 模型可以看作其他模型转换的中间模型，同时支持进行推理。一般来说，ONNX 的推理速度要比 PyTorch 的快 1 倍。

3. ONNX Runtime 推理流程

YOLO v7 是一种基于深度学习的目标检测算法，可以非常准确地检测出图像中的物体，深受广大开发者的喜爱。为了更好地利用 YOLO v7 的功能，我们将介绍 ONNX Runtime 的推理流程。

安装 ONNX Runtime 之前，需要先安装 C++ Runtime 和 Python 运行环境。安装完成后，在 Shell 终端执行以下命令即可安装 ONNX Runtime。

```
pip3 install onnxruntime-1.7.0-cp37-cp37m-linux_loongarch64.whl
```

在推理之前，需要先加载 YOLO v7 模型。可以先使用任何深度学习框架开发并训练 YOLO v7 模型，然后将训练出来的模型导出为 ONNX 格式。可以使用以下代码将 ONNX 格式的模型读入内存。

```
import onnxruntime as ort
model = ort.InferenceSession("model.onnx")
```

在进行推理时，需要将要进行分类的图像数据转换成 NumPy 数组，并将其传递给 ONNX Runtime 模型。可以使用以下代码进行推理。

```
import cv2
import numpy as np
# 加载图像
image = cv2.imread('test.jpg')
# 预处理图像
image = cv2.cvtColor(image, cv2.COLOR_BGR2RGB)
image = cv2.resize(image, (416, 416))
image = np.transpose(image, (2, 0, 1))
image = image.astype(np.float32) / 255.0
image = np.expand_dims(image, axis=0)
# 进行推理
outputs = model.run(None, {"input_1": image})
```

可以通过以下代码显示推理结果。

```
import matplotlib.pyplot as plt
result = outputs[0]
boxes = result[:, :, :4]
scores = result[:, :, 4:]
# 渲染图像
fig, ax = plt.subplots(1)
ax.imshow(cv2.cvtColor(image.squeeze(0), cv2.COLOR_RGB2BGR))
# 显示检测结果
for i in range(len(boxes[0])):
    box = boxes[0][i]
    score = scores[0][i]
    if score > 0.5:
        x1, y1, x2, y2 = box
        w, h = x2 - x1, y2 - y1
          rect = plt.Rectangle((x1, y1), w, h, fill=False, edgecolor='red', linewidth=3)
        ax.add_patch(rect)
plt.show()
```

以上就是 ONNX Runtime 的推理流程。推理可以在 CPU 或 GPU 上执行，只需设置对应的 ONNX Runtime 配置即可。

2.4.3　任务实施

1. 源码下载与编译

在 Shell 终端依次执行以下命令即可下载 ONNX Runtime 源码。

```
git clone --recursive *******github****/Microsoft/onnxruntime
cd onnxruntime/
git checkout v1.7.0
./build.sh --config MinSizeRel --enable_pybind --build_wheel
```

编译成功后，若 Shell 终端会出现如下信息，表示编译成功。

```
2022-03-15 13:49:03,260 util.run [DEBUG] - Subprocess completed. Return code: 0
2022-03-15 13:49:03,260 build [INFO] - Build complete
```

在 onnxruntime/build/Linux/MinSizeRel/dist 路径下会产生.whl 包 onnxruntime-1.7.0-cp37-cp37m-linux_loongarch64.whl。

2. ONNX Runtime 安装

要使用 root 权限安装 ONNX Runtime，在 Shell 终端执行以下命令即可。

```
pip3 install onnxruntime-1.7.0-cp37-cp37m-linux_loongarch64.whl
```

如果在 Shell 终端出现“Successfully installed onnxruntime-1.7.0”，则表示 onnxruntime-1.7.0 安装成功。

要使用 root 权限安装 ONNX，在 Shell 终端执行以下命令即可。

```
pip3 install onnx==1.8.0
```

如果在 Shell 终端出现“Successfully installed onnx-1.8.0”，则表示 onnx-1.8.0 安装成功。

3. 验证 ONNX Runtime 是否支持 CPU

在 Shell 终端依次执行相关命令，可以验证 ONNX Runtime 是否支持 CPU，如图 2-21 所示。

```
root@loongson-pc:/home/loongson# python3
Python 3.7.3 (default, Sep 12 2020, 09:01:12)
[GCC 8.3.0] on linux
Type "help", "copyright", "credits" or "license" for more information.
>>> import onnxruntime
>>> onnxruntime.get_device()
'CPU'
>>> onnxruntime.get_available_providers()
['CPUExecutionProvider']
>>> 
```

▲图 2-21　验证 ONNX Runtime 是否支持 CPU

4. ONNX Runtime 卸载

要使用 root 权限卸载 ONNX Runtime，在 Shell 终端执行以下命令即可。

```
pip3 uninstall onnxruntime
```

如果在 Shell 终端出现“Successfully uninstalled onnxruntime-1.7.0”，则表示 onnxruntime-1.7.0 卸载成功。

要使用 root 权限卸载 ONNX，在 Shell 终端执行以下命令即可。

```
pip3 uninstall onnx
```

如果在 Shell 终端出现“Successfully uninstalled onnx-1.8.0”，则表示 onnx-1.8.0 卸载成功。

5. ONNX 模型转换

1）将 PyTorch 模型转换为 ONNX 模型

torch.onnx.export()是 PyTorch 自带的、用于将其他模型转换成 ONNX 模型的函数。可使用 torch.onnx.export()将 PyTorch 模型转换成 ONNX 模型，基本格式如下。

```
torch.onnx.export(model, args, f, export_params=True, verbose=False, training=False,
input_names=None, output_names=None)
```

参数说明如下。

- **model**（torch.nn.Module）：要导出的模型。
- **args**（参数的集合）：模型的输入，可以是元组，包含模型的所有输入。任何非张量参数都将硬编码到导出的模型中，而任何张量参数都将成为导出的模型的输入，并按照它们在 args 中出现的顺序输入。
- **f**：导出的 ONNX 模型文件的路径。
- **export_params**（bool, default True）：如果设置为 True，则导出的 ONNX 模型文件将包含网络结构与权重参数；如果设置为 False，则导出的 ONNX 模型文件只包含网络结构。
- **verbose**（bool, default False）：如果设置为 True，则在导出 ONNX 模型的过程中会输出详细的导出过程信息。通常默认为 False。
- **training**（bool, default False）：设置导出的 ONNX 模型的训练模式。目前，因为 ONNX 只用于推理模型的导出，所以一般不需要将该参数设置为 True。
- **input_names**（list of strings, default empty list）：为输入节点指定名称。因为输入节点可能多个，所以该参数是一个列表。
- **output_names**（list of strings, default empty list）：为输出节点指定名称。因为输出节点可能多个，所以该参数是一个列表。

有两种方式可用于保存或者加载 PyTorch 模型：在文件中保存模型的网络结构和权重参数；在文件中只保留模型权重参数。

```
# 保存 PyTorch 模型
import torch
torch.save(selfmodel,"save.pt")
# 加载 PyTorch 模型
import torch
torch.load("save.pt")
```

调用 torch.onnx.export 接口即可将 PyTorch 模型转换为 ONNX 模型。具体转换脚本如下。

```
import torch
model = torch.jit.load("resnet50.pt", map_location='cpu') # PyTorch 模型加载
batch_size = 1  # 批处理大小
input_shape = (3, 244, 244)   # 输入数据

# 将模型设置为推理模式
torch_model.eval()
x = torch.randn(batch_size, *input_shape)          # 生成张量
export_onnx_file = "resnet50.onnx"                 # 导出的 ONNX 模型文件名
torch.onnx.export(torch_model,
                    x,
                    export_onnx_file,
                    opset_version=10,
                    do_constant_folding=True,    # 执行常量折叠优化
                    input_names=["input"],       # 输入节点名
                    output_names=["output"],     # 输出节点名
                    dynamic_axes={"input":{0:"batch_size"},     # 批处理变量
                                  "output":{0:"batch_size"}})
```

在执行脚本后，resnet50.pt 经过模型转换在当前目录下会生成 resnet50.onnx 模型。

2）将 TensorFlow 模型转换为 ONNX 模型

tf2onnx 是一个用于将 TensorFlow（TensorFlow 1.x 或 TensorFlow 2.x）、Keras、TensorFlow.js

和 TensorFlowLite 模型转换为 ONNX 模型的工具库，可通过命令行或 Python API 进行操作。要安装 tf2onnx 模型转换工具，在终端执行以下命令即可。

```
pip3 install tf2onnx
```

将 TensorFlow 模型转为 ONNX 模型的步骤主要有以下两个。

首先，将 TensorFlow 动态图冻结，生成冻结后的 PB 文件，代码如下。

```
def export_frozen_graph(model, model_dir, name_pb) :
    f = tf.function(lambda x: model(inputs=x))
    f = f.get_concrete_function(x=(tf.TensorSpec(model.inputs[0].shape, model.inputs
        [0].dtype)))
    frozen_func = convert_variables_to_constants_v2(f)
        frozen_func.graph.as_graph_def()

    print("-" * 50)
    print("Frozen model inputs: ")
    print(frozen_func.inputs)
    print("Frozen model outputs: ")
    print(frozen_func.outputs)

    tf.io.write_graph(graph_or_graph_def=frozen_func.graph,
                      logdir=model_dir,
                      name=name_pb,
                      as_text=False)
```

然后，使用 tf2onnx 工具将 PB 模型转换为 ONNX 模型。需要指出的是，大部分 TensorFlow 模型的输入层是 NHWC 格式的，而 ONNX 模型的输入层为 NCHW 格式的，因此建议在转换的时候加上--inputs-as-nchw 选项。其他选项可以参考相关文档。在 Shell 终端执行以下命令即可进行模型转换。

```
python -m tf2onnx.convert --input yolo.pb --output model.onnx --outputs Identity:0,
Identity_1:0,Identity_2:0 --inputs x:0 --inputs-as-nchw x:0 --opset 10
```

选项说明如下。

- input：指定输入的 PB 模型。
- output：指定输出的 ONNX 模型文件名。
- inputs：指定输入层的名称，当有多个输入时，中间用逗号隔开。
- outputs：指定输出层的名称，当有多个输出时，中间用逗号隔开。
- inputs-as-nchw：将输入作为 NCHW 格式。
- opset：指定 ONNX 的版本号。

可以通过以下代码直接进行模型转换。

```
tf2onnx.convert.from_keras(model, inputs_as_nchw=[model.inputs[0].name], output_path=
model_filepath + 'yolo.onnx') --opset 10
```

模型转换部分的相关信息如下。

```
TensorFlow/core/grappler/optimizers/meta_optimizer.cc:814] Optimization results for
grappler item: graph_to_optimize
2022-03-28 11:07:04.448224: I TensorFlow/core/grappler/optimizers/meta_optimizer.cc:
816]   constant_folding: Graph size after: 716 nodes (-274), 1540 edges (-548),
time = 784.703ms.
2022-03-28 11:07:04.449014: I TensorFlow/core/grappler/optimizers/meta_optimizer.cc:
816]   function_optimizer: function_optimizer did nothing. time = 5.174ms.
```

```
2022-03-28 11:07:04.449179: I TensorFlow/core/grappler/optimizers/meta_optimizer.cc:
816]   constant_folding: Graph size after: 716 nodes (0), 1540 edges (0), time =
259.701ms.
2022-03-28 11:07:04.449614: I TensorFlow/core/grappler/optimizers/meta_optimizer.cc:
816]   function_optimizer: function_optimizer did nothing. time = 9.665ms.
2022-03-28 11:07:50,510 - INFO - Using TensorFlow=2.1.0, onnx=1.8.0, tf2onnx=1.9.3/
1190aa
2022-03-28 11:07:50,510 - INFO - Using opset <onnx, 9>
2022-03-28 11:11:22,648 - INFO - Computed 0 values for constant folding
2022-03-28 11:14:15,289 - INFO - Optimizing ONNX model
2022-03-28 11:14:19,545 - INFO - After optimization: BatchNormalization -45 (53->8),
Cast -1 (1->0), Const -156 (290->134), Identity -6 (6->0), Reshape -17 (18->1),
Transpose -225 (227->2)
2022-03-28 11:14:19,929 - INFO -
2022-03-28 11:14:19,930 - INFO - Successfully converted TensorFlow model RLDD_test/
utils/recognition/pb_savemodel/ to ONNX
2022-03-28 11:14:19,931 - INFO - Model inputs: ['input_image']
2022-03-28 11:14:19,932 - INFO - Model outputs: ['OutputLayer']
2022-03-28 11:14:19,933 - INFO - ONNX model is saved at RLDD_test/utils/recognition/
onnx/yolo.onnx
```

2.5 任务 4：基于龙芯平台编译与部署 PaddlePaddle

2.5.1 任务描述

在龙芯平台上配置和编译 PaddlePaddle 源码，测试安装、卸载，以及利用 X2Paddle 进行模型转换等操作。

2.5.2 技术准备

1. PaddlePaddle 简介

PaddlePaddle（飞桨）是百度公司研发的深度学习框架。近年来 PaddlePaddle 在很多机器学习领域有着非常出色的表现，在图像识别、语音识别、自然语言处理、机器人、网络广告投放、医学自动诊断和金融等领域具有广泛的应用。目前 PaddlePaddle 框架已经能够在龙芯平台上顺利运行。国际权威调查机构 IDC（International Data Corporation，国际数据公司）的报告显示，2021 年和 2022 年 PaddlePaddle 都位居中国深度学习平台市场综合份额第一。与其他框架和平台相比，PaddlePaddle 有 5 个方面的优势。

- **兼顾动态图和静态图：** PaddlePaddle 同时支持动态图和静态图，兼顾灵活性和效率。动态图具有方便调试、高效验证业务、快速实现想法等特点，静态图具有方便部署、运行速度快、适合进行业务应用等特点。
- **具有大量的官方模型库：** 在官方模型的基础上进行简单修改，即可将其应用于具体项目。
- **支持大规模分布式训练：** PaddlePaddle 基于百度每日上亿用户的应用场景打磨，具备大规模的工业实践能力。
- **提供端到端部署：** PaddlePaddle 提供训练到多端推理的无缝对接，完整支持多框架、多平台、多操作系统，拥有全面的硬件适配，适配多种类型的硬件芯片，尤其是国产芯片。
- **真正源于产业实践：** PaddlePaddle 全面支持大规模稀疏参数训练场景的开源框架，支持千亿规模参数、数百个节点的高效并行训练。

PaddlePaddle 产业级深度学习开源平台包含核心框架、基础模型库、端到端开发套件与工具等组件。各组件的使用场景如图 2-22 所示。

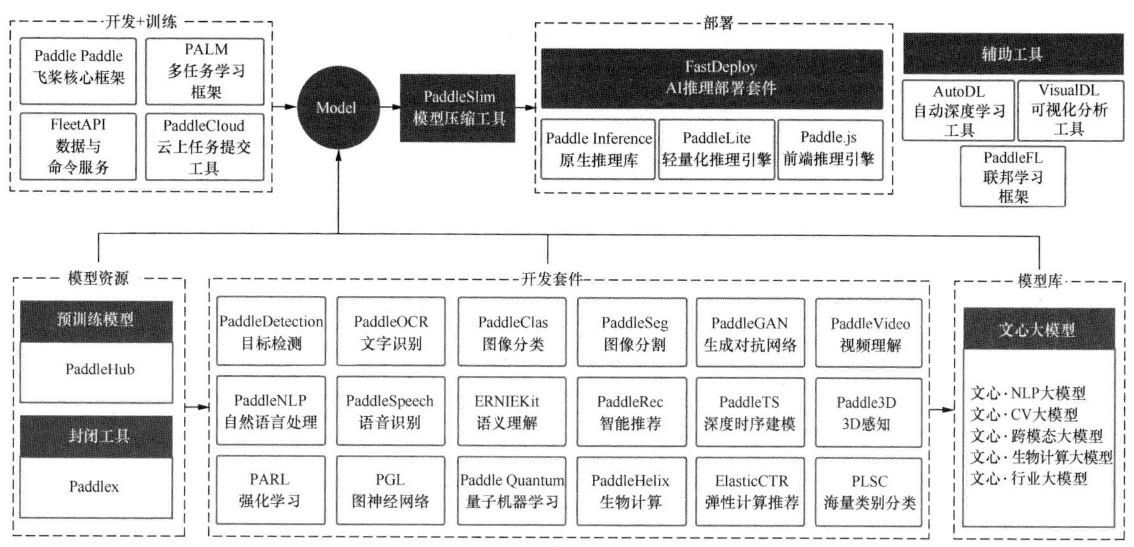

▲图 2-22 PaddlePaddle 组件的使用场景

图 2-22 上半部分所示为从应用开发、模型训练到推理部署的全流程工具；下半部分所示为预训练模型、封装工具以及各应用领域的开发套件和模型库等。PaddlePaddle 组件支持深度学习模型从训练到推理部署的全流程。下面简要介绍 PaddlePaddle 的相关组件。

1）模型开发和训练组件

PaddlePaddle 核心框架支持用户实现基础的模型编写和单机训练功能。除核心框架之外，PaddlePaddle 还提供了用于分布式训练 API 的 FleetAPI、云上任务提交工具 PaddleCloud 以及多任务学习框架 PALM。

2）模型部署组件

PaddlePaddle 提供了以下模型部署组件。

- **FastDeploy**：AI 推理部署套件，支持云边端部署。它提供了文本、计算机视觉、语音和跨模态模型的开箱即用部署体验，并实现了端到端的推理性能优化。FastDeploy 可完成图像分类、物体检测、图像分割、人脸检测、人脸识别、关键点检测、抠图、OCR（Optical Character Recognition，光学字符识别）、自然语言处理、TTS（Text To Speech，文本-语音转换）等任务，满足开发者多场景、多硬件、多平台的行业部署需求。
- **Paddle Inference**：原生推理库，用于服务器端模型部署，支持 Python、C、C++、Go 等语言。
- **Paddle Lite**：轻量化推理引擎，用于 Mobile 及物联网等场景的部署。
- **Paddle.js**：前端推理引擎，使用 JavaScript（Web）语言部署模型，可用于在网页和小程序中便捷地部署模型。
- **PaddleSlim**：模型压缩工具，在保证模型精度的基础上减小模型尺寸，从而得到更好的性能或便于将模型放入存储器较小的嵌入式芯片上，通常在模型部署前使用。
- **X2Paddle**：模型转换工具，用于将其他框架模型转换成 Paddle 模型，以方便使用 PaddlePaddle 的一系列工具部署模型。

3）预训练模型和封装工具

PaddlePaddle 组件包含以下预训练模型和封装工具。

- **PaddleHub**：预训练模型应用工具，提供多种开源的预训练模型，覆盖文本、图像、视频、语音、跨模态等 AI 领域。开发者可以结合实际业务场景通过 PaddleHub 便捷地获取 PaddlePaddle

生态下的预训练模型，完成模型的管理和一键预测。PaddleHub 配合 Fine-tune API，可以基于大规模预训练模型快速完成迁移学习，让预训练模型能更好地服务于用户特定场景的应用。

- **PaddleX**：全流程开发工具，集 PaddlePaddle 核心框架、模型库、工具及组件等深度学习开发所需的全部工具于一身，打通深度学习开发全流程。PaddleX 同时提供简明易懂的 Python API，及一键下载、安装的图形化开发客户端。用户可根据实际生产需求选择相应的开发方式，获得 PaddlePaddle 全流程开发的最佳体验。

4）其他全开发流程的辅助工具组件

在 PaddlePaddle 组件中，还有以下辅助工具组件。

- **AutoDL**：自动化深度学习工具。AutoDL 使用增强学习等技术，在不断训练的过程中自动搜索最佳的网络结构和参数，从而避免了人工设计网络结构的烦琐过程。同时，AutoDL 还提供了丰富的预训练模型和迁移学习功能，用户可以根据自己的数据集进行微调，将其快速应用到实际业务中。AutoDL 的优点包括自动化、高性能、高易用性等，可以帮助用户快速构建深度学习模型，提高模型精度和训练速度，降低模型部署成本。
- **VisualDL**：可视化分析工具，以丰富的图表（如直方图等）呈现训练参数变化趋势，包括模型结构、数据样本、高维数据分布、性能消耗数据等模型关键信息。VisualDL 可以帮助用户更清晰、直观地理解深度学习模型训练过程及模型结构，进而进行高效的模型优化。
- **PaddleFL**：联邦学习框架，可以帮助联邦学习的探索者更方便地实现不同的策略及算法，在较短的时间内完成框架搭建、算法实现和业务调研等工作。PaddleFL 提供多种联邦学习（横向联邦学习、纵向联邦学习）策略，可在计算机视觉、自然语言处理、推荐算法等领域应用。

5）开发套件

PaddlePaddle 组件提供了一系列针对不同应用领域的开发套件，旨在帮助开发者更高效地使用 PaddlePaddle 深度学习平台进行模型训练和应用开发。常用的 PaddlePaddle 开发套件如下。

- **PaddleClas**：图像分类开发套件，专为工业界和学术界的图像分类任务而设计。它基于 PaddlePaddle 框架开发，致力于为用户提供一个简单、高效、灵活的图像分类工具。用户可以使用 PaddleClas 进行图像分类任务的训练和推理。PaddleClas 提供了丰富的图像分类模型，包括经典的 CNN 架构，如 ResNet、VGG 和 MobileNet 等，以及较新的一些优化模型，如 GhostNet、EfficientNet 和 RegNet 等，用户可以选择满足自己任务需求的模型进行训练和推理。此外，PaddleClas 还提供了一些常用的数据增强方法，如随机裁剪、随机旋转和随机亮度调整等，可以有效提升模型的泛化能力和鲁棒性。
- **PaddleDetection**：目标检测开发套件，一个基于 PaddlePaddle 深度学习框架的目标检测工具库。它提供了丰富的模型库和数据集，能够帮助研究者与工程师快速构建和训练目标检测模型。PaddleDetection 注重端到端的行业落地应用，通过打造行业级特色模型、工具和建设行业应用范例等手段，帮助开发者实现数据准备、模型选型、模型训练、模型部署的全流程打通，快速进行落地应用。
- **PaddleOCR**：文字识别开发套件，一个基于 PaddlePaddle 开发的 OCR 系统。它包括文字检测、文字识别、文本方向检测和图像处理等模块。PaddleOCR 通过整合 3 阶段（即文本框检测→角度分类→文字识别）模型，实现识别图片文字。
- **PaddleGAN**：生成对抗网络（Generative Adversarial Network，GAN）开发套件，提供图像生成、风格迁移、超分辨率、影像上色、人脸属性编辑、人脸融合、动作迁移等方面的前沿算法，其模块化设计便于开发者进行二次开发；同时提供多种预训练模型，可以帮助开发者快速开发丰富的应用。

- **PaddleVideo**：视频模型开发套件，包含视频领域的众多模型算法和行业级应用案例；提供视频数据标注工具、轻量化的RGB和骨骼点的行为识别模型，以及视频标签和运动检测等实用型应用。PaddleVideo还提供了一些视频领域的行业级应用案例，涵盖体育、互联网、医疗、媒体和安全等行业。
- **PaddleNLP**：高性能自然语言处理工具包，可以帮助开发者更方便地开发和部署基于自然语言处理技术的应用程序。PaddleNLP提供了丰富的领域算法模型，可用于文本分类、命名实体识别、文本相似度匹配、情感分析等场景，并且支持多种语言和数据集。PaddleNLP还提供了高性能的分布式训练框架和自动化模型调优工具，可以帮助开发者快速构建高性能的自然语言处理应用。

2. X2Paddle简介

X2Paddle是PaddlePaddle的模型转换工具，主要用于将其他深度学习模型转换为PaddlePaddle模型。例如，可以使用X2Paddle工具将Caffe、TensorFlow、ONNX模型转换成PaddlePaddle支持的模型。若用户使用的是PyTorch模型，请先将其转换为ONNX模型，再使用X2Paddle工具转换为PaddlePaddle模型。X2Paddle具有以下特性。

- 支持多种深度学习框架的模型转换，包括Caffe、TensorFlow、PyTorch等，且可以通过一条命令或者一个API完成模型转换。
- 提供详细的API文档和不同框架间API的对比文档，可以帮助开发者快速从其他框架迁移至PaddlePaddle框架。
- 支持推理模型的框架转换与PyTorch训练代码的迁移，可以降低开发者上手PaddlePaddle核心的学习成本。
- 可以将转换后的模型方便地部署到PaddlePaddle平台的各种工具和服务（如Paddle Serving、Paddle Lite、Paddle.js、PaddleSlim等）中。

2.5.3 任务实施

1. 环境准备

在龙芯平台上编译与部署PaddlePaddle，环境准备如下。

- 处理器：如龙芯3A5000。
- 操作系统：如Loongnix 20
- Python版本：Python 3.7及以上。
- pip或pip3版本：20.2.2及以上。

2. 编译

在龙芯处理器和操作系统上通过源码编译方式安装PaddlePaddle，具体代码如下。

```
# 将PaddlePaddle的源码复制到当前目录下的Paddle文件夹中，并进入Paddle目录
git clone https://github.com/PaddlePaddle/Paddle.git
cd Paddle
# 根据requirments.txt安装Python依赖库
# 切换到develop分支下进行编译
git checkout develop
# 创建并进入build目录
mkdir build && cd build
```

```
# 为了防止链接过程中打开的文件超过系统默认限制导致编译出错，设置进程允许打开的最大文件数
ulimit -n 4096
# 执行 cmake：( Python 3.7 )
cmake .. -DPY_VERSION=3.7 -DWITH_GPU=OFF -DWITH_TESTING=OFF -DWITH_LOONGARCH=ON -
DWITH_SYSTEM_BLAS=ON -DWITH_MKL=OFF
# 编译
  make -j$(nproc)
```

编译过程如图 2-23 所示。

```
接收对象中: 100% (835/835), 339.65 KiB | 1.27 MiB/s, 完成.
处理 delta 中: 100% (505/505), 完成.
切换到一个新分支 'CRYPTOPP_8_2_0'
[  4%] Performing configure step for 'extern_cryptopp'
[ 59%] Building CXX object CMakeFiles/libprotoc.dir/home/loongson/code/Paddle/Paddle/third_party/protobuf/src/google/protobu
f/compiler/java/generator_factory.cc.o
[ 60%] Building CXX object CMakeFiles/libprotoc.dir/home/loongson/code/Paddle/Paddle/third_party/protobuf/src/google/protobu
f/compiler/java/helpers.cc.o
[ 60%] Building CXX object CMakeFiles/libprotoc.dir/home/loongson/code/Paddle/Paddle/third_party/protobuf/src/google/protobu
f/compiler/java/kotlin_generator.cc.o
[ 61%] Building CXX object CMakeFiles/libprotoc.dir/home/loongson/code/Paddle/Paddle/third_party/protobuf/src/google/protobu
f/compiler/java/map_field.cc.o
-- extern_cryptopp configure command succeeded.  See also /home/loongson/code/Paddle/Paddle/build/third_party/cryptopp/src/e
xtern_cryptopp-stamp/extern_cryptopp-configure-*.log
[  4%] Performing build step for 'extern_cryptopp'
Scanning dependencies of target cryptopp-object
[  0%] Building CXX object CMakeFiles/cryptopp-object.dir/cryptlib.cpp.o
[ 61%] Building CXX object CMakeFiles/libprotoc.dir/home/loongson/code/Paddle/Paddle/third_party/protobuf/src/google/protobu
f/compiler/java/map_field_lite.cc.o
[ 62%] Building CXX object CMakeFiles/libprotoc.dir/home/loongson/code/Paddle/Paddle/third_party/protobuf/src/google/protobu
f/compiler/java/message.cc.o
[  1%] Building CXX object CMakeFiles/cryptopp-object.dir/cpu.cpp.o
[  1%] Building CXX object CMakeFiles/cryptopp-object.dir/integer.cpp.o
[  2%] Building CXX object CMakeFiles/cryptopp-object.dir/3way.cpp.o
[ 62%] Building CXX object CMakeFiles/libprotoc.dir/home/loongson/code/Paddle/Paddle/third_party/protobuf/src/google/protobu
f/compiler/java/message_builder.cc.o
[  2%] Building CXX object CMakeFiles/cryptopp-object.dir/adler32.cpp.o
[ 63%] Building CXX object CMakeFiles/libprotoc.dir/home/loongson/code/Paddle/Paddle/third_party/protobuf/src/google/protobu
f/compiler/java/message_builder_lite.cc.o
[ 63%] Building CXX object CMakeFiles/libprotoc.dir/home/loongson/code/Paddle/Paddle/third_party/protobuf/src/google/protobu
f/compiler/java/message_field.cc.o
[ 64%] Building CXX object CMakeFiles/libprotoc.dir/home/loongson/code/Paddle/Paddle/third_party/protobuf/src/google/protobu
f/compiler/java/message_field_lite.cc.o
[ 64%] Building CXX object CMakeFiles/libprotoc.dir/home/loongson/code/Paddle/Paddle/third_party/protobuf/src/google/protobu
f/compiler/java/message_lite.cc.o
[ 65%] Building CXX object CMakeFiles/libprotoc.dir/home/loongson/code/Paddle/Paddle/third_party/protobuf/src/google/protobu
f/compiler/java/name_resolver.cc.o
[  3%] Building CXX object CMakeFiles/cryptopp-object.dir/algebra.cpp.o
[  4%] Building CXX object CMakeFiles/cryptopp-object.dir/algparam.cpp.o
[ 65%] Building CXX object CMakeFiles/libprotoc.dir/home/loongson/code/Paddle/Paddle/third_party/protobuf/src/google/protobu
f/compiler/java/primitive_field.cc.o
[ 66%] Building CXX object CMakeFiles/libprotoc.dir/home/loongson/code/Paddle/Paddle/third_party/protobuf/src/google/protobu
```

▲图 2-23　编译过程

编译成功后进入 Paddle/build/python/dist 目录，找到生成的.whl 包。

3. PaddlePaddle 安装

要使用 root 权限安装在当前机器或目标机器上安装编译好的.whl 包，在 Shell 终端执行以下命令。

```
pip3 install paddlepaddle-2.1.1-cp37-cp37m-linux_loongarch64.whl
```

若在 Shell 终端出现"Successfully installed paddlepaddle-2.1.1"，则表示 paddlepaddle-2.1.1 安装成功。

在 Shell 终端执行 Paddle.utils.run_check()，可以验证 PaddlePaddle 是否安装成功，如图 2-24 所示。

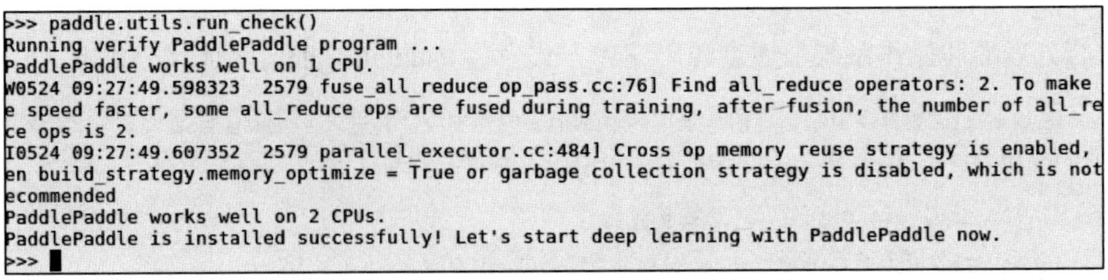

```
>>> paddle.utils.run_check()
Running verify PaddlePaddle program ...
PaddlePaddle works well on 1 CPU.
W0524 09:27:49.598323  2579 fuse_all_reduce_op_pass.cc:76] Find all_reduce operators: 2. To make
e speed faster, some all_reduce ops are fused during training, after fusion, the number of all_re
ce ops is 2.
I0524 09:27:49.607352  2579 parallel_executor.cc:484] Cross op memory reuse strategy is enabled,
en build_strategy.memory_optimize = True or garbage collection strategy is disabled, which is not
ecommended
PaddlePaddle works well on 2 CPUs.
PaddlePaddle is installed successfully! Let's start deep learning with PaddlePaddle now.
>>>
```

▲图 2-24　PaddlePaddle 验证

如果出现"PaddlePaddle is installed successfully!"，说明 PaddlePaddle 已成功安装。

4. PaddlePaddle卸载

要使用root权限卸载PaddlePaddle，在Shell终端执行如下命令。

```
pip3 uninstall paddlepaddle
```

若在Shell终端出现“Successfully uninstalled paddlepaddle-2.1.1”，则表示paddlepaddle-2.1.1卸载成功。

5. X2Paddle模型转换

X2Paddle的安装环境如下。

- Python的版本为3.5版本及以上。
- PaddlePaddle的版本为2.0.0版本及以上。
- TensorFlow的版本为1.14版本（当要转换TensorFlow模型时安装）。
- ONNX的版本为1.6.0版本及以上（当要转换ONNX模型时安装）。
- Torch的版本为1.5.0版本及以上（当要转换PyTorch模型时安装）。

如果需要使用稳定版本，可通过如下命令安装X2Paddle。

```
pip3 install x2paddle
```

若在Shell终端出现“Successfully installed x2paddle-1.4.1”，则表示x2paddle-1.4.1安装成功。

也可使用如下命令安装最新版本的X2Paddle。

```
pip3 install git+https://github.com/PaddlePaddle/X2Paddle.git@develop
```

若需要体验X2Paddle的最新功能，可下载其最新源码并安装，具体命令如下。

```
git clone https://github.com/PaddlePaddle/X2Paddle.git
cd X2Paddle
git checkout develop
python3 setup.py install
```

可以通过X2Paddle模型转换工具将TensorFlow、ONNX、Caffe等模型转换为PaddlePaddle模型。转换参数如下。

- --framework：源模型类型（如TensorFlow、Caffe、ONNX等）。
- --prototxt：当--framework为Caffe时，该参数指定Caffe模型的.proto文件路径。
- --weight：当--framework为Caffe时，该参数指定Caffe模型的参数文件路径。
- --save_dir：指定转换后的模型保存路径。
- --model：当--framework为TensorFlow或ONNX时，该参数指定TensorFlow的PB模型文件或ONNX模型文件的路径。
- --caffe_proto（可选）：由caffe.proto编译成的caffe_pb2.py文件的存放路径，当存在自定义层时使用，默认为none。
- --define_input_shape（可选）：对于TensorFlow，当指定该参数时，强制用户输入每个输入值的形状。

转换成功后，在指定的保存目录下生成用于推理的模型，其模型结构和参数均已保存。

【示例1】 将mobilenetv2-7.onnx模型通过X2Paddle转换为pd模型

在终端执行如下命令进行模型转换。

```
x2paddle --framework=onnx --model=mobilenetv2-7.onnx --save_dir=onnx2pd_model
```

具体模型转换信息如下。

```
loongson@loongson-pc:~/model$ x2paddle --framework=onnx --model=mobilenetv2-7.onnx --save_dir=onnx2pd_model
WARNING: AVX is not support on your machine. Hence, no_avx core will be imported, It has much worse preformance than avx core.
INFO:root:paddle.__version__ = 2.1.1
INFO:root:Now translating model from onnx to paddle.
model ir_version: 3, op version: 7
shape inferencing ...
shape inferenced.
Now, onnx2paddle support convert onnx model opset_verison [9],opset_verison of your onnx model is 7, automatically treated as op_set: 9.
Total nodes: 155
Nodes converting ...
Converting node 423 ...
Nodes converted.
INFO:root:Model optimizing ...
INFO:root:Model optimized.
Exporting inference model from python code ('/home/loongson/model/onnx2pd_model/x2paddle_code.py')...
/usr/local/lib/python3.7/dist-packages/paddle/fluid/layers/utils.py:77:
DeprecationWarning: Using or importing the ABCs from 'collections' instead of from 'collections.abc' is deprecated, and in 3.8 it will stop working
  return (isinstance(seq, collections.Sequence) and
INFO:root:Successfully exported Paddle static graph model!
loongson@loongson-pc:~/model$
```

若在 Shell 终端出现“Successfully exported Paddle static graph model!”，则表示模型转换成功。在 onnx2pd_model 目录的 inference_model 文件夹下会产生 pd 模型文件 model.pdmodel 和参数文件 model.pdparams，如图 2-25 所示。

```
loongson@loongson-pc:~/model$ cd onnx2pd_model/
loongson@loongson-pc:~/model/onnx2pd_model$ ls
inference_model  model.pdparams  __pycache__  x2paddle_code.py
loongson@loongson-pc:~/model/onnx2pd_model$ cd inference_model/
loongson@loongson-pc:~/model/onnx2pd_model/inference_model$ ls
model.pdiparams  model.pdiparams.info  model.pdmodel
```

▲图 2-25　产生的 ONNX 模型转换文件

【示例 2】　将 squeezenet_v1.1.caffemodel 模型通过 X2Paddle 转换为 pd 模型

在终端执行如下命令进行模型转换。

```
x2paddle --framework=caffe --prototxt=deploy.prototxt
--weight=squeezenet_v1.1.caffemodel --save_dir=caffe2pd_model
```

具体模型转换信息如下。

```
loongson@loongson-pc:~/model$ x2paddle --framework=caffe --prototxt=deploy.prototxt
--weight=squeezenet_v1.1.caffemodel --save_dir=caffe2pd_model
WARNING: AVX is not support on your machine. Hence, no_avx core will be imported, It has much worse preformance than avx core.
INFO:root:paddle.__version__ = 2.1.1
INFO:root:Now translating model from caffe to paddle.
The filter layer:drop9
Total nodes: 66
Nodes converting ...
Converting node 66 ...
Nodes converted.
INFO:root:Model optimizing ...
INFO:root:Model optimized!
```

```
Exporting inference model from python code ('/home/loongson/model/caffe2pd_model/x2pa
ddle_code.py')...
/usr/local/lib/python3.7/dist-packages/paddle/fluid/layers/utils.py:77: DeprecationWarning:
Using or importing the ABCs from 'collections' instead of from 'collections.abc' is
deprecated, and in 3.8 it will stop working
  return (isinstance(seq, collections.Sequence) and
INFO:root:Successfully exported Paddle static graph model!
loongson@loongson-pc:~/model$
```

若在 Shell 终端出现“Successfully exported Paddle static graph model!”，则表示模型转换成功。在 caffe2pd_model 目录的 inference_model 文件夹下会产生 pd 模型文件 model.pdmodel 和参数文件 model.pdparams，如图 2-26 所示。

```
loongson@loongson-pc:~/model$ cd caffe2pd_model/
loongson@loongson-pc:~/model/caffe2pd_model$ ls
inference_model  model.pdparams  __pycache__  x2paddle_code.py
loongson@loongson-pc:~/model/caffe2pd_model$ cd inference_model/
loongson@loongson-pc:~/model/caffe2pd_model/inference_model$ ls
model.pdiparams  model.pdiparams.info  model.pdmodel
loongson@loongson-pc:~/model/caffe2pd_model/inference_model$ 
```

▲图 2-26　产生的 Caffe 模型转换文件

2.6 任务 5：基于龙芯平台编译与部署 NCNN

2.6.1 任务描述

在龙芯平台上配置和编译 NCNN 源码，进行 NCNN 模型工具链的使用并将其他模型转换为 NCNN 模型等操作。

2.6.2 技术准备

NCNN 是一个轻量级的高性能深度学习框架，由腾讯公司开发。它专门针对移动设备和嵌入式设备做过优化，旨在提高推理性能并降低内存占用量。NCNN 从设计之初就考虑其在移动设备中的部署和使用，无第三方依赖，且可跨平台。基于 NCNN，开发者能够将深度学习算法轻松移植到边缘端并高效地执行，从而开发出 AI App。NCNN 目前已在腾讯的多款应用（如 QQ、Qzone、天天 P 图、微信等）中使用。

NCNN 框架的主要功能如下。

- 支持 CNN，包括多输入和多分支结构，如主流的 VGG、GoogLeNet、ResNet、SqueezeNet 等。
- 无任何第三方库依赖，不依赖 BLAS、NNPACK 等计算框架。NCNN 代码全部使用 C/C++实现，基于跨平台的 Cmake 编译系统，可在已知的绝大多数平台（如 Linux、Windows、macOS、Android、iOS 等）上编译和运行。由于 NCNN 不依赖第三方库，因此它可被轻松移植到其他系统和设备上。
- 使用向量指令集优化，计算速度极快。NCNN 为移动设备和嵌入式设备的 CPU 运行做了深度细致的优化，使用向量指令集实现 CNN 的卷积层、全连接层、池化层等关键层。
- 具有精细的内存管理和数据结构设计，内存占用率极低。对于卷积层、全连接层等计算量较大的层，NCNN 采用原始的滑动窗口卷积实现，并在此基础上进行优化，大幅节省了内存。在前向网络计算过程中，NCNN 可自动释放中间结果所占用的内存，进一步减少内存占用量。
- 支持多核并行计算加速。NCNN 提供了基于 OpenMP 的多核并行计算加速功能，在多核 CPU 上启用后能够获得很高的加速效果。NCNN 提供线程数控制接口，可以针对每个运行的实例分别调控，满足不同场景的需求。

- 整体库的大小小于 500KB，并可轻松精简到小于 300KB。由于 NCNN 自身没有依赖项，且内存很小，因此默认编译选项下的库小于 500KB，这能够有效减少移动设备及嵌入式设备上的 NCNN 安装包占用的空间。
- 具有可扩展的模型设计，支持 8 位量化和半精度浮点存储，可导入 Caffe 模型。NCNN 使用自有的模型格式，主要存储模型中各层的权重。NCNN 模型中含有可扩展字段，用于兼容不同权重的存储方式，如常规的单精度浮点，以及占用的内存更少的半精度浮点和 8 位量化数的存储方式。
- 支持内存零复制加载网络模型。在某些特定应用场景中，如果平台层 API 只能以内存形式访问模型资源，或者用户希望将模型本身作为静态数据写在代码里，NCNN 提供了直接以内存引用方式加载网络模型的功能。这种加载方式不会复制已在内存中的模型，也无须将模型先写入实体文件再读入，极大地提高了效率。
- 可注册自定义层实现并扩展。NCNN 提供了注册自定义层实现的扩展方式，可以将自己实现的特殊层内嵌到 NCNN 的前向计算过程中，从而得到更自由的网络结构和更强大的特性。

2.6.3　任务实施

1. NCNN 源码下载

建立一个用于保存 NCNN 源码的文件夹 ncnn-github，切换到 ncnn-github 并依次执行以下命令。

```
git clone https://github.com/Tencent/ncnn.git
cd ncnn
git submodule update --init
```

NCNN 源码文件如图 2-27 所示。

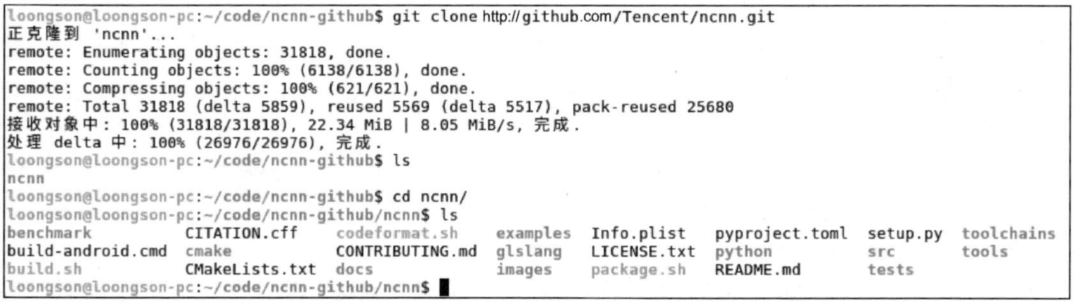

```
loongson@loongson-pc:~/code/ncnn-github$ git clone http://github.com/Tencent/ncnn.git
正克隆到 'ncnn'...
remote: Enumerating objects: 31818, done.
remote: Counting objects: 100% (6138/6138), done.
remote: Compressing objects: 100% (621/621), done.
remote: Total 31818 (delta 5859), reused 5569 (delta 5517), pack-reused 25680
接收对象中: 100% (31818/31818), 22.34 MiB | 8.05 MiB/s, 完成.
处理 delta 中: 100% (26976/26976), 完成.
loongson@loongson-pc:~/code/ncnn-github$ ls
ncnn
loongson@loongson-pc:~/code/ncnn-github$ cd ncnn/
loongson@loongson-pc:~/code/ncnn-github/ncnn$ ls
benchmark          CITATION.cff    codeformat.sh     examples  Info.plist    pyproject.toml  setup.py  toolchains
build-android.cmd  cmake           CONTRIBUTING.md   glslang   LICENSE.txt   python          src       tools
build.sh           CMakeLists.txt  docs              images    package.sh    README.md       tests
loongson@loongson-pc:~/code/ncnn-github/ncnn$
```

▲图 2-27　NCNN 源码文件

2. NCNN 源码编译与 NCNN 安装

编译 NCNN 源码前需要安装 Cmake、ProtoBuf、OpenCV 等库。NCNN 直接通过系统源安装，使用 root 权限执行以下命令即可。

```
apt-get install cmake
apt-get install libprotobuf-dev protobuf-compiler
apt-get install libopencv-dev python3-opencv
```

要对 NCNN 源码进行编译，在 NCNN 根目录下依次执行如下命令即可。

```
# 切换目录
cd ncnn
mkdir -p build
cd build
```

```
# NCNN 编译前的配置
cmake -DNCNN_DISABLE_RTTI=ON -DNCNN_DISABLE_EXCEPTION=ON -DNCNN_RUNTIME_CPU=OFF
-DNCNN_SIMPLEOCV=ON ..
# 编译 NCNN
cmake --build . -j 4
# 安装 NCNN
sudo make install
```

NCNN 安装在当前目录 build/install 下，它包含 bin、include 和 lib 文件夹，如图 2-28 所示。

```
loongson@loongson-pc:~/code/ncnn-github/ncnn/build$ cd install
loongson@loongson-pc:~/code/ncnn-github/ncnn/build/install$ ls
bin  include  lib
loongson@loongson-pc:~/code/ncnn-github/ncnn/build/install$ cd bin/
loongson@loongson-pc:~/code/ncnn-github/ncnn/build/install/bin$ ls
caffe2ncnn  darknet2ncnn  mxnet2ncnn  ncnn2int8  ncnn2mem  ncnn2table  ncnnmerge  ncnnoptimize  onnx2ncnn
loongson@loongson-pc:~/code/ncnn-github/ncnn/build/install/bin$ cd ../
loongson@loongson-pc:~/code/ncnn-github/ncnn/build/install$ cd lib/
loongson@loongson-pc:~/code/ncnn-github/ncnn/build/install/lib$ ls
cmake  libncnn.a  pkgconfig
loongson@loongson-pc:~/code/ncnn-github/ncnn/build/install/lib$ cd ../include/
loongson@loongson-pc:~/code/ncnn-github/ncnn/build/install/include$ ls
ncnn
loongson@loongson-pc:~/code/ncnn-github/ncnn/build/install/include$ cd ncnn/
loongson@loongson-pc:~/code/ncnn-github/ncnn/build/install/include/ncnn$ ls
allocator.h  command.h     layer.h                    layer_type.h   net.h             pipeline.h   simplestl.h
benchmark.h  cpu.h         layer_shader_type_enum.h   mat.h          option.h          platform.h   vulkan_header_fix.h
blob.h       datareader.h  layer_shader_type.h        modelbin.h     paramdict.h       simpleocv.h
c_api.h      gpu.h         layer_type_enum.h          ncnn_export.h  pipelinecache.h   simpleomp.h
loongson@loongson-pc:~/code/ncnn-github/ncnn/build/install/include/ncnn$
```

▲图 2-28　NCNN 安装目录

3. NCNN Benchmark

目前，经过龙芯开发者和 NCNN 社区的共同努力，在 NCNN 中使用 LoongArch 架构向量优化实现了大部分算子。得益于 LoongArch 架构向量的高效实现，优化后的 NCNN 在 LoongArch 平台上的各项性能比通用实现的性能普遍提升 1 倍以上，如图 2-29 所示。

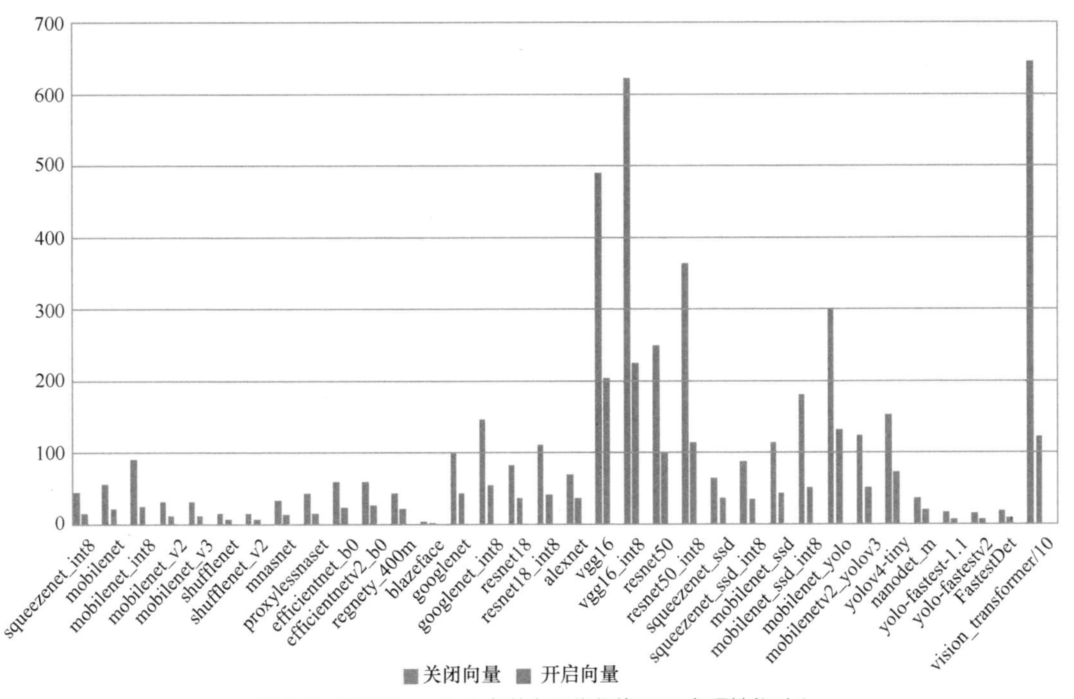

▲图 2-29　基于 LoongArch 架构向量优化的 NCNN 各项性能对比

优化共产生 3 万多行代码，由于 NCNN 计算框架具有良好的低耦结构，因此开发者只需要关注各个算子如何在本架构中高效实现。后续龙芯开发者会持续关注 NCNN 社区，根据 LoongArch 架构向量特点不断优化算子。

NCNN Benchmark 可测试大部分模型的推理性能，龙芯平台上 NCNN Benchmark 的测试方法为在 Shell 终端依次执行如下命令。

```
cd build/benchmark
cp -rf ../../benchmark/*.param .
./benchmark
```

NCNN Benchmark 的测试结果如图 2-30 所示。

```
loongson@loongson-pc:~/code/ncnn-github/ncnn/build/benchmark$ ./benchncnn
loop_count = 4
num_threads = 4
powersave = 2
gpu_device = -1
cooling_down = 1
          squeezenet  min =    9.80  max =    9.88  avg =    9.83
     squeezenet_int8  min =   15.19  max =   15.37  avg =   15.30
           mobilenet  min =   16.77  max =   16.94  avg =   16.87
      mobilenet_int8  min =   25.13  max =   25.31  avg =   25.21
        mobilenet_v2  min =   10.98  max =   11.24  avg =   11.08
        mobilenet_v3  min =    9.45  max =    9.51  avg =    9.47
          shufflenet  min =    6.99  max =    7.05  avg =    7.02
       shufflenet_v2  min =    6.79  max =    6.86  avg =    6.83
             mnasnet  min =   11.22  max =   11.86  avg =   11.42
     proxylessnasnet  min =   13.46  max =   13.88  avg =   13.58
     efficientnet_b0  min =   20.94  max =   21.02  avg =   20.97
   efficientnetv2_b0  min =   22.89  max =   22.97  avg =   22.94
        regnety_400m  min =   20.62  max =   20.66  avg =   20.65
           blazeface  min =    2.54  max =    2.56  avg =    2.55
           googlenet  min =   37.67  max =   65.20  avg =   44.70
      googlenet_int8  min =   53.87  max =   54.04  avg =   53.98
            resnet18  min =   32.98  max =   33.60  avg =   33.34
       resnet18_int8  min =   42.88  max =   43.25  avg =   43.01
             alexnet  min =   33.73  max =   35.80  avg =   34.35
               vgg16  min =  171.05  max =  175.93  avg =  172.91
          vgg16_int8  min =  222.96  max =  224.01  avg =  223.45
            resnet50  min =   83.99  max =  107.20  avg =   89.90
       resnet50_int8  min =  112.77  max =  113.55  avg =  113.04
      squeezenet_ssd  min =   30.52  max =   31.01  avg =   30.79
 squeezenet_ssd_int8  min =   35.27  max =   35.41  avg =   35.35
       mobilenet_ssd  min =   34.47  max =   34.74  avg =   34.63
  mobilenet_ssd_int8  min =   50.90  max =   51.47  avg =   51.09
      mobilenet_yolo  min =  111.08  max =  119.28  avg =  113.32
  mobilenetv2_yolov3  min =   42.02  max =   42.19  avg =   42.09
         yolov4-tiny  min =   58.40  max =   58.72  avg =   58.57
           nanodet_m  min =   14.68  max =   14.73  avg =   14.70
    yolo-fastest-1.1  min =    6.19  max =    6.23  avg =    6.21
      yolo-fastestv2  min =    6.24  max =   53.51  avg =   18.13
loongson@loongson-pc:~/code/ncnn-github/ncnn/build/benchmark$
```

▲图 2-30 NCNN Benchmark 的测试结果

4. NCNN 模型工具链的使用

NCNN 源码编译完成后，在 build/tools 目录下会生成几个二进制文件，它们为 NCNN 模型工具链，包括模型转换工具 darknet2ncnn、mxnet2ncnn、caffe2ncnn、onnx2ncnn，模型量化工具 ncnn2table、ncnn2int8，模型优化工具 ncnnoptimize，模型加密工具 ncnn2mem。下面对模型工具链的使用方法做简要说明。

1）NCNN 模型加密

ncnn2mem 为 NCNN 模型加密工具。ncnn2mem 将 NCNN 的.proto 文本文件转换成二进制文件，并基于层名称在 NCNN 的参数中的顺序进行编号，生成*.id.h 文件。把 NCNN 的参数和模型二进制文件复制到*.mem.h 文件中。ncnn2mem 的使用方法如下所示。

```
loongson@loongson-pc:~/code/ncnn-github/ncnn/build/tools$ ./ncnn2mem --help
Usage: ./ncnn2mem [ncnnproto] [ncnnbin] [idcpppath] [memcpppath]
loongson@loongson-pc:~/code/ncnn-github/ncnn/build/tools$
```

2）NCNN模型量化

ncnn2table和ncnn2int8为NCNN模型量化工具。进入ncnn/build/tools/quantize目录，其中有二进制文件ncnn2table和ncnn2int8。ncnn2table用于制作量化的表，ncnn2int8用于进行8位整型量化。

ncnn2table的使用方法如下所示。

```
loongson@loongson-pc:~/code/ncnn-github/ncnn/build/tools/quantize$ ./ncnn2table --help
Usage: ncnn2table [ncnnparam] [ncnnbin] [list,...] [ncnntable] [(key=value)...]
  mean=[104.0,117.0,123.0],...
  norm=[1.0,1.0,1.0],...
  shape=[224,224,3],...[w,h,c] or [w,h] **[0,0] will not resize
  pixel=RAW/RGB/BGR/GRAY/RGBA/BGRA,...
  thread=8
  method=kl/aciq/eq
Sample usage: ncnn2table squeezenet.param squeezenet.bin imagelist.txt squeezenet.tab
le mean=[104.0,117.0,123.0] norm=[1.0,1.0,1.0] shape=[227,227,3] pixel=BGR method=kl
loongson@loongson-pc:~/code/ncnn-github/ncnn/build/tools/quantize$
```

ncnn2table的具体使用格式如下。

```
ncnn2table [参数文件] [二进制文件] [文件:存储图片的路径] [输出的量化表]
```

以下是ncnn2table的具体使用示例代码。

```
# 准备需要进行量化的图片，使用如下命令将所有的图片名字写入imagelist.txt
find images/ -type f > imagelist.txt
# 使用ncnn2table命令制作量化的表
./ncnn2table
yolov5s_6.2_opt.param
yolov5s_6.2_opt.bin
imagelist.txt
yolov5s_6.2.table
mean=[104,117,123]
norm=[0.017,0.017,0.017]
shape=[640,640,3]
pixel=RGB
thread=4
method=kl
```

使用ncnn2int8进行量化。ncnn2int8的使用方法如下所示。

```
loongson@loongson-pc:~/code/ncnn-github/ncnn/build/tools/quantize$ ./ncnn2int8 --help
usage: ./ncnn2int8 [inparam] [inbin] [outparam] [outbin] [calibration table]
loongson@loongson-pc:~/code/ncnn-github/ncnn/build/tools/quantize$
```

ncnn2int8的具体使用格式如下。

```
ncnn2int8 [优化后的模型参数文件] [优化后的模型二进制文件][量化后的参数文件][量化后的二进制文件][量
化后的表]
```

3）NCNN模型优化

ncnnoptimize用于优化一个模型匹配优化器中所有适用的方法，进而优化整个NCNN网络模型。ncnnoptimize 的使用方法如下所示。

```
loongson@loongson-pc:~/code/ncnn-github/ncnn/build/tools$ ./ncnnoptimize --help
usage: ./ncnnoptimize [inparam] [inbin] [outparam] [outbin] [flag] [cutstart] [cutend]
loongson@loongson-pc:~/code/ncnn-github/ncnn/build/tools$
```

注意，这里的 flag 指的是 fp32 和 fp16。其中，0 指的是 fp32，1 指的是 fp16。

4）NCNN 模型转换

Caffe、ONNX 等模型要在 NCNN 框架中推理运行，需要利用对应的模型转换工具将 Caffe、ONNX 等模型转换为 NCNN 模型能够加载的.bin 和.param 文件。build/tools 目录下自带 darknet2ncnn、mxnet2ncnn、caffe2ncnn、onnx2ncnn 模型转换工具，通过它们可以将对应的模型转换为 NCNN 模型。

要将 Darknet 模型转换为 NCNN 模型，在 Shell 终端执行如下命令即可。

```
./darknet2ncnn [darknetcfg] [darknetweights] [ncnnparam] [ncnnbin] [merge_output]
```

以上命令需要 darknetcfg 文件和 darknetweights 文件，执行完即可在当前目录下生成 ncnnparam 和 ncnnbin 文件。darknet2ncnn 的使用方法如下所示。

```
loongson@loongson-pc:~/code/ncnn-github/ncnn/build/tools/darknet$ ./darknet2ncnn --help
Usage: ./darknet2ncnn [darknetcfg] [darknetweights] [ncnnparam] [ncnnbin] [merge_output]
    [darknetcfg]       .cfg file of input darknet model.
    [darknetweights] .weights file of input darknet model.
    [cnnparam]         .param file of output ncnn model.
    [ncnnbin]          .bin file of output ncnn model.
    [merge_output]    merge all output yolo layers into one, enabled by default.
loongson@loongson-pc:~/code/ncnn-github/ncnn/build/tools/darknet$
```

要将 MXNet 模型转换为 NCNN 模型，在 Shell 终端执行如下命令即可。

```
./mxnet2ncnn [mxnetjson] [mxnetparam] [ncnnparam] [ncnnbin]
```

以上命令需要 mxnetjson 文件和 mxnetparam 文件，执行完即可在当前目录下生成 ncnnparam 和 ncnnbin 文件。mxnet2ncnn 的使用方法如下所示。

```
loongson@loongson-pc:~/code/ncnn-github/ncnn/build/tools/mxnet$ ./mxnet2ncnn --help
Usage: ./mxnet2ncnn [mxnetjson] [mxnetparam] [ncnnparam] [ncnnbin]
loongson@loongson-pc:~/code/ncnn-github/ncnn/build/tools/mxnet$
```

要将 Caffe 模型转换为 NCNN 模型，在 Shell 终端执行如下命令即可。

```
./caffe2ncnn [caffeproto] [caffemodel] [ncnnparam] [ncnnbin]
```

以上命令需要 caffeproto 文件和 caffemodel 文件，执行完即可在当前目录下生成 ncnnparam 和 ncnnbin 文件。caffe2ncnn 的使用方法如下所示。

```
loongson@loongson-pc:~/code/ncnn-github/ncnn/build/tools/caffe$ ./caffe2ncnn --help
Usage: ./caffe2ncnn [caffeproto] [caffemodel] [ncnnparam] [ncnnbin]
loongson@loongson-pc:~/code/ncnn-github/ncnn/build/tools/caffe$
```

要将 ONNX 模型转换为 NCNN 模型，在 Shell 终端执行如下命令即可。

```
./onnx2ncnn [onnxmodel] [ncnnparam] [ncnnbin]
```

以上命令需要 onnxmodel 文件，执行完即可在当前目录下生成 ncnnparam 和 ncnnbin 文件。如图 2-31 所示，在 Shell 终端执行如下命令，可将 onnx 格式的模型转换为 ncnn 的模型文件。

```
./onnx2ncnn Resnet50.onnx Resnet50.param Resnet50.bin
```

```
loongson@loongson-pc:~/code/ncnn/ncnn/build/tools/onnx$ ls
CMakeFiles  cmake_install.cmake  Makefile  onnx2ncnn  onnx.pb.cc  onnx.pb.h  Resnet50.onnx
loongson@loongson-pc:~/code/ncnn/ncnn/build/tools/onnx$ ./onnx2ncnn Resnet50.onnx Resnet50.param Resnet50.bin
loongson@loongson-pc:~/code/ncnn/ncnn/build/tools/onnx$ ls
CMakeFiles           Makefile   onnx.pb.cc  Resnet50.bin   Resnet50.param
cmake_install.cmake  onnx2ncnn  onnx.pb.h   Resnet50.onnx
loongson@loongson-pc:~/code/ncnn/ncnn/build/tools/onnx$
```

▲图 2-31　关于 onnx2ncnn 的示例

从图 2-31 可以看到，经过转换，在当前目录下生成了 NCNN 模型文件 Resnet50.bin 和 Resnet50.param。要把其他模型（如 TensorFlow、PyTorch 模型）转换为 NCNN 模型，可以先把它们转换为 ONNX 模型，再通过 onnx2ncnn 工具转换为 NCNN 模型。

其他模型通过模型转换工具转换成 NCNN 模型后会生成 model.param 和 model.bin 两个文件。model.param 是 NCNN 的网络结构文件，例如，vgg16.param 的信息如图 2-32 所示。

```
7767517
23 23
Input            data       0 1 data -23330=4,3,224,224,3 0=224 1=224 2=3
Convolution      conv1_1    1 1 data conv1_1_relu1_1 -23330=4,3,224,224,64 0=64 1=3 4=1 5=1 6=1728 9=1
Convolution      conv1_2    1 1 conv1_1_relu1_1 conv1_2_relu1_2 -23330=4,3,224,224,64 0=64 1=3 4=1 5=1 6=36864 9=1
Pooling          pool1      1 1 conv1_2_relu1_2 pool1 -23330=4,3,112,112,64 1=2 2=2
Convolution      conv2_1    1 1 pool1 conv2_1_relu2_1 -23330=4,3,112,112,128 0=128 1=3 4=1 5=1 6=73728 9=1
Convolution      conv2_2    1 1 conv2_1_relu2_1 conv2_2_relu2_2 -23330=4,3,112,112,128 0=128 1=3 4=1 5=1 6=147456 9=1
Pooling          pool2      1 1 conv2_2_relu2_2 pool2 -23330=4,3,56,56,128 1=2 2=2
Convolution      conv3_1    1 1 pool2 conv3_1_relu3_1 -23330=4,3,56,56,256 0=256 1=3 4=1 5=1 6=294912 9=1
Convolution      conv3_2    1 1 conv3_1_relu3_1 conv3_2_relu3_2 -23330=4,3,56,56,256 0=256 1=3 4=1 5=1 6=589824 9=1
Convolution      conv3_3    1 1 conv3_2_relu3_2 conv3_3_relu3_3 -23330=4,3,56,56,256 0=256 1=3 4=1 5=1 6=589824 9=1
Pooling          pool3      1 1 conv3_3_relu3_3 pool3 -23330=4,3,28,28,256 1=2 2=2
Convolution      conv4_1    1 1 pool3 conv4_1_relu4_1 -23330=4,3,28,28,512 0=512 1=3 4=1 5=1 6=1179648 9=1
Convolution      conv4_2    1 1 conv4_1_relu4_1 conv4_2_relu4_2 -23330=4,3,28,28,512 0=512 1=3 4=1 5=1 6=2359296 9=1
Convolution      conv4_3    1 1 conv4_2_relu4_2 conv4_3_relu4_3 -23330=4,3,28,28,512 0=512 1=3 4=1 5=1 6=2359296 9=1
Pooling          pool4      1 1 conv4_3_relu4_3 pool4 -23330=4,3,14,14,512 1=2 2=2
Convolution      conv5_1    1 1 pool4 conv5_1_relu5_1 -23330=4,3,14,14,512 0=512 1=3 4=1 5=1 6=2359296 9=1
Convolution      conv5_2    1 1 conv5_1_relu5_1 conv5_2_relu5_2 -23330=4,3,14,14,512 0=512 1=3 4=1 5=1 6=2359296 9=1
Convolution      conv5_3    1 1 conv5_2_relu5_2 conv5_3_relu5_3 -23330=4,3,14,14,512 0=512 1=3 4=1 5=1 6=2359296 9=1
Pooling          pool5      1 1 conv5_3_relu5_3 pool5 -23330=4,3,7,7,512 1=2 2=2
InnerProduct     fc6        1 1 pool5 fc6_drop6 -23330=4,1,4096,1,1 0=4096 1=1 2=102760448 9=1
InnerProduct     fc7        1 1 fc6_drop6 fc7_drop7 -23330=4,1,4096,1,1 0=4096 1=1 2=16777216 9=1
InnerProduct     fc8        1 1 fc7_drop7 fc8 -23330=4,1,1000,1,1 0=1000 1=1 2=4096000
Softmax          prob       1 1 fc8 output -23330=4,1,1000,1,1
```

▲图 2-32　vgg16.param 的信息

图 2-32 中的信息说明如下。

第 1 行中的 7767517 表示参数的版本。

第 2 行采用[layer count] [blob count]的格式。

- layer count：后续层的数量，必须是所有层的准确数量。
- blob count：所有数据块的数量，一般情况下大于或等于层的数量。

第 3 行及之后的行采用[layer type] [layer name] [input count] [output count] [input blobs] [output blobs] [layer specific params]的格式。

- layer type：指定层的类型，如 Convolution、Softmax 等。
- layer name：指定层的名字，它必须是唯一的。
- input count：指定层输入的数据块的数量。
- output count：指定层输出的数据块的数量。
- input blobs：指定所有输入的数据块的名字列表，由空格隔开，在所有层的所有输入的数据块的名字必须是唯一的。
- output blobs：指定所有输出的数据块的名字列表，由空格隔开，在所有层的所有输出的数据块的名字必须是唯一的。
- layer specific params：指定键值对的列表，由空格隔开。

值得注意的是，有时候转换的 model.param 需要手动进行调整。如果在 NCNN 框架中不支持 Caffe 中的某些层（如 Tile），则需要进行替换或删除，但不能影响 model.param 中定义的网络各层的参数数量；否则，model.bin 中的参数与 model.param 中的就会对应不上，从而导致运行出错。

5. 模型部署示例

以 Caffe 和 ONNX 模型为例，以下介绍将 Caffe 和 ONNX 模型转换为 NCNN 模型并进行部署的方法。

NCNN 对 Caffe 模型的支持度比其他平台模型的支持度高。所以一般将 Caffe 模型转为 NCNN 模型。旧的 Caffe 模型有时需要转换为最新的 Caffe 模型，不过一般不需要。

Caffe2 训练好的模型可在 GitHub 上的 Model Zoo 中下载，当前有 Caffe 和 Caffe2 两种版本可选择。下载的命令很简单。下面以下载 squeezenet_v1.1 的模型文件 squeezenet_v1.1.prototxt 和 squeezenet_v1.1.caffemodel 为例，讲述利用 NCNN 进行部署的过程。

当获得 squeezenet_v1.1.prototxt 和 squeezenet_v1.1.caffemodel 文件后，需要将.prototxt 转换为 NCNN 支持的.param 文件，将.caffemodel 转换为.bin 文件。NCNN 中使用 caffe2ncnn 工具将 Caffe 模型转换为 NCNN 模型。将上面下载的 squeezenet_v1.1.prototxt 和 squeezenet_v1.1.caffemodel 放到 ncnn/build/tools/caffe 目录下。然后，在 Shell 终端执行如下命令。

```
./caffe2ncnn squeezenet_v1.1.prototxt squeezenet_v1.1.caffemodel
squeezenet_v1.1.param squeezenet_v1.1.bin
```

转换过程很快，转换完成后将在当前目录下生成 squeezenet_v1.1.param 和 squeezenet_v1.1.bin 文件。

另外，也可以通过网站转换模型。

NCNN 调用模型的一般过程是参考 ncnn/examples/目录下各个.cpp 示例文件，选择需要的模型，然后根据该目录下的 CMakeLists.txt 文件修改参数。这里就不修改参数了，直接选用 squeezenet.cpp。squeezenet.cpp 的具体代码如下。

```
include "net.h"
include <algorithm>
if defined(USE_NCNN_SIMPLEOCV)
include "simpleocv.h"
else
include <opencv2/core/core.hpp>
include <opencv2/highgui/highgui.hpp>
endif
include <stdio.h>
include <vector>

# 使用 NCNN，传入的第一个参数是需要预测的数据，第二个参数是各个类别的得分
# vector，注意传入的是地址，这样才能在这个函数中改变 cls_scores 的值
static int detect_squeezenet(const cv::Mat& bgr, std::vector<float>& cls_scores)
{
    # 实例化 ncnn::Net
    ncnn::Net squeezenet;
    squeezenet.opt.use_vulkan_compute = true;

    # 加载 NCNN 模型文件
    if (squeezenet.load_param("squeezenet_v1.1.param"))
        exit(-1);
    if (squeezenet.load_model("squeezenet_v1.1.bin"))
        exit(-1);
    # 实例化 Mat
    ncnn::Mat in = ncnn::Mat::from_pixels_resize(bgr.data, ncnn::Mat::PIXEL_BGR, bgr.
    cols, bgr.rows, 227, 227);
```

```
    const float mean_vals[3] = {104.f, 117.f, 123.f};
    in.substract_mean_normalize(mean_vals, 0);

    # 实例化 Extractor
    ncnn::Extractor ex = squeezenet.create_extractor();

    ex.input("data", in);

    ncnn::Mat out;
    ex.extract("prob", out);

    cls_scores.resize(out.w);
    for (int j = 0; j < out.w; j++)
    {
        cls_scores[j] = out[j];
    }

    return 0;
}

static int print_topk(const std::vector<float>& cls_scores, int topk)
{
    # 排序
    int size = cls_scores.size();
    std::vector<std::pair<float, int> > vec;
    vec.resize(size);
    for (int i = 0; i < size; i++)
    {
        vec[i] = std::make_pair(cls_scores[i], i);
    }

    std::partial_sort(vec.begin(), vec.begin() + topk, vec.end(),
                      std::greater<std::pair<float, int> >());

    # 输出 score 的值
    for (int i = 0; i < topk; i++)
    {
        float score = vec[i].first;
        int index = vec[i].second;
        fprintf(stderr, "%d = %f\n", index, score);
    }

    return 0;
}

int main(int argc, char** argv)
{
    if (argc != 2)
    {
        fprintf(stderr, "Usage: %s [imagepath]\n", argv[0]);
        return -1;
    }

    const char* imagepath = argv[1];

    cv::Mat m = cv::imread(imagepath, 1);
    if (m.empty())
    {
        fprintf(stderr, "cv::imread %s failed\n", imagepath);
        return -1;
    }
```

```
    std::vector<float> cls_scores;
    detect_squeezenet(m, cls_scores);

    print_topk(cls_scores, 3);

    return 0;
}
```

先把前面转换得到的 NCNN 参数和模型文件 squeezenet_v1.1.param 和 squeezenet_v1.1.bin 复制到 ncnn/build/examples 目录下，然后在终端切换到 ncnn/build/examples 目录下，执行./squeezenet imagepath，如图 2-33 所示。

```
loongson@loongson-pc:~/code/ncnn-github/ncnn/build/examples$ ./squeezenet cat.jpg
277 = 0.263570
151 = 0.245308
237 = 0.063392
loongson@loongson-pc:~/code/ncnn-github/ncnn/build/examples$ _
```

▲图 2-33　squeezenet 运行示例

下面以 yolov5s_v6.2.onnx 模型为例，讲述利用 NCNN 框架的推理过程。

可以从 GitHub 上的 Model Zoo 中下载 yolov5s_v6.2.onnx 模型。

将 yolov5s_v6.2.onnx 置于 ncnn/build/tools/onnx 目录下，在 Shell 终端执行如下命令即可进行模型转换。

```
./onnx2ncnn yolov5s_v6.2.onnx yolov5s_v6.2.param yolov5s_v6.2.bin
```

以上命令执行完后将在当前目录下生成对应的 NCNN 参数和模型文件，即 yolov5s_v6.2.param 和 yolov5s_v6.2.bin。

将生成的 yolov5s_v6.2.param 和 yolov5s_v6.2.bin 文件复制至 ncnn/build/example 目录下，在 Shell 终端执行以下命令进行推理。

```
./yolov5 ./street.jpg
```

yolov5.cpp 的完整代码位于 ncnn/example 文件夹下。这里仅展示 draw_objects 接口的实现过程。具体代码如下。

```
static void draw_objects(const cv::Mat& bgr, const std::vector<Object>& objects)
{
    static const char* class_names[] = {
        "person", "bicycle", "car", "motorcycle", "airplane", "bus", "train",
        "truck", "boat", "traffic light",
        "fire hydrant", "stop sign", "parking meter", "bench", "bird", "cat", "dog",
        "horse", "sheep", "cow",
        "elephant", "bear", "zebra", "giraffe", "backpack", "umbrella", "handbag",
        "tie", "suitcase", "frisbee",
        "skis", "snowboard", "sports ball", "kite", "baseball bat", "baseball
        glove", "skateboard", "surfboard",
        "tennis racket", "bottle", "wine glass", "cup", "fork", "knife", "spoon",
        "bowl", "banana", "apple",
        "sandwich", "orange", "broccoli", "carrot", "hot dog", "pizza", "donut",
        "cake", "chair", "couch",
        "potted plant", "bed", "dining table", "toilet", "tv", "laptop", "mouse",
        "remote", "keyboard", "cell phone",
        "microwave", "oven", "toaster", "sink", "refrigerator", "book", "clock",
        "vase", "scissors", "teddy bear",
        "hair drier", "toothbrush"
    };
```

```
    cv::Mat image = bgr.clone();

    for (size_t i = 0; i < objects.size(); i++)
    {
        const Object& obj = objects[i];

        fprintf(stderr, "%d = %.5f at %.2f %.2f %.2f x %.2f\n", obj.label, obj.prob,
                obj.rect.x, obj.rect.y, obj.rect.width, obj.rect.height);

        cv::rectangle(image, obj.rect, cv::Scalar(255, 0, 0));

        char text[256];
        sprintf(text, "%s %.1f%%", class_names[obj.label], obj.prob * 100);

        int baseLine = 0;
        cv::Size label_size = cv::getTextSize(text, cv::FONT_HERSHEY_SIMPLEX, 0.5, 1,
        &baseLine);

        int x = obj.rect.x;
        int y = obj.rect.y - label_size.height - baseLine;
        if (y < 0)
            y = 0;
        if (x + label_size.width > image.cols)
            x = image.cols - label_size.width;

        cv::rectangle(image, cv::Rect(cv::Point(x, y),
                      cv::Size(label_size.width, label_size.height + baseLine)),
                      cv::Scalar(255, 255, 255), -1);

        cv::putText(image, text, cv::Point(x, y + label_size.height),
                    cv::FONT_HERSHEY_SIMPLEX, 0.5, cv::Scalar(0, 0, 0));
    }

    cv::imshow("image", image);
    cv::waitKey(0);
}
```

运行结果如图 2-34 所示。

```
loongson@loongson-pc:~/code/ncnn-github/ncnn/build/examples$ ./yolov5 ./street.jpg
5 = 0.93504 at 394.95 95.01 333.99 x 224.04
0 = 0.87675 at 799.11 235.38 120.27 x 273.19
2 = 0.87421 at 321.67 220.01 157.97 x 117.26
5 = 0.86317 at 824.01 116.00 374.99 x 224.45
0 = 0.84514 at 740.70 217.78 96.18 x 276.48
0 = 0.77673 at 120.15 183.17 43.38 x 142.49
0 = 0.73389 at 286.61 217.50 41.16 x 115.57
0 = 0.69027 at 209.76 185.22 36.43 x 125.73
0 = 0.62886 at 883.04 120.49 27.50 x 39.33
10 = 0.49721 at 172.30 293.04 43.63 x 78.35
24 = 0.47320 at 730.02 257.46 39.26 x 74.46
0 = 0.46961 at 37.09 221.71 38.96 x 73.98
0 = 0.44397 at 260.47 201.61 41.40 x 122.44
9 = 0.43326 at 0.00 1.75 65.62 x 58.11
0 = 0.31997 at 655.32 164.78 33.90 x 33.46
26 = 0.28213 at 262.22 257.04 24.38 x 42.48
0 = 0.27890 at 988.08 130.09 23.54 x 25.93
0 = 0.27626 at 966.28 125.11 27.31 x 29.51
0 = 0.25542 at 947.56 124.76 40.06 x 30.71
imshow save image to image.png
waitKey stub
loongson@loongson-pc:~/code/ncnn-github/ncnn/build/examples$ _
```

▲图 2-34　运行结果

目标检测结果如图 2-35 所示。

▲图 2-35　目标检测结果

2.7 项目总结

本项目着重介绍了几款深度学习框架的部署。目前深度学习框架众多，建议先深入学习一款框架，这样对其他框架便能触类旁通。主流框架相对于小众框架的优势是社区更加活跃，模型和示例更加丰富，它们更加健壮，更新更加频繁。但和编程语言一样，各类框架也各有优劣，但它们都只是人们用来解决问题的工具，建议读者熟悉什么就用什么，不必拘泥于某种编程语言或框架。

项目 3　计算机视觉技术基础知识

3.1 知识引入

3.1.1　计算机视觉概述

计算机视觉是一门让计算机学会如何“看”的学科，通俗地说，就是让计算机识别拍摄的图像或视频中的物体，检测出物体所在的位置，并对其进行跟踪，通过一定的算法（相当于人类的大脑分析系统）对图像或视频进行分析和处理后做出场景描述，从而达到模拟人类视觉系统的效果。计算机视觉通常称为机器视觉，其目的是建立能够从图像或者视频中“感知”信息的人工系统。计算机视觉是深度学习技术的一个重要应用领域，已广泛应用到交通、安防、工控和自动驾驶等领域。

3.1.2　计算机视觉的应用领域

计算机视觉经过几十年的发展，已经相当成熟，其应用领域非常广泛，包括但不限于以下领域。

- 图像识别和分类，例如，人脸识别、文字识别、动物识别与分类等。
- 视频监控和安防，对视频流进行实时分析和处理，自动发现异常情况或犯罪行为。
- 自动驾驶，实时感知周围环境，包括道路、车辆、行人等。
- 医疗，例如，利用 X 光、计算机体层成像（Computed Tomograph，CT）和磁共振成像（Magnetic Resonance Imaging，MRI）等影像进行辅助诊断，以及辅助手术。
- 机器人和 AI，例如，机器人视觉导航、语音交互、情感识别等。
- 游戏和虚拟现实，例如，实时渲染、虚拟角色识别等。
- 工业自动化，例如，质量控制、物料分类等。
- 零售业，例如，人脸识别支付、商品识别和智能柜台等。
- 人机交互，例如，手势识别、面部表情分析和眼动跟踪等。
- 艺术创作，例如，计算机生成艺术等。

计算机视觉技术深刻影响和改变了人们的日常生活方式以及工业生产方式。随着 AI 技术的不断发展，基于计算机视觉技术必将涌现出更多的产品和应用，从而为我们的工作和生活提供更大的便利。

3.2 任务：常见计算机视觉任务

3.2.1　任务描述

本任务主要介绍常见计算机视觉任务的基本知识。

3.2.2 技术准备

随着互联网技术的不断发展，数据量在不断增长，各种数据集不断涌现。随着硬件能力的不断提升，计算机的算力也在不断增强。在深度学习领域，越来越多的研究者经过不断研究，研发出新的模型和算法，并将之应用到计算机视觉领域，进一步满足应用场景的需求，从而诞生了越来越丰富的计算机视觉模型结构，它们具有更高的精度。当前，深度学习计算机视觉技术所能解决的问题越来越丰富，涉及图像分类、目标检测、语义分割、场景描述、图像生成和风格变换等方面。计算机视觉技术不仅可以处理二维图片，还能对视频等进行处理。目前主流的计算机视觉任务主要包括图像分类、目标检测、图像分割、OCR、视频分析和图像生成等。

3.2.3 任务实施

1. 图像分类

图像分类是根据图像的语义信息对不同类别的图像进行区分的一种图像处理方法。图像分类利用计算机对图像进行定量分析，将图像或图像中的每个像素或区域划分为若干类别中的某一个，以代替人的视觉判读，如图 3-1 所示。

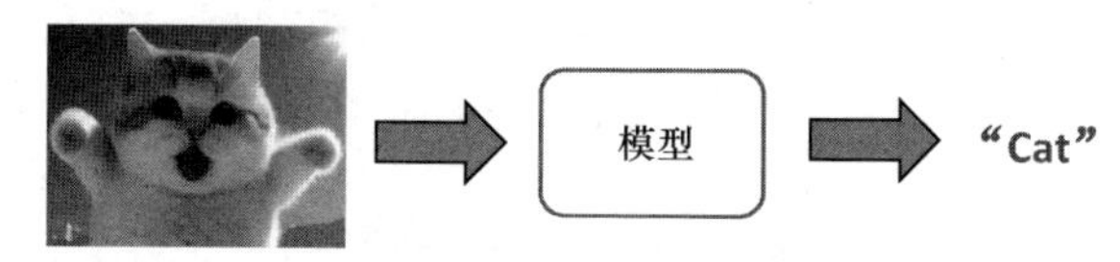

▲图 3-1 图像分类

图像分类技术是计算机视觉中关键的技术，是完成目标检测、语义分割、实例分割、图像搜索、物体跟踪、行为分析等高层计算机视觉任务的基础。图像分类包含通用图像分类、细粒度图像分类等。通用图像分类主要用于识别图像中主体的类别，如判断图像中的主体是猫还是狗；而细粒度图像分类用于解决如何对大类进行细分的问题，如识别图像中狗的品种（如吉娃娃、泰迪、松狮、哈士奇等）的问题。

传统的深度学习图像分类会涉及以下两个步骤。

（1）特征提取：从原始图像中提取有用的特征，这些特征能够描述图像的主要内容。这通常涉及诸如颜色、纹理、形状和边缘等特征。这一步骤中需要对图像内容进行深入理解和分析，并选择最能代表图像的特征和内容。

（2）分类器训练：使用分类器对提取的特征进行分类。在这个步骤中，需要使用有标签的图像数据来训练分类器，以便它能理解如何将新的、未标记的图像分到相应的类别中。分类器的选择会对分类结果产生很大的影响。常见的分类器包括 SVM、KNN、朴素贝叶斯（naive bayesian）和决策树（decision tree）等。

在传统的图像分类方法中，特征提取和分类器训练通常是分开进行的，并且需要手动调整和优化。相比之下，深度学习技术可以通过自动学习图像的层次化特征表达来进行分类，可以大大简化特征提取的过程，并且能够提高分类的准确性和鲁棒性。深度学习在图像分类中的应用以 CNN 为代表，主要通过有监督的方法让计算机学习如何表达某张图片的特征。

深度学习图像分类技术涉及丰富的模型，这些模型主要分为 CNN 模型和 Transformer 模型两大类。每一类又分为部署到服务器端的高精度模型和部署到边缘端平台的轻量级模型，如图 3-2 所示。

CNN模型

部署到服务器端的高精度模型

ResNet、
Res NeXt、
Res2Net、
Efficient Net、
Inception、
……

部署到边缘端的轻量级模型

MobileNet、
ShuffleNet、
GhostNet、
Mix Net、
LCNet、
……

Transformer模型

部署到服务器端的高精度模型

MixFormer、
Swin Transformer、
Twins、
TNT、
……

部署到边缘端的轻量级模型

MobileViT、
LeVit、
……

▲图 3-2　图像分类模型

2. 目标检测

通过图像分类，我们可以将一张图片识别为既定类别集合中的某一类，解决“What”的问题。如果想知道要分类的物体在图像中的位置，例如，要识别道路中的车辆并检测车辆的具体位置，能用边界框（Bounding Box，BBox）将其标识吗？这解决的是“What + Where”的问题。

目标检测可以解决上述问题。通过目标检测技术，计算机可以自动识别图像或者视频帧中所有目标物体属于哪一类，并在目标物体周围绘制出边界框（见图 3-3），从而标识出每个目标物体的具体位置，即检测出图片中主体所在的位置。这个边界框主要用其左上角顶点的坐标与右下角顶点的坐标或其左上角顶点的坐标与长、宽表示，同时给出所检测主体的类别。从这里可以看出，目标检测是在分类的基础上加一个预测边界框的任务。

▲图 3-3　边界框

目标检测技术的应用场景（例如，交通领域的人/车/检测、行人过马路检测、闯红灯检测，安防领域的安全帽检测、火灾烟雾检测、人脸检测等）相当广泛。具体来说，目标检测技术可应用在交通出行方面、侦查破案方面、移动支付等方面。在应用中，需要对相机获取的图片进行人脸检测与识别，确认某人是不是本人。

当前与目标检测技术相关的模型主要有基于锚点的（anchor-based）模型（单阶段模型和两阶段模型）、无锚点的（anchor free）模型、Transformer 模型，如图 3-4 所示。

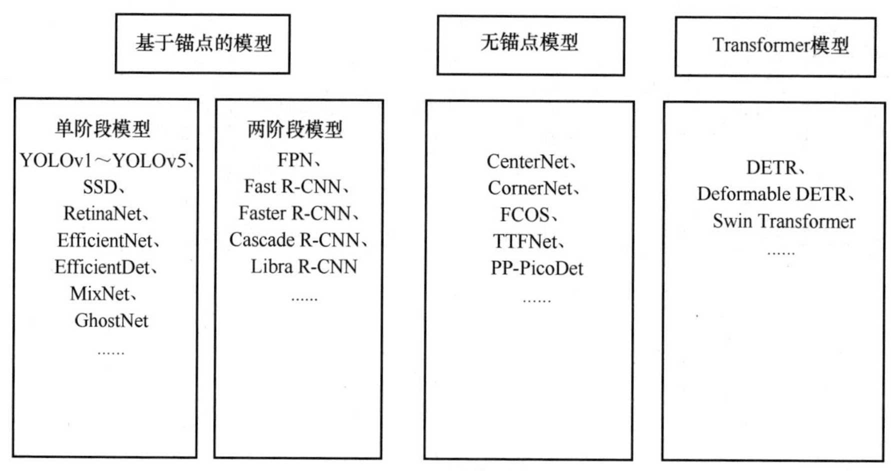

▲图 3-4　目标检测模型

其中，锚点用于预先设置目标可能存在的大概位置，即设定好比例的一组候选框集合，然后在这个集合的基础上进行精细化的调整。锚点的作用就是解决标签分配的问题。

基于锚点的模型通过锚点提取候选框，在特征图（feature map）的每一个点上对锚点进行分类和回归。基于锚点的模型分为两阶段模型和单阶段模型。两阶段模型（如 Faster R-CNN、FPN、Cascade R-CNN 等）的检测过程分为两个阶段。在第一个阶段，使用锚点回归出候选框，在第二个阶段，则对第一个阶段回归出的候选目标框进行进一步回归和分类，输出最终候选框和对应的目标检测类别。单阶段模型（如 YOLOv1～YOLOv5、SSD、RetinaNet 等）在检测过程中则无候选框提取，直接在输出层回归边界框的位置和类别，其检测速度要比两阶段模型的快，但其缺点是可能造成精度损失。

由于基于锚点的模型需要提前手动设计锚点，并且锚点匹配对不同尺寸的目标并不适应，因此产生了无锚点的模型，它不再使用预先设定的锚点，而是直接通过预测目标的中心或者角点，对目标进行检测。

3. 图像分割

图像分割指的是将数字图像细分为多个图像子区域的过程，在语义上理解图像中每个像素的角色（例如，识别它是汽车、摩托车还是其他的类别），为图像中的每个像素加标签，具有相同标签的像素具有某种共同视觉特征。图像分割在像素级别进行分类，属于同类的像素都要被归为一类，因此图像分割是从像素级别来理解图像的。

图像分割的目标是简化或改变图像的表示形式，使图像更容易理解和分析。图像分割通常用于定位图像中的物体和边界（直线、曲线等），如图 3-5 所示。图像分割的应用领域（如城市道路交通灯分割、人物分割、车辆分割、街景分割等）非常广泛。

面对各种现实场景，图像分割方法多样，目前还没有统一且具有普适性的方法。图像分割方法需要与特定的业务相结合，才可能有效地解决对应的业务问题。这里主要梳理基于深度学习的图像分割方法。按照任务，可以将图像分割分为 3 类——语义分割、实例分割、全景分割。

1）语义分割

语义分割是指将图像中的像素划分到对应的语义类别，属于特定类别的像素仅被分到该类别，例如，某个像素属于猫、狗、人、车等，而不考虑其他信息或上下文。语义分割主要在像素级别进行分类，比目标检测预测的边框更加精细。

▲图 3-5 图像分割

可以将语义分割任务简单理解为用一种颜色代表一个类别，用另一种颜色代表另外一个类别，将所有类别用不同颜色代表，然后在原始图像对应大小的白纸上进行涂色操作，尽量让涂色的结果与原始图像的类别接近。

语义分割的目标就是识别图像中的不同语义区域，从像素级别理解和识别图像的内容，其输入为图像，输出则是与输入图像同尺寸的分割标签，每个像素会被识别并分到某一个类别，如图 3-6 所示。

▲图 3-6 语义分割

目前深度学习在语义分割方面的应用主要有 FCN（Fully Convolutional Network，全卷积网络）、SegNet、DeepLab、RefineNet、NetPSPNet 等。

2）实例分割

语义分割可以将不同类别的物体区分开，而实例分割更进一步，可以将同一类别但属于不同个体的物体区分开。实例分割主要预测物体的类别标签并使用像素级别的实例模板来定位图像中不同数量的实例。

实例分割的目标是识别图像中的不同实例。它需要识别出图像中所有的实例，并为每个实例创建一个边界框，再将该实例从背景中分割出来，如图 3-7 所示。它常用于目标跟踪、物体计数、机器人导航等。

目前深度学习在实例分割方面的应用主要包括 Mask R-CNN、FCIS、MaskLab、PANet，而数据集常用 Pascal VOC、AED20K、CityScapes、COCO 和 MVD 等。

▲图 3-7 实例分割

3）全景分割

全景分割是一种更高级的分割任务，旨在将图像分割成像素级别的连续区域，每个区域都具有唯一的标识符。全景分割的目标是对图像中的每个像素进行分割，并将它们组合成连续的对象，如图 3-8 所示。全景分割通常使用 FCN 等方法进行训练和预测。

▲图 3-8 全景分割示意

语义分割会将图像中的每个像素都划分至对应的类别，即实现像素级别的分类。例如，某图像中有多个人，通过语义分割将他们都划分到人这个类别。

实例分割不仅要进行像素级别的分类，还需在具体的类别基础上区分开不同的个体。例如，若一幅图像中有多个人，那么实例分割的结果是不同的对象（每个人是一个对象）。

全景分割是语义分割和实例分割的结合。它提供了统一的图像分割方法，图像中的每个像素都被分配一个语义标签（语义分割的结果）和唯一的实例标识符（实例分割的结果）。

由此可见，实例分割和全景分割都是以语义分割为基础的。

4. OCR

OCR（Optical Character Recognition，光学字符识别）是计算机视觉的重要应用方向之一。传统定义的 OCR 一般面向扫描文档类对象，即文档分析和识别（Document Analysis & Recognition，DAR），现在的 OCR 一般指场景文字识别（Scene Text Recognition，STR），主要面向自然场景。

OCR 主要分为两个部分：第一，文本检测，即找出文本所在位置；第二，文本识别，即对文字区域进行识别。OCR 有着丰富的应用场景，如卡证、票据信息抽取、录入、审核，在线教育等。

文档分析能够帮助开发者更好地完成文档理解的相关任务，通常将 OCR 算法和文档分析算法结合使用，如图 3-9 所示。

两阶段OCR算法		端到端OCR算法	文档分析算法
检测算法 CTPN、 CRAFT、 SegLink、 EAST、 SAST、 PSENet、 FCENet	识别算法 CRNN、 2D-CTC、 SVTR、 SAR、 TrOCR、 MORAN	ABCNet、 PGNet、 EAST、 DenseNet-OCR、 TextDragon、 CharNet、 PAN++	表格识别算法TableRec-RARE、 信息抽取算法SDMGR、 版面分析算法Layout-Parser、 文档视觉问答算法LayoutXLM、 文档分析系统算法PP-Structure .....

▲图 3-9 OCR 算法和文档分析算法

图 3-10（a）所示的版面分析主要指对版面进行处理，识别文档中的图像、文本、标题和表格等区域，然后对图像、文本、标题和表格等区域进行检测与识别。图 3-10（b）所示的表格识别是指利用相关算法对文档中的表格区域进行结构化分析，将识别出的最终结果输出为 Excel 文件。图 3-10（c）所示的信息提取的目的是将检测到的每个文本区域划分至预定义的类别，如发票号码、开票日期、货物明细、合计金额等类别。

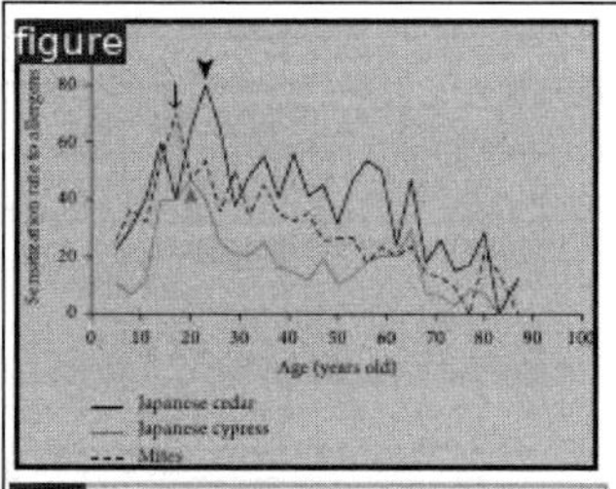

text 1: The rate of sensitization (determined by RAST) to Japanese cedar, Japanese cypress, and mites was affected by the patient's age. Black arrow head, gray arrow head, and black arrow show the peaks of each rate, respectively.

Table 2: Serum total IgE and blood cell eosinophil text

table	Total IgE (IU/mL)	Eosinophil cell proportion (%)
Only spring pollens	118 ± 16	4.5 ± 0.4
Only fall pollens	172 ± 93	3.7 ± 1.4
Only perennial allergens	288 ± 51	3.2 ± 0.4
Spring and fall pollens	174 ± 30	5.2 ± 0.9
Spring pollens and perennial allergens	391 ± 67	5.4 ± 0.5
Fall pollens and perennial allergens	—	—
Spring and fall pollens and perennial allergens	878 ± 213	6.1 ± 0.6
No sensitization	120 ± 15	3.1 ± 0.2

text rage of total serum IgE levels was highest in 8-17-year olds and decreased with age (Figure 3(a)).

text *od Cell Eosinophil Count.* The blood cell eosinophil count was also compared between groups. The eosinophil cell proportion was 4.5 ± 0.4% in patients sensitized only to spring pollens, while it was significantly higher (5.7 ± 0.4%) in patients sensitized to both perennial allergens and spring pollens (*P* = 0.0146, Mann-Whitney *U* test) (Figure 2(b), Table 2). The blood cell eosinophil count showed the same reductive tendency (Figure 3(b)).

text *rgic Sensitization in Asthma.* Fifty-nine patients (46 adults, 13 children) had been previously diagnosed with asthma. The remaining 593 patients had not been diagnosed with asthma. Sensitization to any allergen was detected in 58% of patients with asthma (34/59). Twenty-six (44%) of 59 patients were sensitized to spring pollens (Table 3). Approximately half of the asthma patients (51%; 30/59) were sensitized to perennial allergens. Seven percent of patients with asthma (4/59) were sensitized only to spring

Table 3: Allergic sensitization in asthma text

table g pollens	4
Only fall pollens	0
Only perennial allergens	7
Spring and fall pollens	0
Spring pollens and perennial allergens	14
Fall pollens and perennial allergens	1
Spring and fall pollens and perennial allergens	8
No sensitization	25

text while 16% (94/593) in patients without asthma were sensitized exclusively to these allergens. Thirty-seven percent of patients with a previous asthma diagnosis (22/59) were sensitized to both spring and perennial allergens, which was significantly higher than that observed in patients without asthma (20%; 117/593) (*P* = 0.0017, chi-square test).

text n total serum IgE levels in patients with asthma were 177 ± 89 IU/mL, while those in patients without asthma were 224 ± 27 IU/mL (*P* = 0.0001 compared to patients with asthma, Mann-Whitney *U* test). Blood eosinophil cell proportion in patients with asthma was 5.4 ± 0.6%. In patients without asthma, the proportion was 3.9 ± 0.2%. Blood eosinophil cell proportion in patients with asthma was significantly higher than those in patients without asthma (*P* = 0.008, Mann-Whitney *U* test).

4. Discussion title

text sensitization, as diagnosed by the serum allergen specific IgE level, does not always correspond with the patient's symptoms. We found that approximately twice as many patients were sensitized to both spring pollens and perennial allergens compared to patients sensitized only to spring pollens. However, many patients were asymptomatic to perennial allergens. Exposure to perennial allergens, such as house dust mite and cat and dog dandruff, is an important predisposing risk factor for asthma [4]. Previous diagnosis of asthma was largely related to serum IgE levels and blood eosinophil counts [5–7]. Even in nonasthmatic patients, airway responsiveness (assessed using methacholine [8]) is increased in some cases of allergic rhinitis, indicating an increased risk for asthma [9–11]. Sensitization to cat dandruff, dust mite, cockroach, and ragweed is an important predictor of airway hyperresponsiveness [12]. Airway hyperresponsiveness is strongly related to elevated total serum IgE levels even in asymptomatic patients [5, 13]. In other words, total serum IgE level is considered an indicator of probable airway hyperresponsiveness or asthma. In our study, total serum IgE levels and blood cell eosinophil counts were significantly elevated in patients sensitized to both spring pollens and perennial allergens, as compared to patients sensitized only to spring pollens. Therefore, patients sensitized to both spring pollens and perennial allergens might be at greater risk of developing airway hyperresponsiveness or asthma.

text pared to adults, fewer children were sensitized only to spring pollens. Most children (approximately 80%) had

（a）版面分析

▲图 3-10 文档分析

Methods	Ext	R	P	F	FPS
TextSnake [18]	Syn	**85.3**	67.9	75.6	-
CSE [17]	MLT	76.1	78.7	77.4	0.38
LOMO[40]	Syn	76.5	85.7	80.8	4.4
ATRR[35]	Sy-	80.2	80.1	80.1	-
SegLink++ [28]	Syn	79.8	82.8	81.3	-
TextField [37]	Syn	79.8	83.0	81.4	6.0
MSR[38]	Syn	79.0	84.1	81.5	4.3
PSENet-1s [33]	MLT	79.7	84.8	82.2	3.9
DB [12]	Syn	80.2	86.9	83.4	22.0
CRAFT [2]	Syn	81.1	86.0	83.5	-
TextDragon [5]	MLT+	82.8	84.5	83.6	-
PAN [34]	Syn	81.2	86.4	83.7	**39.8**
ContourNet [36]	-	84.1	83.7	83.9	4.5
DRRG [41]	MLT	83.02	85.93	84.45	-
TextPerception[23]	Syn	81.9	87.5	84.6	-
Ours	-	80.57	87.66	83.97	12.08
Ours	Syn	81.45	**87.81**	84.51	12.15
Ours	MLT	83.60	86.45	**85.00**	12.21

Methods	Ext	R	P	F	FPS
TextSnake [18]	Syn	85.3	67.9	75.6	-
CSE [17]	MLT	76.1	78.7	77.4	0.38
LOMO[40]	Syn	76.5	85.7	80.8	4.4
ATRR[35]	Sy-	80.2	80.1	80.1	-
SegLink++ [28]	Syn	79.8	82.8	81.3	-
TextField [37]	Syn	79.8	83.0	81.4	6.0
MSR[38]	Syn	79.0	84.1	81.5	4.3
PSENet-1s [33]	MLT	79.7	84.8	82.2	3.9
DB[12]	Syn	80.2	86.9	83.4	22.0
CRAHT [2]	Syn	81.1	86.0	83.5	-
TextDragon 1	MLT+	82.8	84.5	83.6	-
PAN [3l]	Syn	81.2	86.4	83.7	39.8
ContourNet [36]	-	84.1	83.7	83.9	4.5
DRRG [Δ1]	MLT	83.02	85.93	84.45	-
TextPerception[23]	Syn	81.9	87.5	84.6	-
Ours	-	80.57	87.66	83.97	12
Ours	Syn	81.45	87.81	84.51	12.15
Ours	MLT	83.60	86.45	85.00	12.21

（b）表格识别

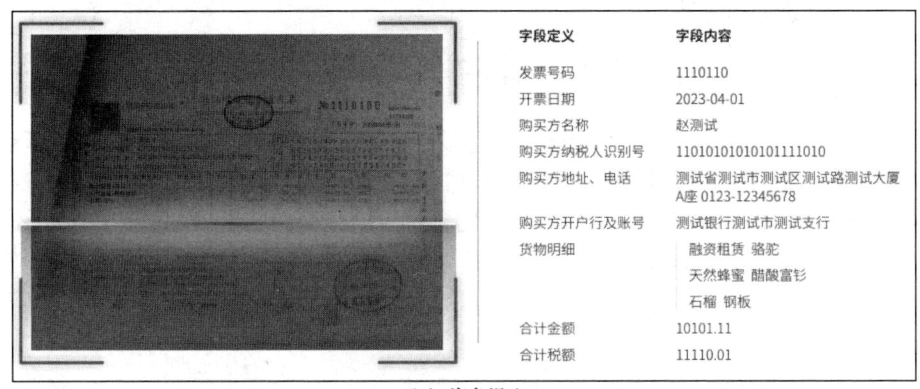

（c）信息提取

▲图 3-10　文档分析（续）

5. 视频分析

视频分析就是指使用计算机视觉分析技术，通过将场景中的背景和目标分离进而分析并跟踪在摄像机场景内出现的目标。简单地说，视频分析就是通过智能分析技术，自动地对视频中的内容进行识别和解析。视频一般是动态的、按照时间排序的图片序列，且视频帧间有着密切的上下文联系。视频中会有音频信息，也会存在文本等信息。

根据应用领域，视频分析主要分为以下几类。

1）视频分类

视频分类是指利用深度学习算法将大量的视频数据按照一定的标准和规则进行分类与标记的过程，以便于用户快速找到自己感兴趣的视频内容。视频分类可以基于不同的特征和属性（如内容主题、风格、语言、地域等）进行分类。常见的视频分类包括电影、电视剧、纪录片、动画片、体育赛事、音乐视频等。视频分类算法主要有 TSM（Temporal Shift Module，时间偏移模块）、TSN（Time Sensitive Network，时间敏感网络）、VideoSwin、VTN（Video Temporal Network，视频时间网络）、TimeSformer、MViTV1、MViTV2、UniFormer 等。

2）视频目标检测

视频目标检测是一种计算机视觉任务，在视频的每一帧中识别和定位特定的目标。图 3-11 所示为道路交通视频中的车辆和行人目标检测。视频目标检测包括两个主要步骤——目标定位和目标分类。目标定位通过图像处理和计算机视觉技术确定目标在视频帧中的位置，而目标分类则会识别出目标的具体类别。视频目标检测相对于静态图像的目标检测更复杂，因为视频中存在时序信息和上下文信息，需要考虑目标的运动轨迹和场景的变化。此外，视频中可能存在遮挡、光照变化、目标变形等问题，这增加了目标检测的难度。

▲图 3-11 道路交通视频中的车辆和行人目标检测

视频目标检测的算法有很多，包括单帧目标检测算法、多帧图像处理算法、光流算法、自适应关键帧选择算法等。另外，还有一些具体的视频目标检测方法，如基于跟踪的方法、RNN、特征传播方法、基于光流的多帧特征聚合（Multi-frame Feature Aggregation with Optical Flow）方法和无光流的多帧特征聚合（Multi-frame Feature Aggregation without Optical Flow）方法等。其中后两种是主流的方法，它们能够提高检测精度，但计算速度较慢。此外，后处理方法（如序列非极大值抑制等方法）也是提升视频目标检测质量的重要手段。这些方法各有优缺点，应根据具体需求选择适合的方法。

3）视频目标分割

视频目标分割旨在将视频中的目标对象从其背景中精细地分割出来，如图 3-12 所示。它与视频目标检测有所不同，视频目标检测主要关注目标存在与否以及其在图像中的位置，而视频目标分割则关注将每个像素归类到目标或背景。视频目标分割的目标是在整个视频中对目标对象进行高质量的分割，获取目标对象的像素级蒙版，从而准确地定位和勾勒出目标的边缘细节。相对于其他计算机视觉任务，如目标检测等，视频目标分割具有像素级精度，因此能够更精确地定位和描绘目标。

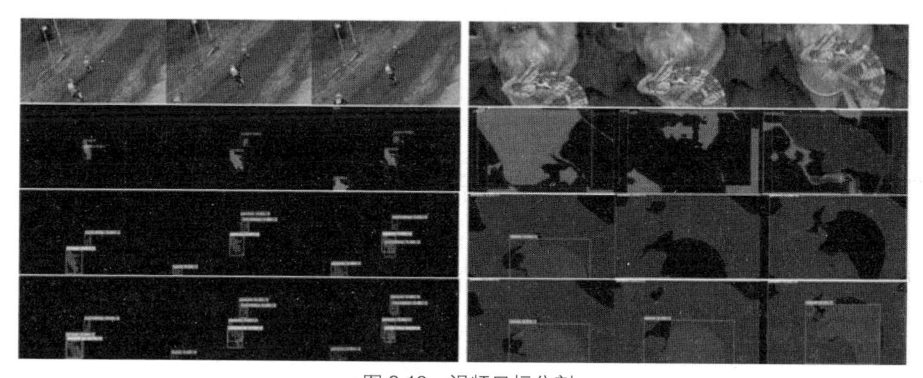

▲图 3-12 视频目标分割

视频目标分割是计算机视觉领域的基础任务之一，具有广泛的应用。例如，在视频理解和编辑、高清视频压缩、人机交互以及自动驾驶等领域，视频目标分割都有着重要的应用。常见的视频目标分割算法有 CFBI（Collaborative VOS by Foreground-Background Integration，基于前景-背景集成的协同视频目标分割）、MA-Net（Multi-Attention Network，多注意力网络）等。

4）视频目标跟踪

视频目标跟踪的任务是识别和跟踪视频中移动的物体，如图 3-13 所示。该任务的主要目的是在连续的视频帧中持续、准确地确定并跟踪特定目标的位置、速度和轨迹等动态信息。

▲图 3-13 视频目标跟踪

视频目标跟踪通常涉及几个关键步骤。首先，需要检测视频中的目标，这可以通过多种方法（如背景减除、特征匹配）实现。然后，需要跟踪这些目标，这可以通过计算目标在相邻帧之间的位置变化或运动轨迹来完成。最后，可能需要更新目标的运动模型或预测其在未来帧中的位置。

视频目标跟踪有许多应用，包括视频监控、人机交互、自动驾驶、运动分析等。例如，在视频监控中，它可以用于检测和跟踪入侵者或异常行为；在人机交互中，它可以用于识别用户的肢体语言；在自动驾驶中，它可以用于识别和跟踪道路上的障碍物或行人；在运动分析中，它可以用于分析运动员的运动表现或机器人的姿态等。

随着深度学习和计算机视觉技术的不断发展，视频目标跟踪已经成为一个活跃的研究领域。目前有许多算法和模型［如 SiamFC、SOT（Single Object Tracking，单目标跟踪）、MOT（Multiple Object Tracking，多目标跟踪）、SORT（Simple Online and Realtime Tracking，简单在线实时跟踪）、DeepSORT 等）］被提出以改进跟踪性能。

5）动作识别

动作识别的目标是识别和理解视频中人或物体的动作。图 3-14 所示的是人体动作识别。动作可以是人的行为，例如走路、跑步、跳跃等，也可以是物体的运动方式，例如旋转、移动等。动作识别的实现通常需要使用计算机视觉技术和机器学习算法，其主要步骤如下。

▲图 3-14 人体动作识别

首先，需要对视频进行预处理，提取出视频中的运动信息，这通常包括运动目标检测、运动轨迹提取等步骤。然后，使用机器学习算法对提取出的运动信息进行分类和识别，以确定视频中发生的动作。

动作识别也有非常广泛的应用场景，例如运动分析、智能监控等。通过动作识别，人们可以更好地理解视频内容，对运动行为进行分析和分类，以及实现更加智能的视频监控。动作识别算法主要有 I3D（Inflated 3D）、SlowFast、ST-GCN（Spatial Temporal Graph Convolutional Network，时空图卷积神经网络）、AGCN（Adaptive Graph Convolutional Network，自适应图卷积网络）等。

6）时空动作检测

时空动作检测是视频检测领域中的一个重要任务，旨在识别视频中人物的行为以及这些行为在时间和空间上的位置。具体来说，时空动作检测的目标是在整个视频中检测出人或物的行为，并确定这些行为在时间上的开始点和结束点，以及在空间上的位置。时空动作检测通常包括两个部分——行为识别和行为定位。行为识别是指对视频中人或物的行为进行分类，例如走路、跑步、跳跃等；行为定位是指找出行为在时间上的开始点和结束点，以及在空间上的位置。常见的时空动作检测算法为 SlowFast_Faster R-CNN。

7）时序动作检测

时序动作检测是从视频数据中检测和识别特定动作及其发生的时间顺序的技术。这种技术不仅关注动作是什么，还关注动作发生的时间，即“何时发生”。它不仅检测动作，还确定动作发生的确切时间段。

在实现时序动作检测时，通常要进行以下步骤。

（1）特征提取，即从视频中提取有关动作的视觉特征。

（2）动作检测与分类，使用提取的特征来检测和分类动作。

（3）时序建模，对动作的时间序列进行建模，以理解动作的先后顺序。

（4）时间对齐，在检测出各个动作后，确定每个动作发生的确切时间段。

时序动作检测也有很多的应用场景，如体育分析、健康监测、安防和监控等。在体育分析中，它可以用于分析体育比赛中运动员的动作，帮助教练更好地理解比赛进程和选手表现。在健康监测中，它可以用于监测和分析人们的日常活动，为健康管理提供数据支持。在安防和监控中，它可以用于识别异常事件，加强对重要区域的监控。时序动作检测的常见算法有 SSAD（Single Shot Action Detection，单阶段动作检测）、BSN（Boundary Sensitive Network，边界敏感网络）、BMN（Boundary Matching Network，边界匹配网络）等。

6. 图像生成

随着 AI 技术的快速发展，图像生成技术成为一个热门技术领域。利用深度学习和神经网络技术，可以让计算机自动生成逼真且具有创意的图像。图像生成的实现方法主要基于 GAN、变分自编码器以及迁移学习等。

GAN 是图像生成领域中的一个关键技术。GAN 是一种由两种神经网络组成的模型，这两种神经网络分别为生成器（generator）和判别器（discriminator）。其中，生成器的作用是生成接近实际标签的数据，而判别器的作用是区分生成器的生成结果和实际标签数据的差距。生成器的生成模型与判别器的判别模型形成一个动态的“博弈过程”，最终的平衡点即纳什均衡点，生成模型所生成的数据无限接近实际标签数据。当今 GAN 模型的应用同样非常广泛，例如，超分辨率显示、图像生成、影像上色、风格迁移、人脸属性编辑、人脸融合等都用到了 GAN 模型。图 3-15 所示为使用 EDVR（Video Restoration with Enhanced Deformable Convolutional Network，具有增强的可变形卷积网络的视频恢复）算法实现的视频超分，图 3-16 所示为使用 LapStyle 算法实现的图像艺术风格转换。

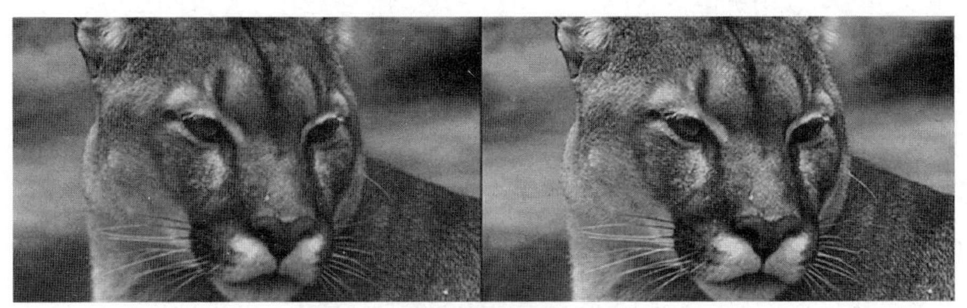

▲图 3-15 使用 EDVR 算法实现的视频超分

▲图 3-16 使用 LapStyle 算法实现的图像艺术风格转换

GAN 的应用相当丰富，不同应用可采用相关的算法实现，如使用 Pixel2Pixel 或 CycleGAN 算法实现图像风格迁移，使用 LapStyle 算法实现图像艺术风格转换，使用 U-GAT-IT 算法实现人像动漫化，使用 Photo2Cartoon 算法实现人脸卡通化，使用 PSGAN 算法实现人脸换妆，使用 StyleGAN 2 算法实现人脸生成，使用 FaceParsing 算法实现人脸解析，使用 EDVR 算法实现视频超分等。各个算法的实现原理不详细阐述，读者可根据个人需求查阅相关资料。

3.3 项目总结

本项目主要介绍了计算机视觉技术基础，讲述了计算机视觉的应用领域，并对常见计算机视觉任务（如图像分类、目标检测、图像分割、OCR、视频分析）及图像生成技术进行阐述。

项目 4　图像分类网络的部署

本项目主要介绍在龙芯平台上一些典型的图像分类网络的部署过程。

4.1 知识引入

如何使用神经网络来处理图像数据？研究者最初想到的方法是使用全连接神经网络，但实际验证表明，全连接神经网络并不太适用于图像识别任务。全连接神经网络主要存在以下 3 个方面的问题。

- **参数过多，容易产生过拟合现象**。全连接神经网络的每一层都与所有神经元相连，这会导致计算量、内存占用量和训练时间增加。由于参数过多，因此全连接神经网络容易产生过拟合现象，即模型在训练数据集上表现良好，但在测试数据集上表现较差。参数过多会使模型学习到训练数据集中的噪声，泛化能力差。
- **缺乏空间局部性**。全连接神经网络会忽略输入数据的空间局部性。例如，对于图像数据，全连接层会将整张图片展平，破坏图像的空间结构。这会导致模型在处理图像等具有空间特征的数据时效果不佳。
- **对输入尺寸的变化敏感**。全连接神经网络对输入尺寸的变化非常敏感，这意味着如果输入图像的尺寸发生变化，全连接神经网络的表现可能会受影响。因此在处理不同尺寸的图像时需要额外调整全连接神经网络的结构或对图像进行归一化处理。

为了解决上述问题，研究者引入了 CNN（Convolutional Neural Network，卷积神经网络）来进行图像特征的提取。这既能够提取相邻像素点之间的特征模式，又能够保证参数的个数不会随着图片的尺寸变化而变化。图 4-1 所示是经典 CNN 结构，它包含全连接层、卷积层、池化层、丢弃层。

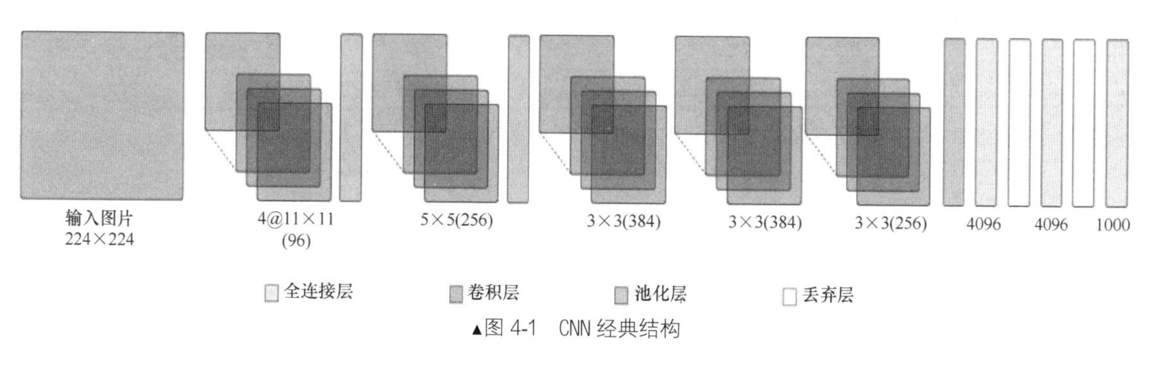

▲图 4-1　CNN 经典结构

4.1.1　CNN 简介

CNN 是一种包含卷积运算且具有深度结构的前馈神经网络（Feedforward Neural Network，FNN），是深度学习的关键算法之一。在 CNN 中，先选择一个合适的局部区域（卷积核），然后用这个局部区域扫描整张图片，在这个过程中，这个局部区域覆盖的所有节点会被连接到下一层的一个节点上。

CNN 适合处理具有类似网格结构的数据，例如，时间序列数据和图像数据。在 CNN 中，卷积层是 CNN 的核心，通过卷积运算对输入数据进行特征提取和特征转换。池化层则用于降低数据的维度，可以减少计算量和降低过拟合的风险。CNN 在很多应用领域（如计算机视觉、自然语言处理等）表现突出。

例如，现有一张图片，我们不知道该图中的物体是猫还是狗，更不知道它是什么品种的猫或者狗。那么，CNN 要做的事情就是通过模型判断这张图片里的物体具体是什么，最终输出一个结果，如果是猫，还可以判定是哪种猫。CNN 首先进入输入层，对数据做一些处理，如去均值（把输入数据的各个维度都中心化为 0，避免数据偏差过大，从而影响训练效果）、归一化（把所有的数据都归一化到同样的范围内）等。需要注意的是，CNN 只对训练集做去均值处理。然后，CNN 依次进入卷积层、池化层，最后通过全连接层得出输出结果。

4.1.2　CNN 基础模块

CNN 是受生物学上的感受野（receptive field）机制的启发而提出的，是目前深度学习计算机视觉技术中使用最普遍的模型结构之一。下面介绍 CNN 的一些常用的基础模块，如卷积层、池化层、激活函数、批归一化（Batch Normalization，BN）。

1. 卷积层的原理与作用

卷积层是基于卷积运算的，卷积运算也被称为互相关运算。我们知道，数字图像其实就是二维的离散信号，对数字图像做卷积运算就是利用卷积核在图像上从左到右、从上到下滑动，将图像的像素灰度值与对应的卷积核的数值相乘，然后将所有相乘后的值相加作为卷积核中间像素对应的图像的像素的灰度值，依次这样操作，最终滑动完所有图像。

卷积层的作用在于提取输入的不同特征。通过滑动窗口，卷积层能够对输入图像的局部特征与卷积核进行卷积运算，从而得到特征图像。在特征图像中，每个像素的值表示输入图像中对应位置的特征强度或响应。如图 4-2 所示，使用一个 3×3 的卷积核（垂直边缘滤波器）对 6×6 的矩阵（灰度图像）做卷积运算，计算结果为 4×4 的矩阵（结果图像），其中只保留了图像中的边缘信息。

灰度图像

10	10	10	0	0	0
10	10	10	0	0	0
10	10	10	0	0	0
10	10	10	0	0	0
10	10	10	0	0	0
10	10	10	0	0	0

垂直边缘滤波器

1	0	-1
1	0	-1
1	0	-1

结果图像

0	30	30	0
0	30	30	0
0	30	30	0
0	30	30	0

▲图 4-2　通过卷积运算提取特征

要想认识图像，就必须提取特征，卷积核就是用来提取特征的。

使用不同的卷积核对原始图像做卷积运算，可以更清晰地获得图像的某种特征，从而可实现图像模糊、图像锐化、边缘检测等功能，如图 4-3 所示。

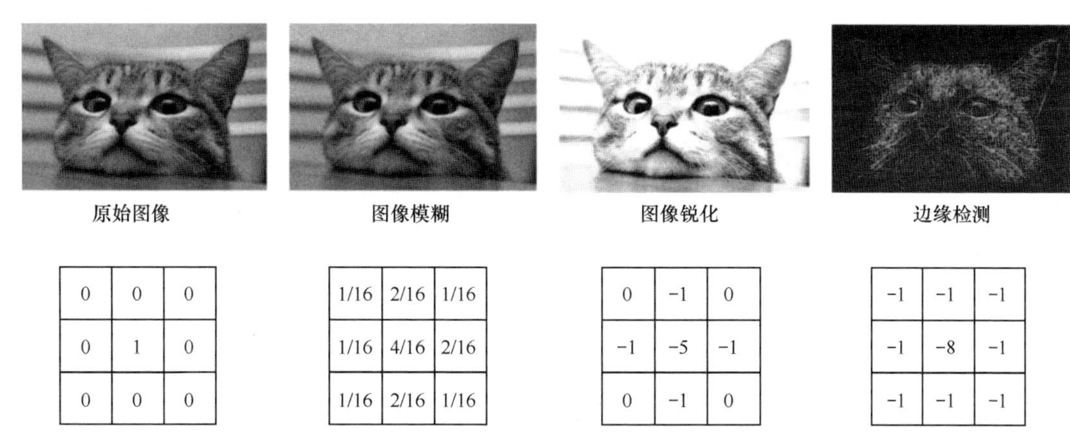

0	0	0
0	1	0
0	0	0

1/16	2/16	1/16
1/16	4/16	2/16
1/16	2/16	1/16

0	-1	0
-1	-5	-1
0	-1	0

-1	-1	-1
-1	-8	-1
-1	-1	-1

▲图 4-3　不同卷积运算的功能

卷积层的基本参数主要包括卷积核大小、卷积步长、填充方式、输入通道数以及输出通道数。

卷积核是卷积层的核心，它通过滑动窗口的方式在输入数据上进行特征提取。卷积核大小定义了卷积的感受野，卷积核的尺寸通常为 1×1、3×3 和 5×5 等（一般是奇数×奇数）。

卷积步长是指在卷积运算中，滑动卷积核的步幅。卷积步长可以是正整数，通常为 1，2，3 等。卷积步长越大，卷积核滑动得越快，输出特征图的尺寸越小。卷积步长较大的卷积运算可以用来降低模型的计算复杂度和内存消耗，但可能会丢失一些细节信息。

我们发现，有时输入图像在与卷积核进行卷积会损失部分值，输入图像的边缘被“修剪”掉了（边缘处只检测了部分像素，丢失了众多信息）。这是因为边缘上的像素永远不会位于卷积核中心，而卷积核无法扩展到边缘以外。填充就是为了控制输出特征图的尺寸。因此，当卷积核尺寸不能很好地匹配输入图像矩阵时，需进行一定的填充。常用的两种填充策略如下。

- 零填充（zero padding）：在输入数据的周围添加一圈 0 元素，这样可以保证卷积核在滑动时不会超出输入数据的边缘。零填充可以保持特征图的尺寸与输入数据的尺寸一致，但会增加计算量。
- 边缘填充（edge padding）：在输入数据的边缘添加边缘像素，这些像素与输入数据最接近的真实像素具有相同的值。边缘填充可以保持特征图的尺寸与输入数据的尺寸一致，但不会增加计算量。

除此之外，还有以下特殊的填充方式。

- 有效填充（valid padding）：不进行填充，卷积核直接在输入数据上进行滑动，对不足卷积核尺寸的部分进行舍弃，只使用原始图像，不允许卷积核超出原始图像边缘。
- 相同填充（same padding）：在输入数据的周围添加足够的 0 元素，使卷积后的输出图像大小与输入图像大小相同。允许卷积核超出原始图像边缘，以保证输出维度与输入维度一致。

输入通道数指的是输入数据的通道数，也就是输入的二维信息数量。在 CNN 中，输入数据通常是多通道的图像，每个通道对应一种颜色通道。因此，对于彩色图，输入通道数为 3；对于灰度图，输入通道数为 1。每个卷积层的输入通道数都等于上一层的输出通道数，如果第一个卷积层的输入通道数为 3，那么其输出通道数将取决于过滤器的数量。输入通道数决定了 CNN 中每个卷积层的计算量，从而影响网络的复杂度和训练速度。

输出通道数是指每一层进行卷积运算后输出的特征图的数量。具体来说，每一层进行卷积运算后会生成多个特征图，每个特征图对应一个输出通道。这些特征图表示输入数据在不同通道上的特征，是完成图像分类、目标检测等任务的重要基础。输出通道数的选择对于网络的性能和复杂性有很大影响。如果输出通道数过多，可能会导致网络过于复杂，增大训练难度和过拟合的风险；如果输出通道数过少，则可能无法充分提取输入数据的特征，导致分类精度下降。因此，在设计 CNN 时，需要根据实际需求和数据特征合理选择输出通道数，以实现最佳的网络性能和效果。

二维图像进行卷积运算后的输出大小的计算公式为

$$(n+2p-f)/s+1$$

其中，n 表示输入大小；p 表示填充值；f 表示卷积核大小；s 表示卷积步长。

2. 池化层的作用

在 CNN 中，池化层的作用主要包括以下几点。

- 下采样（downsampling）：池化层对空间局部区域进行下采样，降低特征图维度，使下一层需要的参数数量和计算量减少，从而加快计算速度。
- 去除冗余信息和降维：通过下采样，池化层能够去除特征图中的冗余信息，降低特征图的维度和网络复杂度。
- 实现非线性：池化层可以引入非线性特性，使网络能够学习更复杂的特征表达。
- 增加平移不变性：池化层可以增加网络对输入数据的平移不变性，即当输入数据发生微小的平移时，池化层能够提取出相同或相似的特征。
- 扩大感受野：通过在不同通道上执行池化操作，可以扩大网络的感受野，使网络能够关注更大范围的特征信息。

总之，池化层在 CNN 中起着降低特征图维度、去除冗余信息和降维、实现非线性、增加平移不变性以及扩大感受野等作用。这些作用使池化层能够帮助网络更好地提取和理解输入数据的特征，提高网络的性能和泛化能力。如图 4-4 所示，要将一个 2×2 的区域池化成 1 像素，通常有两种池化方法——平均池化（average pooling）和最大池化（max pooling）。

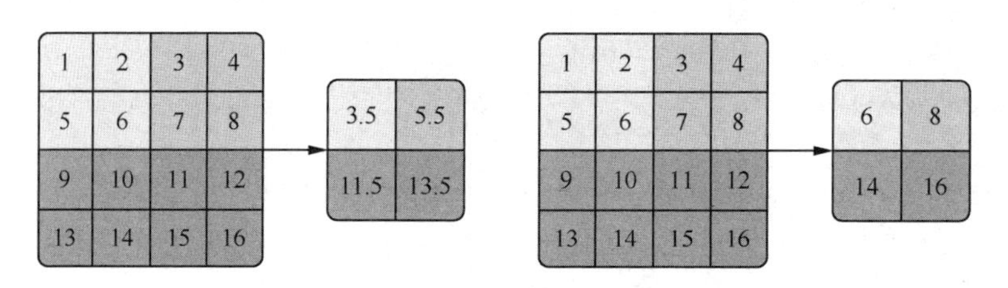

（a）平均池化　　（b）最大池化

▲图 4-4　两种池化方法

平均池化也称为均值池化，是一种常用的池化方法。它通过对局部区域内的所有值求平均，得到一个新的值。在 CNN 中，平均池化层通过将输入特征图分成若干个区域，并对每个区域内的像素值求平均，以每个区域的平均值作为输出的像素值，从而实现下采样和特征提取的作用。

最大池化也是一种常用的池化方法，其基本思想是在一个滑动窗口内选择像素值最大的一个或几个像素值作为输出。在 CNN 中，最大池化层通过将输入特征图分成若干个区域，并选择每个区域内的最大像素值作为输出像素值，从而实现下采样和特征提取的作用。

在 CNN 中用得比较多的池化核大小为 2×2，步长为 2。平均池化和最大池化都是 CNN 中常用的池化方法，它们在处理输入特征时采取了不同的策略。

平均池化通过计算局部区域内的像素平均值减小特征维度，能够有效降低噪声和减小异常值对输出结果的影响，提高网络的鲁棒性。然而，由于平均池化对所有像素值进行了等权重处理，因此可能会丢失一些重要的特征，尤其是在需要突出边缘和纹理特征的场景中，平均池化的效果可能会打折扣。

相比之下，最大池化则通过选择局部区域内的最大值降低特征值维度，这种方法能够保留特征图中的最大值信息，并去除其他较小值的影响，提高网络的非线性表示能力。最大池化有助于网络更好地提取边缘和纹理特征。同时，最大池化能够扩大网络的感受野，使网络能够关注更大范围的特征。然而，最大池化对噪声和异常值较敏感，如果局部区域内的最大值被噪声或异常值占据，可能会影响网络的性能。

在实际应用中最大池化能够提供更强的特征表达能力，因此在一些需要强调边缘和纹理特征的任务（如图像分类、目标检测等任务）中，最大池化更加常用。具体选择哪种池化方法还需根据实际需求和任务特点来决定。

3. 激活函数

激活函数在人工神经网络中起着非常重要的作用。它是在神经元的输入和输出之间应用的函数，负责将神经元的输入映射到输出。激活函数的主要作用是引入非线性特性，使神经网络能够更好地学习与理解复杂和非线性的函数。

常见的激活函数包括 Sigmoid 函数、ReLU 函数、tanh 函数等。这些激活函数各有特点，可根据任务和数据类型选择使用。在神经网络发展的早期，Sigmoid 函数和 Tanh 函数用得比较多，而目前用得较多的激活函数是 ReLU。这是因为 Sigmoid 函数和 tanh 函数在反向传播过程中，具有软饱和性，一旦落入饱和区，梯度就会接近 0，容易造成梯度消失。

Sigmoid 函数的定义为 $\mathrm{Sigmoid}(x)=\dfrac{1}{1+\mathrm{e}^{-x}}$，其图形如图 4-5 所示。

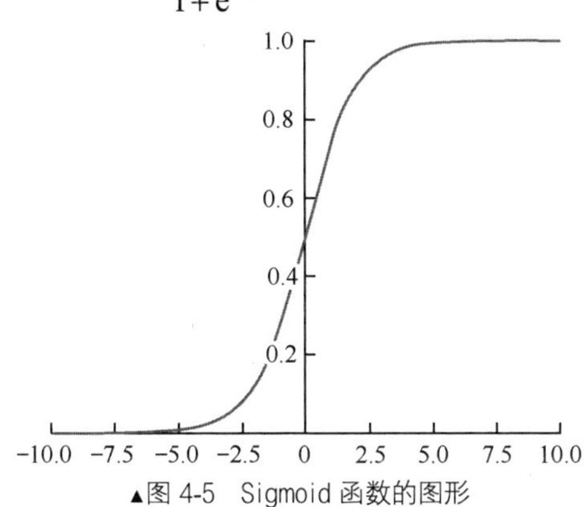

▲图 4-5　Sigmoid 函数的图形

tanh 函数的定义为 $\tanh(x)=\dfrac{\mathrm{e}^{x}-\mathrm{e}^{-x}}{\mathrm{e}^{x}+\mathrm{e}^{-x}}$，其图形如图 4-6 所示。

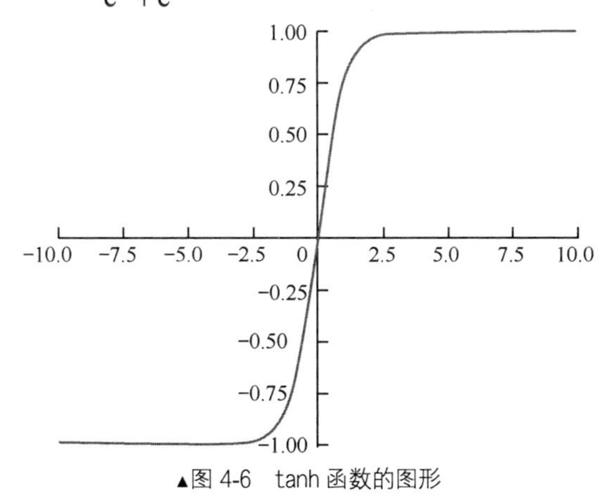

▲图 4-6　tanh 函数的图形

ReLU 函数的定义为 $\mathrm{ReLU}(x)=\max(x,0)$，其图形如图 4-7 所示。

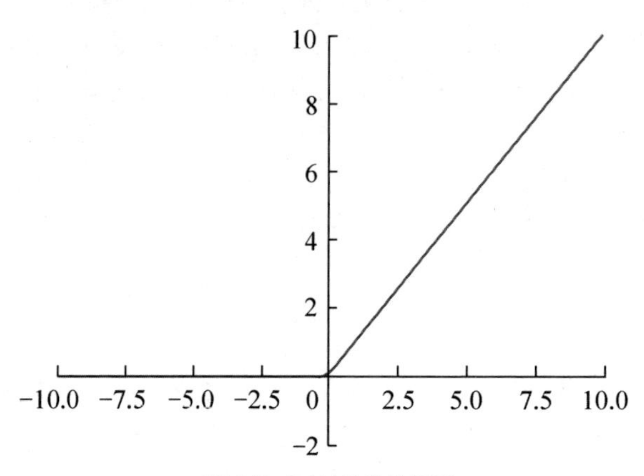

▲图 4-7　ReLU 函数的图形

从图 4-7 可以看出，当输入 $x \geqslant 0$ 时，ReLU 函数的导数为常数，这样可有效缓解梯度消失问题。ReLU 函数不涉及幂运算，实现也更加简单。但是当 $x<0$ 时，ReLU 函数的梯度总为 0，某些神经元可能永远不会被激活，导致相应参数永远不会被更新。另外，还有更多激活函数，如 LReLU、PReLU、ELU、Swish 等。

在神经网络里，经过反向传播之后，梯度衰减到接近 0 的现象就是所谓的**梯度消失现象**。

从图 4-5 所示的函数曲线可以看出，当 x 为较大的正数的时候，Sigmoid 函数值非常接近 1，函数曲线变得很平滑，在这些区域 Sigmoid 函数的导数接近 0。当 x 为较小的负数时，Sigmoid 函数值也非常接近 0，函数曲线也很平滑，在这些区域 Sigmoid 函数的导数也接近 0。只有当 x 的取值在 0 附近时，Sigmoid 函数的导数才比较大。最开始是将神经网络的参数随机初始化的，x 的取值很有可能很大或者很小，这都可能造成 Sigmoid 函数的导数接近 0，导致 x 的梯度接近 0。

ReLU 函数则不同，虽然在 $x<0$ 的地方，ReLU 函数的导数为 0，但是在 $x \geqslant 0$ 的地方，ReLU 函数的导数为 1，能够将 y 的梯度完整传递给 x，而不会引起梯度消失。

4. BN

BN 是由谷歌于 2015 年提出的，已被广泛应用在深度学习中，其目的是对神经网络中间层的输出进行标准化处理，使中间层的输出更加稳定。

在神经网络的训练过程中，由于数据分布的变化，每一层的输入分布都在不断变化。这可能导致训练过程中出现梯度消失或梯度爆炸问题，影响模型的收敛速度和性能。BN 的主要思想是对每一层的输入数据进行归一化处理，处理后的样本数据集满足均值为 0、方差为 1 的统计分布，从而稳定每一层的输入分布。输入数据的分布比较固定有利于算法的稳定和收敛。

BN 能够使神经网络中间层的输出变得更加稳定，其优点如下。

- 加速网络模型的收敛：BN 可以降低初始化对网络性能的影响，降低模型对权重初始化参数的敏感度，从而加速网络模型的收敛速度。
- 提高鲁棒性：通过 BN，神经网络对超参数的敏感度会降低，具有更强的鲁棒性。这使在训练过程中，神经网络的性能更加稳定，不易受到超参数调整的影响。
- 简化模型设计：使用 BN 可以省去丢弃层和 L2 正则项等参数，简化模型的设计和训练过程。同时，BN 通过分批进行归一化，彻底打乱训练数据，有助于提高网络性能。

- 提高泛化能力：BN 通过稳定每一层的输入分布，提高模型的泛化能力。这有助于减少模型在训练数据集上的过拟合现象，优化模型在新数据上的表现。

BN 的主要思路是在训练时以小批量（mini-batch）为单位，对神经元的数值进行归一化，使数据的分布满足均值为 0、方差为 1。具体计算过程如下。

（1）计算小批量内样本的均值。

$$\mu=\frac{1}{m}\sum_{i=1}^{m}x^{(i)}$$

其中，$x^{(i)}$表示小批量中的第 i 个样本。

（2）计算小批量内样本的方差。

$$\sigma^2=\frac{1}{m}\sum_{i=1}^{m}(x^{(i)}-\mu)^2$$

（3）计算标准化之后的输出。

$$\hat{x}^{(i)}=\frac{x^{(i)}-\mu}{\sqrt{(\sigma^2+\varepsilon)}}$$

其中，ε 是一个微小值（例如 1×10^{-7}），其主要作用是防止分母为 0。

如果强行限制输出层的分布是标准化的，可能会导致某些特征模式的丢失，所以在标准化之后，BN 会紧接着对数据做缩放和平移。

$$y_i=\gamma\hat{x}_i+\beta$$

其中，γ 和 β 是可学习的参数，可以为 γ 和 β 赋初始值，即 γ=1，β=0，在训练过程中会不断学习和调整它们的值。

5. 丢弃法

丢弃（dropout）法是深度学习中一种常用的正则化方法，用于防止神经网络在训练时产生过拟合现象。在训练过程中，该方法会随机丢弃一部分神经元的输出，使模型对输入数据具有更好的鲁棒性。它通过随机删除一些连接以及对应的激活函数，减弱每个神经元之间的依赖关系，增强模型的泛化能力。丢弃法常用于 CNN、RNN 以及全连接神经网络等类型的网络，并已被成功地应用于图像分类、自然语言处理和语音识别等任务。

图 4-8（a）所示为普通的神经网络，图 4-8（b）所示为使用丢弃法的神经网络。使用丢弃法之后，丢弃法处理会将标注了⊗的神经元从网络结构中删除，让它们不再向后面的层传递信号。在学习过程中，丢弃哪些神经元是随机决定的，因此模型不会过度依赖某些神经元，可以在一定程度上抑制过拟合现象的产生。

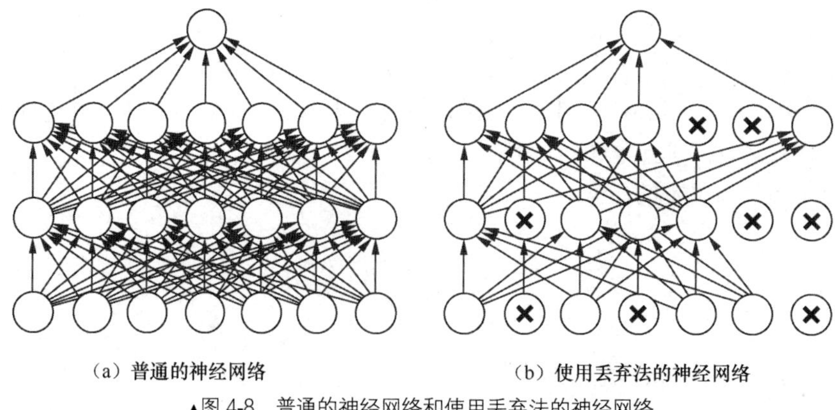

▲图 4-8　普通的神经网络和使用丢弃法的神经网络

4.2 任务 1：基于龙芯平台部署 VGG 16

4.2.1 任务描述

基于龙芯平台使用 TensorFlow 框架部署 VGG 16 预训练模型，完成图像分类任务。

4.2.2 技术准备

VGGNet 是由牛津大学视觉几何小组（Visual Geometry Group）提出的一种深度卷积网络结构。它在 2014 年的 ILSVRC（ImageNet Large Scale Visual Recognition Challenge，ImageNet 大规模图像识别挑战赛）分类任务中获得了亚军，并且以低于 10%的错误率成为首批将图像分类的错误率降低到这一水平的模型。

VGGNet 探索了 CNN 的深度与性能之间的关系，成功地构筑了 16～19 层的 CNN，证明了增加网络的深度能够在一定程度上影响网络的最终性能，使错误率大幅降低。同时其可扩展性很强，迁移到其他图片数据上的泛化性也非常好。到目前为止，VGG 仍然被用来提取图像特征。图 4-9 展示了 VGG 16 网络结构。

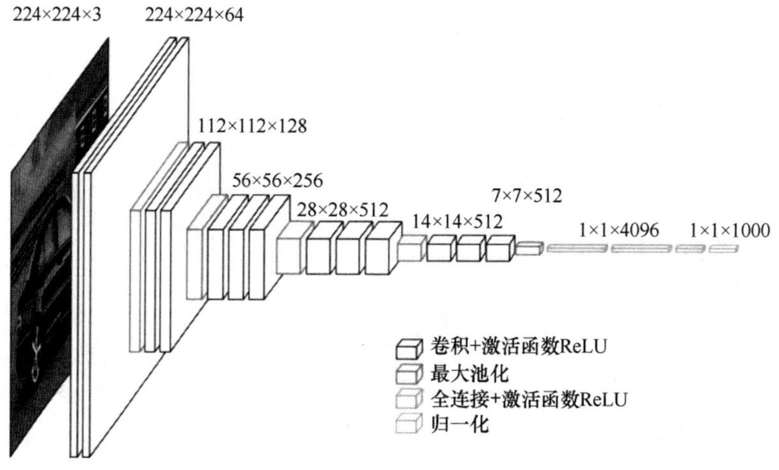

▲图 4-9　VGG 16 网络结构

VGGNet 一共有 6 种不同的网络结构，如图 4-10 所示。每种网络结构略有不同，但都遵循类似的架构原则，即由 5 个卷积层、3 个全连接层组成，其中的区别在于每个卷积层的子层数量不同，从 A 至 E，子层数量从 1 增加到 4，总的网络深度从 11 依次增加到 19（图 4-10 中的粗体表示新增的层）。

网络结构					
A	A-LRN	B	C	D	E
11个 权重层	11个 权重层	13个 权重层	16个 权重层	16个 权重层	19个 权重层
输入（224×224 RGB图像）					
conv3-64	conv3-64 **LRN**	conv3-64 **conv3-64**	conv3-64 conv3-64	conv3-64 conv3-64	conv3-64 conv3-64
最大池化					
conv3-128	conv3-128	conv3-128 **conv3-128**	conv3-128 conv3-128	conv3-128 conv3-128	conv3-128 conv3-128
最大池化					
conv3-256 conv3-256	conv3-256 conv3-256	conv3-256 conv3-256	conv3-256 conv3-256 **conv1-256**	conv3-256 conv3-256 **conv3-256**	conv3-256 conv3-256 conv3-256 **conv3-256**
最大池化					
conv3-512 conv3-512	conv3-512 conv3-512	conv3-512 conv3-512	conv3-512 conv3-512 **conv1-512**	conv3-512 conv3-512 **conv3-512**	conv3-512 conv3-512 conv3-512 **conv3-512**
最大池化					
conv3-512 conv3-512	conv3-512 conv3-512	conv3-512 conv3-512	conv3-512 conv3-512 **conv1-512**	conv3-512 conv3-512 **conv3-512**	conv3-512 conv3-512 conv3-512 **conv3-512**
最大池化					
FC-4096					
FC-4096					
FC-1000					
Softmax					

▲图 4-10　VGG 模型的 6 种结构

图 4-10 中的卷积层参数表示为“conv（感受野大小）-通道数”，例如，conv3-128 表示使用 3×3 的卷积核，通道数为 128。为简洁起见，在图 4-10 中不显示 ReLU 激活函数。其中，网络结构 D 和 E 分别为 VGG 16 和 VGG 19。

以 VGG 16 为例，介绍各层的处理过程。

（1）输入 224×224×3 的图片，经 64 个 3×3 的卷积核做两次卷积和一次 ReLU 操作，卷积后图片的尺寸则变为 224×224×64。

（2）做最大池化操作（效果为图像宽和高均减半），池化核大小为 2×2，池化后图片的尺寸变为 112×112×64。

（3）经 128 个 3×3 的卷积核做两次卷积和一次 ReLU 操作，图片的尺寸变为 112×112×128。

（4）做池化核大小为 2×2 的最大池化操作，图片的尺寸变为 56×56×128。

（5）经 256 个 3×3 的卷积核做 3 次卷积和一次 ReLU 操作，图片的尺寸变为 56×56×256。

（6）做池化核大小为 2×2 的最大池化操作，图片的尺寸变为 28×28×256。

（7）经 512 个 3×3 的卷积核做 3 次卷积和一次 ReLU 操作，图片的尺寸变为 28×28×512。

（8）做池化核大小为 2×2 的最大池化操作，图片的尺寸变为 14×14×512。

（9）经 512 个 3×3 的卷积核做 3 次卷积和一次 ReLU 操作，图片的尺寸变为 14×14×512。

（10）做池化核大小为 2×2 的最大池化操作，图片的尺寸变为 7×7×512。

（11）与两层 1×1×4096 以及一层 1×1×1000 进行全连接（Full Connection，FC）与 ReLU（共 3 层）。

（12）通过 Softmax 操作，输出 1000 个预测结果。

VGG 模型具有以下特点。

- **结构简单**：VGG 模型的结构相对简单，由多个卷积层、池化层和全连接层组成，层与层之间使用最大池化进行分离，所有隐藏层的激活单元都采用 ReLU 函数。
- **小卷积核和多卷积子层**：VGG 模型使用有多个较小卷积核（通常其大小是 3×3）的卷积层代替一个有较大卷积核的卷积层。这种方式可以减少参数数量，同时增加非线性映射，从而提高模型的拟合、表达能力。VGG 的作者认为两个 3×3 的卷积核堆叠获取的感受野大小相当于一个 5×5 的卷积核获取的，而 3 个 3×3 卷积核的堆叠获取的感受野相当于一个 7×7 的卷积核获取的。
- **小池化核**：相对于 AlexNet 的 3×3 的池化核，VGG 全部采用 2×2 的池化核。小池化核（如 2×2 的池化核）相对于大池化核（如 3×3 的池化核）可以将更大的数据集转化为更小的数据集，对每个数据最多访问两遍，从而极大地提升了算法的效率。另外，小池化核还能更好地描述边缘、纹理等构成语义的细节信息，带来更大的局部信息差异。
- **通道数多**：VGG 网络第一层的通道数为 64，后面每层的通道数都进行了翻倍，最多有 512 个通道，通道数的增加使更多的信息可以提取出来。
- **控制计算量的规模**：卷积操作专注于扩大通道数，池化操作专注于缩小图像的宽度和高度，因此与层数增加的时候，模型可以控制计算量的规模。

4.2.3　任务实施

1. VGG 16 模型的定义

VGG 16 模型的定义如图 4-11 所示。

```
# Block 1
x = Conv2D(64, (3, 3), activation='relu', padding='same', name='block1_conv1')(img_input)
x = Conv2D(64, (3, 3), activation='relu', padding='same', name='block1_conv2')(x)
x = MaxPooling2D((2, 2), strides=(2, 2), name='block1_pool')(x)

# Block 2
x = Conv2D(128, (3, 3), activation='relu', padding='same', name='block2_conv1')(x)
x = Conv2D(128, (3, 3), activation='relu', padding='same', name='block2_conv2')(x)
x = MaxPooling2D((2, 2), strides=(2, 2), name='block2_pool')(x)

# Block 3
x = Conv2D(256, (3, 3), activation='relu', padding='same', name='block3_conv1')(x)
x = Conv2D(256, (3, 3), activation='relu', padding='same', name='block3_conv2')(x)
x = Conv2D(256, (3, 3), activation='relu', padding='same', name='block3_conv3')(x)
x = MaxPooling2D((2, 2), strides=(2, 2), name='block3_pool')(x)

# Block 4
x = Conv2D(512, (3, 3), activation='relu', padding='same', name='block4_conv1')(x)
x = Conv2D(512, (3, 3), activation='relu', padding='same', name='block4_conv2')(x)
x = Conv2D(512, (3, 3), activation='relu', padding='same', name='block4_conv3')(x)
x = MaxPooling2D((2, 2), strides=(2, 2), name='block4_pool')(x)

# Block 5
x = Conv2D(512, (3, 3), activation='relu', padding='same', name='block5_conv1')(x)
x = Conv2D(512, (3, 3), activation='relu', padding='same', name='block5_conv2')(x)
x = Conv2D(512, (3, 3), activation='relu', padding='same', name='block5_conv3')(x)
x = MaxPooling2D((2, 2), strides=(2, 2), name='block5_pool')(x)

if require_flatten:
    # Classification block
    x = Flatten(name='flatten')(x)
    x = Dense(4096, activation='relu', name='fc1')(x)
    x = Dense(4096, activation='relu', name='fc2')(x)
    x = Dense(classes, activation='softmax', name='predictions')(x)
else:
    if pooling == 'avg':
        x = GlobalAveragePooling2D()(x)
    elif pooling == 'max':
        x = GlobalMaxPooling2D()(x)
```

▲图 4-11　VGG 16 模型的定义

Flatten（扁平化）接口的实现在 keras.layers.core.Flatten()类中。Flatten 接口用来将输入“压扁”，即把多维的输入一维化，常用在从卷积层到全连接层的过渡中。Flatten 操作不影响批次的大小。

具体而言，Flatten 操作先将一个维度大于或等于 3 的高维矩阵“压扁”为一个二维矩阵，即保留第一个维度（如批次的个数），然后将剩余维度的值相乘作为“压扁”矩阵的第二个维度。例如，若输入是(none, 32, 32, 3)，则输出是(none, 3072)。

2. 配置与参数

使用 TensorFlow 框架进行 VGG 16 模型推理部署的 Keras 配置如下。

```
Keras config: ~/.keras/keras.json
{
    "floatx": "float32",
    "epsilon": 1e-07,
    "backend": "TensorFlow",
    "image_data_format": "channels_last"
}
```

配置的参数如下。

- require_flatten：指定是否包括网络顶部的 3 个全连接层。
- weights：None，表示随机初始化。
- imagenet：ImageNet 中的预训练模型。
- input_tensor：可选的 Keras 张量用作模型的图像输入。
- input_shape：(224, 224, 3)，其数据格式为 channels_last，或(3, 224, 244)，其数据格式为 channels_first。
- pooling：平均池化（average pooling）或最大池化（max pooling）。
- WEIGHTS_PATH = 'https://github.com/fchollet/deep-learning-models/releases/download/v0.1/vgg16_weights_tf_dim_ordering_tf_kernels.h5'。
- WEIGHTS_PATH_NO_TOP = 'https://github.com/fchollet/deep-learning-models/releases/download/v0.1/vgg16_weights_tf_dim_ordering_tf_kernels_notop.h5'。

3. 推理流程

使用 TensorFlow 框架进行 VGG 16 模型推理，具体代码如下。

```
model = VGG16(require_flatten=True, weights='imagenet')
        # 模型定义见上文
        # 创建模型
        model = Model(inputs, x, name='vgg16')
        # 加载权重文件
        model.load_weights(weights_path)
predict_result(model, 'cat02.jpg')
        # 加载图像
        img = image.load_img(img_path, target_size=(224, 224))
        # 将图片转换为数组
        x = image.img_to_array(img)
        # 为图像增加一个维度，这个维度代表的是图像批次大小，也就是图像的幅数
        x = np.expand_dims(x, axis=0)
        # 预处理图像，使图像的格式符合模型所需的格式
        x = preprocess_input(x)
        # 输入测试数据，输出预测结果
        preds = model.predict(x)
```

```
    # 对已经得到的预测结果进行解读
    # 该函数返回一个类别列表，以及每个类别的预测概率
    label = decode_predictions(preds)[0][0][1]
```

4. 执行推理

在 Shell 终端运行 python 3 vgg16.py，VGG 16 模型的推理结果如图 4-12 所示。

▲图 4-12 VGG 16 模型的推理结果

4.3 任务 2：基于龙芯平台部署 ResNet 18

4.3.1 任务描述

基于龙芯平台使用 TensorFlow 框架部署 ResNet 18 模型。

4.3.2 技术准备

一般情况下，随着模型深度的增加，模型的学习能力会增强，错误率通常也会更低。但当深度到达一定程度时，模型运行的错误率反而会增加，这在深度学习中称为梯度消失和梯度膨胀现象。ResNet 作者提出的“残差结构”理论有效地解决了这个问题。

ResNet 是一种深度 CNN，由微软研究院的何恺明（Kaiming He）等人提出，他们通过 ResNet 单元成功训练出了 152 层的神经网络，并在 2015 年的 ILSVRC 中获得了冠军，top5 错误率为 3.57%，而且其参数数量比 VGGNet 的少，效果也非常突出。ResNet 的结构可以极快地加速神经网络的训练，其准确率也有比较大的提升。

ResNet 的主要思想是在网络中增加直连通道，即高速网络（highway network）。之前的网络结构（如 VGGNet）对性能输入做一个非线性变换，而高速网络则允许保留之前网络层的一定比例的输出。这样本层的神经网络不用学习整个网络的输出，而学习上一个网络输出的残差。ResNet 引入的残差网络结构可以把网络层堆叠得很深，并且最终的分类效果非常好。常规网络和残差网络的结构如图 4-13 所示。

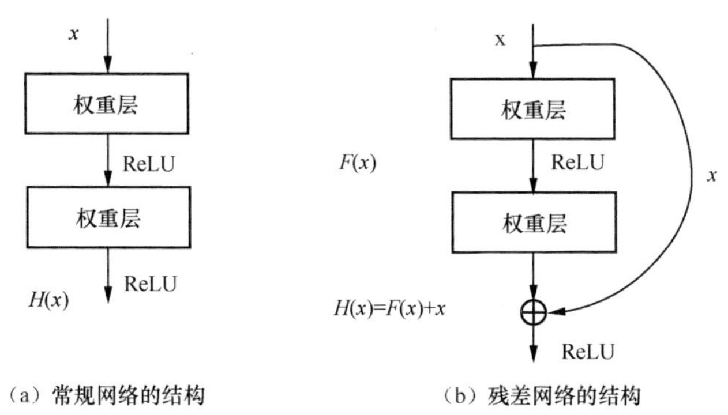

（a）常规网络的结构　　（b）残差网络的结构

▲图 4-13　常规网络和残差网络的结构

在残差网络中，刚开始输入的 x 按照常规的神经网络通过主分支进行权重叠加，通过激活函数处理后再次进行权重叠加，把输入的信号和此时的输出叠加，然后通过激活函数，而这条线一般称为短连接分支。ResNet 的详细结构可以参考官方文档，这里不做详细描述。

在 ResNet 结构中会用到两种残差模块，如图 4-14 所示。一种以两个 3×3 的卷积网络串接在一起作为一个残差模块；另一种以 1×1、3×3、1×1 的 3 个卷积网络串接在一起作为一个残差模块。

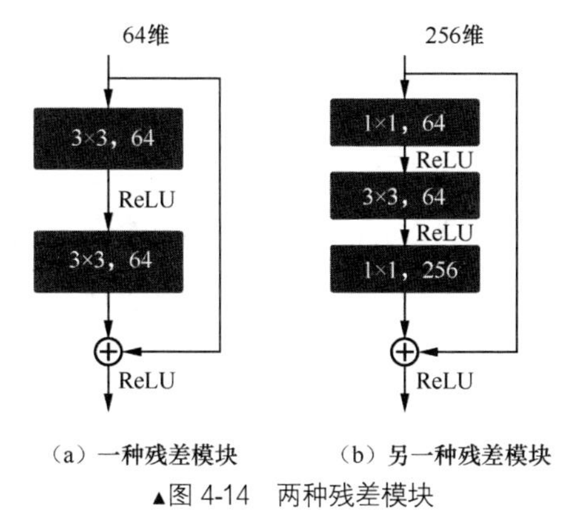

（a）一种残差模块　　（b）另一种残差模块

▲图 4-14　两种残差模块

ResNet 有不同的网络层数，比较常用的有 50、101、152，如图 4-15 所示。ResNet 是由上述的残差模块堆叠在一起实现的。

层名称	输出尺寸	18层	34层	50层	101层	152层
conv1	112×112	7×7，64，步长为2				
conv2.x	56×56	3×3最大池化，步长为2				
		$\begin{bmatrix}3\times3, 64\\3\times3, 64\end{bmatrix}\times2$	$\begin{bmatrix}3\times3, 64\\3\times3, 64\end{bmatrix}\times3$	$\begin{bmatrix}1\times1, 64\\3\times3, 64\\1\times1, 256\end{bmatrix}\times3$	$\begin{bmatrix}1\times1, 64\\3\times3, 64\\1\times1, 256\end{bmatrix}\times3$	$\begin{bmatrix}1\times1, 64\\3\times3, 64\\1\times1, 256\end{bmatrix}\times3$
conv3.x	28×28	$\begin{bmatrix}3\times3, 128\\3\times3, 128\end{bmatrix}\times2$	$\begin{bmatrix}3\times3, 128\\3\times3, 128\end{bmatrix}\times4$	$\begin{bmatrix}1\times1, 128\\3\times3, 128\\1\times1, 128\end{bmatrix}\times4$	$\begin{bmatrix}1\times1, 128\\3\times3, 128\\1\times1, 512\end{bmatrix}\times4$	$\begin{bmatrix}1\times1, 128\\3\times3, 128\\1\times1, 512\end{bmatrix}\times8$
conv4.x	14×14	$\begin{bmatrix}3\times3, 256\\3\times3, 256\end{bmatrix}\times2$	$\begin{bmatrix}3\times3, 256\\3\times3, 256\end{bmatrix}\times6$	$\begin{bmatrix}1\times1, 256\\3\times3, 256\\1\times1, 1024\end{bmatrix}\times6$	$\begin{bmatrix}1\times1, 256\\3\times3, 256\\1\times1, 1024\end{bmatrix}\times23$	$\begin{bmatrix}1\times1, 256\\3\times3, 256\\1\times1, 1024\end{bmatrix}\times36$
conv5.x	7×7	$\begin{bmatrix}3\times3, 512\\3\times3, 512\end{bmatrix}\times2$	$\begin{bmatrix}3\times3, 512\\3\times3, 512\end{bmatrix}\times3$	$\begin{bmatrix}1\times1, 512\\3\times3, 512\\1\times1, 2048\end{bmatrix}\times3$	$\begin{bmatrix}1\times1, 512\\3\times3, 512\\1\times1, 2048\end{bmatrix}\times3$	$\begin{bmatrix}1\times1, 512\\3\times3, 512\\1\times1, 2048\end{bmatrix}\times3$
	1×1	平均池化，1000维的全连接，Softmax				
每秒所执行的浮点运算次数		1.8×10^9	3.6×10^9	3.8×10^9	7.6×10^9	11.3×10^9

▲图 4-15　不同网络层数的 ResNet 的结构

图 4-16 所示为增加残差网络结构后的错误率对比。该图中的细线表示训练数据集上的错误率，粗线表示验证数据集上的错误率。其中左边对应未增加残差网络结构的普通网络 plain 18 和 plain 34，右边对应增加残差网络结构的 ResNet 18 和 ResNet 34。我们可以看出以下几点。

- 在残差网络中，退化问题得到了明显的缓解，而且随着网络层数的增加，ResNet 34 相对于 ResNet 18 的错误率更低。
- 相对于普通网络，如 plain 18 和 plain 34，残差网络有更小的错误率，这进一步说明了残差网络可以有效地提升分类的精度。

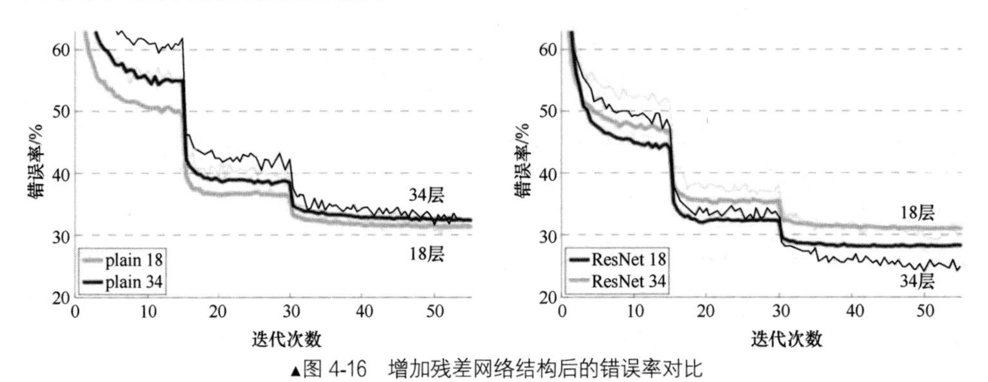

▲图 4-16　增加残差网络结构后的错误率对比

在 ResNet 结构中通常使用全局平均池化（Global Average Pooling，GAP）作为网络的最后一个卷积层后的池化操作。

全局平均池化是一种特殊的池化操作，其目的是对整个特征图的信息进行汇聚。常用的平均池化需设置池化核大小，如 2×2，而全局平均池化不需要设置特定的池化核大小，因为它直接对整个特征图进行平均池化。通过对每个通道的特征值进行平均，生成对应每个通道的汇聚特征值。最终得到的汇聚特征向量可以看作整个特征图的全局信息表示。

在 CNN 的初期，卷积层通过池化层（一般是最大池化）后总要接一个或多个全连接层。然而，全连接层存在参数过多的问题，会使模型变得非常“臃肿”，并大大降低训练速度，且容易出现过拟合现象。全局平均池化用于解决这个问题。通过全局平均池化，消除全连接层，使模型能够接收任意尺寸的图像。图 4-17 所示为全连接层与全局平均池化。

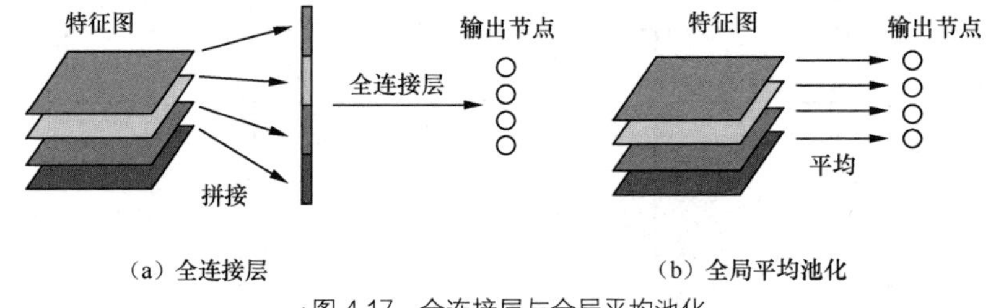

▲图 4-17　全连接层与全局平均池化

全局平均池化与全连接层的差异主要体现在以下几个方面。

- 计算方式：全局平均池化对整个特征图的信息进行汇聚，不设置特定的池化核大小，直接对整个特征图进行平均池化，而全连接层则将前一层的输出作为输入，通过权重和偏置计算得到输出。
- 参数数量：全连接层的参数数量较多，特别是对于大规模的输入和输出，需要大量的权重和偏置参数，参数数量过大，会降低训练的速度，且很容易发生过拟合现象，而全局平均池化不需要学习特征图的每个像素的权重，因此会减少参数数量，从而减少计算量，减少过拟合现象的发生。全局平均池化具有全局的感受野，使网络底层也能利用全局信息。

- 接收的输入图像的尺寸：全局平均池化可以接收任意尺寸的输入图像，因为它对整个特征图进行平均池化，而全连接层通常需要固定尺寸的输入图像，这可能需要使用其他技术来调整输入图像的尺寸。
- 特征表达能力：全局平均池化可以看作对特征图的全局信息进行表达，而全连接层可以学习更加抽象和高度提纯的特征。因此，全局平均池化和全连接层各有其独有的特征表达能力。

4.3.3 任务实施

要基于龙芯平台搭建 ResNet，首先，在 network.py 文件中定义残差模块，残差模块的具体代码如下。

```
class ResnetBlock(Model):
    def __init__(self, filters, strides=1, residual_path=False):
        super(ResnetBlock, self).__init__()
        self.filters = filters
        self.strides = strides
        self.residual_path = residual_path

        self.c1 = Conv2D(filters, (3, 3), strides=strides, padding='same', use_bias=
        False)
        self.b1 = BatchNormalization()
        self.a1 = Activation('relu')

        self.c2 = Conv2D(filters, (3, 3), strides=1, padding='same', use_bias=False)
        self.b2 = BatchNormalization()

        # residual_path 为 True 时，对输入进行下采样
        if residual_path:
            self.down_c1 = Conv2D(filters, (1, 1), strides=strides, padding='same',
            use_bias=False)
            self.down_b1 = BatchNormalization()

        self.a2 = Activation('relu')

    def call(self, inputs):
        residual = inputs  # residual 等于输入值本身，即 residual=x
        # 将输入通过卷积层、BN 层、激活函数层进行计算
        x = self.c1(inputs)
        x = self.b1(x)
        x = self.a1(x)

        x = self.c2(x)
        y = self.b2(x)

        if self.residual_path:
            residual = self.down_c1(inputs)
            residual = self.down_b1(residual)
        # 最后输出的是两个部分的和
        out = self.a2(y + residual)
        return out
```

接着，在 network.py 中定义 ResNet 18 的完整结构。具体代码如下。

```
class ResNet18(Model):
    def __init__(self, block_list, initial_filters=64,
                 input_shape=(32, 32, 3), num_classes=10):
        super(ResNet18, self).__init__()
        self.num_blocks = len(block_list)  # 共有几个块
```

```
        self.block_list = block_list
        self.out_filters = initial_filters
        self.c1 = Conv2D(self.out_filters, (3, 3), strides=1,
                         padding='same', use_bias=False,
                         input_shape=input_shape)
        self.b1 = BatchNormalization()
        self.a1 = Activation('relu')
        self.blocks = Sequential()
        # 构建 ResNet
        for block_id in range(len(block_list)):  # 第几个 ResNet 块
            for layer_id in range(block_list[block_id]):  # 第几个卷积层
                if block_id != 0 and layer_id == 0: # 对除第一个块以外的每个块的输入进行下采样
                    block = ResnetBlock(self.out_filters, strides=2, residual_path=True)
                else:
                    block = ResnetBlock(self.out_filters, residual_path=False)
                self.blocks.add(block)  # 将构建好的块加入 ResNet
            self.out_filters *= 2  # 下一个块的卷积核数是上一个块的 2 倍
        self.p1 = GlobalAveragePooling2D()
        self.f1 = Dense(num_classes, activation='softmax',
                        kernel_regularizer=regularizers.l2())

    def call(self, inputs):
        x = self.c1(inputs)
        x = self.b1(x)
        x = self.a1(x)
        x = self.blocks(x)
        x = self.p1(x)
        y = self.f1(x)
        return y
```

接下来，在 train.py 中实现对 ResNet 18 模型的训练。模型训练部分的代码如下。

```
import TensorFlow as tf
from network import ResNet18
import os

cifar10 = tf.keras.datasets.cifar10
(x_train, y_train), (x_test, y_test) = cifar10.load_data()
print('train_data_shape:', x_train.shape)

# 数据归一化
x_train, x_test = x_train / 255.0, x_test / 255.0
x_train = x_train.reshape(x_train.shape[0], 32, 32, 3)  # 给数据增加一个维度
print("x_train.shape", x_train.shape)

# 加载模型的定义
model = ResNet18([2, 2, 2, 2], input_shape=(32, 32, 3), num_classes=10)
# [2, 2, 2, 2]：每组卷积使用残差的次数

# 配置训练方法时，告知训练时使用的优化器、损失函数和准确率评测标准
model.compile(optimizer=tf.keras.optimizers.Adam(0.001),
              loss=tf.keras.losses.SparseCategoricalCrossentropy(from_logits=False),
              metrics=["sparse_categorical_accuracy"])

checkpoint_save_path = r"./model/ResNet.ckpt"
if os.path.exists(checkpoint_save_path + '.index'):
    print('-------------load the model-----------------')
    model.load_weights(checkpoint_save_path)
```

```
cp_callback = tf.keras.callbacks.ModelCheckpoint(filepath=checkpoint_save_path,
                                                 save_weights_only=True,
                                                 save_best_only=False,
                                                 save_freq='epoch')
# 执行训练过程
model.fit(x_train, y_train,
          batch_size=32,
          epochs=10,
          validation_data=(x_test, y_test),
          validation_freq=1,
          callbacks=[cp_callback])
```

接下来，在 predict.py 中实现对 ResNet 18 模型的推理。模型推理部分的代码如下。

```
import cv2 as cv
import numpy as np
from PIL import ImageFont, ImageDraw, Image
from network import ResNet18
import TensorFlow as tf

font_path = 'simsun.ttc'
font=ImageFont.truetype(font_path, 30)

# 绘制中文字符
def putText(img, text, org, color=(0, 0, 255, 0), font_size=30):
    font.size = font_size
    img_pil = Image.fromarray(img)
    draw = ImageDraw.Draw(img_pil)
    draw.text(org, text, fill=color, font=font)
    img = np.array(img_pil)
    return img

def loadModel(checkpointSavePath=r"./model/ResNet.ckpt"):
    model = ResNet18([2, 2, 2, 2], input_shape=(32, 32, 3), num_classes=10)
    model.build(input_shape=(1, 32, 32, 3))
    model.load_weights(checkpointSavePath)
    return model

def do_predict(model, image:np.ndarray):
    image = image / 255.0
    image = image.reshape(1, 32, 32, 3)
    result = model.predict(image)[0]
    lable_index = np.argmax(result)
    return lable_index

def test_01():
    model = loadModel()
    cifar10_lable = ['飞机', '汽车', '小鸟', '猫', '长颈鹿', '狗', '青蛙', '马', '轮船',
    '卡车']
    cifar10 = tf.keras.datasets.cifar10
    (x_train, y_train), (x_test, y_test) = cifar10.load_data()
    x_test_img = x_test[:20]
    x_test_p = x_test[:20] / 255.0
    y_pred = model.predict(x_test_p)
    acc = 0
    i = 0
    for y_ in y_pred:
        img = x_test_img[i].reshape(32, 32, 3)
        img = cv.cvtColor(img, cv.COLOR_RGB2BGR)
        img_resize = cv.resize(img, None, fx=4, fy=4,
        interpolation=cv.INTER_LINEAR)
        img_resize = putText(img_resize, cifar10_lable[np.argmax(y_)], (32 * 1.5, 32 * 2))
```

```
        cv.imshow('predict', img_resize)
        cv.waitKey(2000)
        if np.argmax(y_) == y_test[i]:
            acc += 1
        i += 1
    print('在测试上的表现精度: {}'.format(acc / i))

if __name__ == '__main__':
    test_01()
```

ResNet 18 模型的推理结果如图 4-18 所示。

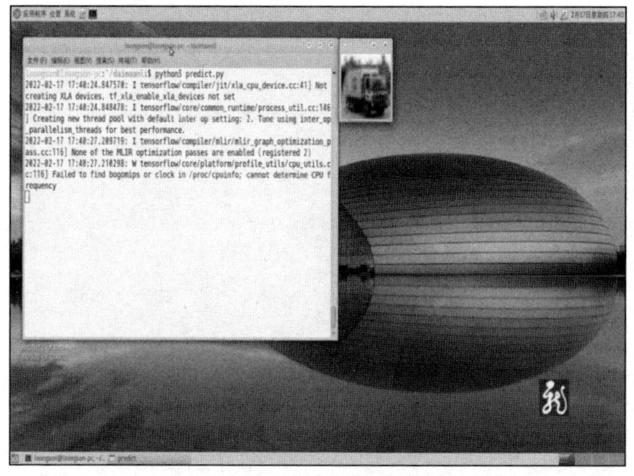

▲图 4-18 ResNet 18 模型的推理结果

4.4 任务 3：基于龙芯平台部署 Inception v3

4.4.1 任务描述

基于龙芯平台使用 TensorFlow 部署 Inception v3 预训练模型，完成图像分类任务。

4.4.2 技术准备

1. Inception 模型的引入

VGG 等网络主要有两个不足之处。第一，容易发生过拟合现象。当网络的深度和宽度不断增加时，需要学习的参数也会不断增加，而大量的参数容易导致过拟合现象的发生。第二，当网络数目不断增加时，计算量也会不断增加，从而导致训练速度降低。

弥补上述不足的方法是引入稀疏特性，将全连接层转换成稀疏连接。相关文献指出：如果数据集的概率分布能够被大型且非常稀疏的深度神经网络描述，那么通过分析前面层中激活值的相关统计特性，并对输出高度相关的神经元进行聚类，便可逐层构建出最优的网络拓扑结构。这也说明一个“臃肿”的网络可以在不损失性能的情况下简化。

Inception 模型的主要思想是使用一个密集成分来近似或者代替最优的局部稀疏结构。Inception 模型采用大量的 1×1 的卷积核，其作用主要体现在以下几个方面。

- 变换维度（降维和升维）。1×1 的卷积核可以在不改变特征图的空间维度宽度（width）和高度（height）的情况下，改变其通道数。这对于减少模型的参数数量、计算量和内存占用量非常有用。如果输入的特征图的通道数大于输出的特征图的通道数，称为降维；反之，称为升维。

- 增加非线性特性。1×1 的卷积核可以在保持特征图尺度不变（即不损失分辨率）的前提下大幅增加非线性特性，把网络创建得很深。注意，一个滤波器在经过卷积操作后会得到一个特征图，不同的滤波器（具有不同的权重和偏置）经过卷积操作后会得到不同的特征图，从中可提取不同的特征，得到对应的定制化神经元。
- 跨通道交互。使用 1×1 的卷积核实现降维和升维的操作可以看作对输入特征图进行线性组合，从而实现跨通道交互。例如，在 3×3 并且有 64 个通道的卷积核后面添加一个 1×1 并且有 28 个通道的卷积核，就得到一个 3×3 并且有 28 个通道的卷积核，原来的 64 个通道可以理解为通过跨通道线性组合变成 28 个通道，这就是通道间的信息交互。
- 减少计算量。在某些情况下，引入 1×1 的卷积可以大大地减少参数，从而减少计算量。例如，现有输入层大小为 28×28×192、卷积核为 5×5×32 的等长卷积。在不引入 1×1 的卷积的情况下，计算量为 28×28×192×5×5×32=120 422 400 次。在引入 1×1×16 的等长卷积操作的情况下，计算量为 28×28×192×1×1×16+28×28×16×5×5×32=12 443 648 次。可以看出，对于相同的输入和输出，引入 1×1 的卷积后的计算量大约是不引入的十分之一，计算量明显减少。
- 实现与全连接层等价的效果。在某些深度学习模型（如 Fast R-CNN）中，1×1 的卷积核用于对每个位置的 n 个通道进行卷积，其本质就是对该位置上的 n 维向量进行全连接操作。这使 1×1 的卷积核可以在某些情况下替代全连接层，从而实现与全连接层等价的效果。

2. Inception 模型的结构

Inception 模型最初在 2014 年被提出，VGG 和 ResNet 模型关注的主要是网络深度，而 Inception 模型则从宽度方面着手，使用多个不同尺度的卷积核来提取不同尺度的特征，从而能够处理不同大小的输入图像，并提取更丰富和多样的特征。图 4-19 所示为 Inception 模型的初始版本。

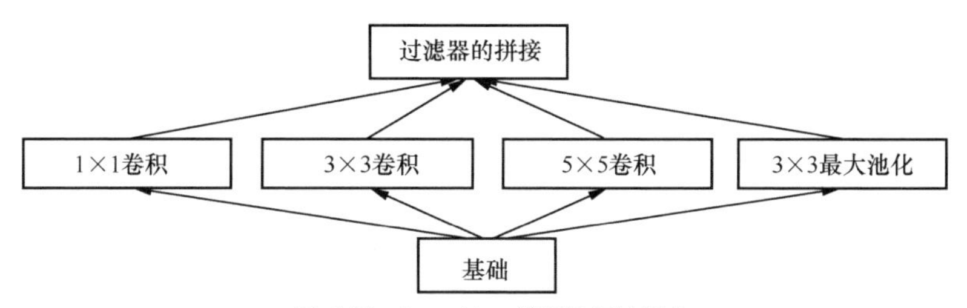

▲图 4-19 Inception 模型的初始版本

在一般的网络中，卷积核大小是手动确定的，而 Inception 模型的核心思想是使用多尺寸卷积核观察输入数据，由计算机决定使用哪种尺寸的卷积核。Inception 模型的主要思路是在同一层上运行具有多个尺寸的滤波器，以增加网络的宽度并增强对尺度的适应性，同时减少计算量。这种思想使网络在增强特征表达能力的同时，减少了对计算资源的消耗。

Inception 模型通过不同大小的卷积核对输入进行卷积操作，并结合最大池化来提取不同尺度的特征。所有子层的输出最后都会被级联起来，并传递给下一个 Inception 模型。这种设计使网络能够同时捕捉到不同尺度的信息，提高网络的特征表达能力。

为了进一步减少计算量，Inception 模型通过在部分卷积层之前添加 1×1 的卷积层限制输入通道的数量，这可以在减少计算量的同时保持特征的表达能力。此外，Inception 模型还采用了 BN 和梯度裁剪（gradient clipping）等技术来稳定训练过程。

随着时间的推移，Inception 模型经过不断改进和优化，依次经历了 v1、v2、v3、v4 等版本。

1）Inception v1

Inception v1 也称为 GooLeNet，是谷歌研究员在 2014 年提出的一种深度 CNN 模型。Inception v1

模型的设计初衷是解决深度神经网络中的参数过多和计算复杂度高等问题。

Inception v1 的核心思想是通过稀疏连接减少参数数量，同时保持网络的高性能。它采用了一种被称为“Inception 模块”的结构，该结构将不同大小（如 1×1、3×3、5×5）的卷积核和池化操作（如 3×3 的最大池化）结合在一起，形成一个并行处理的结构。这种设计可以增加网络的宽度并提高对不同尺度输入的适应性。

在 Inception 模块中，每个分支都会处理输入的特征图，并生成一个输出特征图。这些输出特征图在模块的末尾拼接在一起，形成一个多通道的输出。通过这种方式，Inception v1 能够提取输入数据的多种不同特征，从而提高网络的性能。

此外，Inception v1 还采用 1×1 的卷积核来进行特征图的降维和升维，并对不同通道的特征图进行组合。这种做法不仅可以减少参数数量，还可以增强网络的非线性特性。Inception v1 的主要结构如图 4-20 所示。

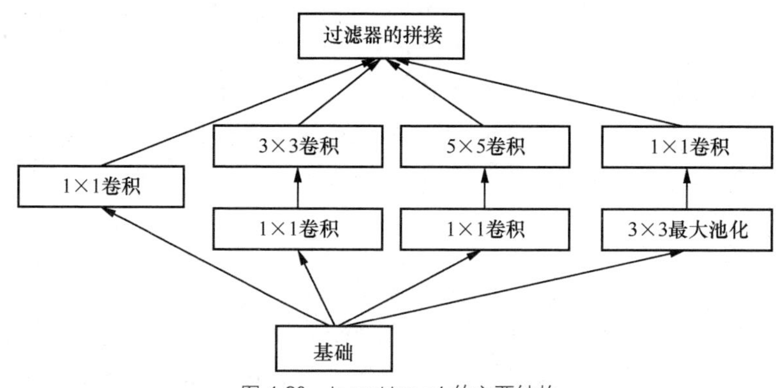

▲图 4-20　Inception v1 的主要结构

2）Inception v2

Inception v2 是 Inception v1 的改进版，主要用于解决深度神经网络中的瓶颈问题和梯度消失问题。与 Inception v1 相比，Inception v2 在结构和设计上进行了多方面的优化与改进。

首先，Inception v2 采用了多尺度卷积和分支结构，通过多尺度卷积和分支结构可以提取不同尺度的特征，增强模型的适应性和鲁棒性。同时，Inception v2 还引入了 BN 技术，通过规范化每一层的输出，减少内部协变量偏移（internal covariate shift）问题，从而加速网络训练过程中的收敛。

其次，Inception v2 在模型训练中使用了高级的正则化技术，如标签平滑（label smoothing）和对丢弃层的改进。这些技术可以有效地防止过拟合，提高模型的泛化能力。

此外，Inception v2 还采用了更深的网络结构，通过增加网络深度提高模型的性能。同时，它还对卷积核进行了分解，将较大的卷积核分解成多个较小的卷积核，以减少参数数量和降低计算复杂度。例如，用两个 3×3 的卷积替换一个 5×5 的卷积，使卷积参数大大减少：同时，对于 3×3 的卷积，提出非对称卷积操作，即将 3×3 卷积转换为 1×3 和 3×1 两个卷积的叠加，这可以使参数数量进一步减少，并且在保持模型性能的同时，加速计算过程。

下面主要介绍 Inception v2 的 3 种网络层结构。

Inception Module A 是 Inception 系列中的一个模块，用两个 3×3 的卷积核代替 5×5 的大卷积核，这样在保持相同感受野的同时减少参数，加强非线性表达能力，提升速度。

Inception Module A 旨在解决传统 CNN 中参数过多和计算复杂度高的问题。该模块采用一种多路径的结构，每个路径包含不同大小的卷积核，以捕捉不同尺度的特征。此外，该模块还引入了 1×1 的卷积核来进行特征的降维和升维，以及将不同路径的特征进行拼接，从而增加网络的宽度和深度，提高网络的性能。Inception Module A 如图 4-21 所示。

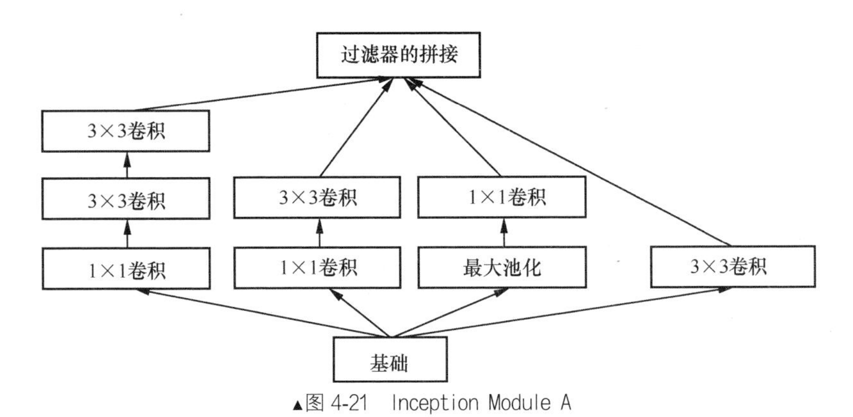

▲图 4-21　Inception Module A

Inception Module B 的主要改进在于引入了非对称卷积的因子分解的思想，用两个 $1\times n$ 和 $n\times 1$ 的卷积核替换一个较大的 $n\times n$ 卷积核，这种分解方式的好处是可以在保持相同感受野的同时，减少参数数量和降低计算复杂度，从而提高运算速度，减少过拟合现象，并且给模型增加了一层非线性结构，提升了模型的表达能力，让模型可以处理更丰富的空间特征，增强了特征的多样性。

经过实验发现，在网络的前期使用这种分解方式效果不明显，在中等大小的特征图上使用这种分解方式效果最好。Inception Module B 如图 4-22 所示。

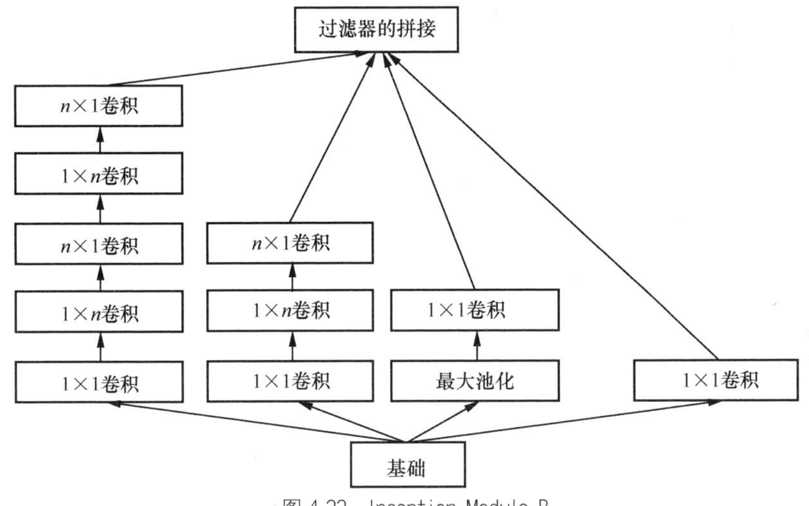

▲图 4-22　Inception Module B

在 Inception Module C 中，扩展滤波器组，以降低代表性瓶颈。降低代表性瓶颈的思路是，当卷积不会大幅改变输入尺寸时，神经网络的性能会更好；降低维度会造成信息大量损失。如果模块变得更深，模型尺寸将会过度缩小，从而导致信息的丢失，Inception Module C 比较适用于高维特征。Inception Module C 如图 4-23 所示。

3）Inception v3

Inception v3 在 Inception v2 的基础上进行了多方面（包括网络结构、优化算法和标签平滑化等）的改进，进一步提高了模型的分类性能和泛化能力。

Inception v3 的网络结构采用了多尺度卷积和深度可分离卷积等技术。具体来说，Inception v3 的网络结构主要包括主干网络和分类网络。主干网络负责提取图像的高级特征，而分类网络则负责对这些特征进行分类。主干网络采用多尺度卷积，可以同时捕捉不同尺度下的图像特征，从而增强网络对不同尺度特征的感知能力。深度可分离卷积操作将卷积分为深度卷积、可分离卷积和宽度卷积。深度卷积用于提取图像的深度特征，可分离卷积用于提取图像的空间特征，而宽度卷积则用于调整网络的宽度。这种设计使模型的计算复杂度大大降低，同时保持较高的识别性能。

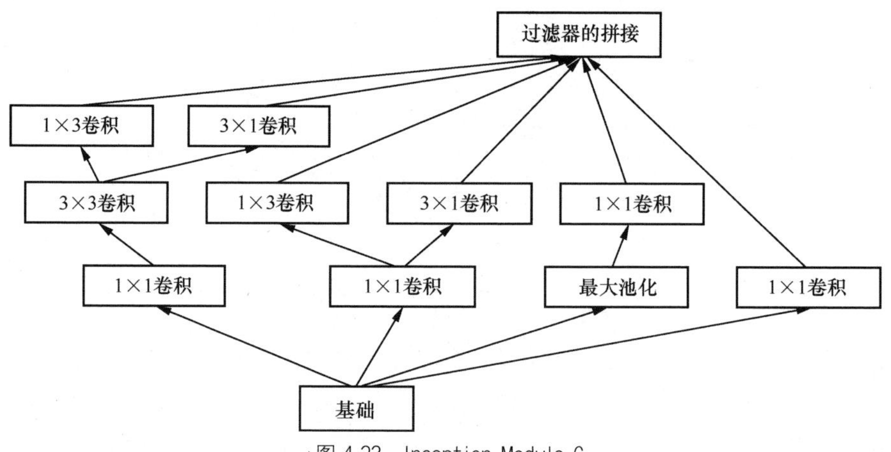

▲图 4-23 Inception Module C

Inception v3 还采用先进的训练策略，如采用 RMSProp（Root Mean Square Propagation，均方根传播）优化算法代替传统的 SGD（Stochastic Gradient Descent，随机梯度下降）算法，并使用标签平滑化技术。RMSProp 算法通过引入累积项，使每个参数都有一个合适的学习率，从而加速模型收敛。标签平滑化技术通过在损失函数中引入一个小的扰动项，使模型在训练过程中不再过于依赖硬标签，从而提高模型的泛化能力。这些策略有助于加速模型收敛，提高模型的泛化能力，并减少过拟合现象的出现。

4）Inception v4

Inception v4 在 Inception 系列的基础上进行了进一步的优化和改进。Inception v4 采用 Inception 模块作为基本单元，并通过堆叠这些基本单元构建复杂的网络结构。所有的模块都遵循统一的设计原则，使整个网络结构更加统一和高效。

与之前的版本相比，Inception v4 具有更多的 Inception 模块，这使网络能够捕捉更丰富的图像特征，并提高模型的分类性能。受篇幅的限制，此处不详述 Inception v4，可参考相关的论文。

总之，Inception 通过增加网络的宽度提高性能，在每个 Inception 模块中，使用不同大小的卷积核，可以将它们理解成不同的感受野，然后将其聚集起来，丰富每层的信息。之后，使用 BN 算法（BN 在卷积之后，ReLU 之前）来加速网络的收敛。在 Inception v3 中，还使用卷积因子分解的思想，将大卷积核分解成小卷积核，减少参数数量，减小模型。在 Inception v4 中，使用统一的 Inception 模块，能创建更深的网络。

4.4.3 任务实施

定义 Inception v3 模型的具体代码如下。

```
def InceptionV3(require_flatten=True,
                weights='imagenet',
                input_tensor=None,
                input_shape=None,
                pooling=None,
                classes=1000):
    if weights not in {'imagenet', None}:
        raise ValueError('The `weights` argument should be either '
                         '`None` (random initialization) or `imagenet` '
                         '(pre-training on ImageNet).')
```

```
if weights == 'imagenet' and require_flatten and classes != 1000:
    raise ValueError('If using `weights` as imagenet with `require_flatten`'
                     ' as true, `classes` should be 1000')

# 确定合适的输入形状
input_shape = obtain_input_shape(
    input_shape,
    default_size=299,
    min_size=139,
    data_format=K.image_data_format(),
    require_flatten=require_flatten)

if input_tensor is None:
    img_input = Input(shape=input_shape)
else:
    img_input = Input(tensor=input_tensor, shape=input_shape)

if K.image_data_format() == 'channels_first':
    channel_axis = 1
else:
    channel_axis = 3

x = conv2d_bn(img_input, 32, 3, 3, strides=(2, 2), padding='valid')
x = conv2d_bn(x, 32, 3, 3, padding='valid')
x = conv2d_bn(x, 64, 3, 3)
x = MaxPooling2D((3, 3), strides=(2, 2))(x)

x = conv2d_bn(x, 80, 1, 1, padding='valid')
x = conv2d_bn(x, 192, 3, 3, padding='valid')
x = MaxPooling2D((3, 3), strides=(2, 2))(x)

# mixed0: 35 × 35 × 256
branch1x1 = conv2d_bn(x, 64, 1, 1)

branch5x5 = conv2d_bn(x, 48, 1, 1)
branch5x5 = conv2d_bn(branch5x5, 64, 5, 5)

branch3x3dbl = conv2d_bn(x, 64, 1, 1)
branch3x3dbl = conv2d_bn(branch3x3dbl, 96, 3, 3)
branch3x3dbl = conv2d_bn(branch3x3dbl, 96, 3, 3)
branch_pool = AveragePooling2D((3, 3), strides=(1, 1), padding='same')(x)
branch_pool = conv2d_bn(branch_pool, 32, 1, 1)
x = layers.concatenate(
    [branch1x1, branch5x5, branch3x3dbl, branch_pool],
    axis=channel_axis,
    name='mixed0')

# mixed1: 35 × 35 × 256
branch1x1 = conv2d_bn(x, 64, 1, 1)

branch5x5 = conv2d_bn(x, 48, 1, 1)
branch5x5 = conv2d_bn(branch5x5, 64, 5, 5)

branch3x3dbl = conv2d_bn(x, 64, 1, 1)
branch3x3dbl = conv2d_bn(branch3x3dbl, 96, 3, 3)
branch3x3dbl = conv2d_bn(branch3x3dbl, 96, 3, 3)

branch_pool = AveragePooling2D((3, 3), strides=(1, 1), padding='same')(x)
branch_pool = conv2d_bn(branch_pool, 64, 1, 1)
x = layers.concatenate(
    [branch1x1, branch5x5, branch3x3dbl, branch_pool],
    axis=channel_axis,
    name='mixed1')
```

```
    # mixed2: 35 × 35 × 256
    branch1x1 = conv2d_bn(x, 64, 1, 1)

    branch5x5 = conv2d_bn(x, 48, 1, 1)
    branch5x5 = conv2d_bn(branch5x5, 64, 5, 5)

    branch3x3dbl = conv2d_bn(x, 64, 1, 1)
    branch3x3dbl = conv2d_bn(branch3x3dbl, 96, 3, 3)
    branch3x3dbl = conv2d_bn(branch3x3dbl, 96, 3, 3)

    branch_pool = AveragePooling2D((3, 3), strides=(1, 1), padding='same')(x)
    branch_pool = conv2d_bn(branch_pool, 64, 1, 1)
    x = layers.concatenate(
        [branch1x1, branch5x5, branch3x3dbl, branch_pool],
        axis=channel_axis,
        name='mixed2')

    # mixed3: 17 × 17 × 768
    branch3x3 = conv2d_bn(x, 384, 3, 3, strides=(2, 2), padding='valid')

    branch3x3dbl = conv2d_bn(x, 64, 1, 1)
    branch3x3dbl = conv2d_bn(branch3x3dbl, 96, 3, 3)
    branch3x3dbl = conv2d_bn(
        branch3x3dbl, 96, 3, 3, strides=(2, 2), padding='valid')
    branch_pool = MaxPooling2D((3, 3), strides=(2, 2))(x)
    x = layers.concatenate(
        [branch3x3, branch3x3dbl, branch_pool], axis=channel_axis, name='mixed3')

    # mixed4: 17 × 17 × 768
    branch1x1 = conv2d_bn(x, 192, 1, 1)

    branch7x7 = conv2d_bn(x, 128, 1, 1)
    branch7x7 = conv2d_bn(branch7x7, 128, 1, 7)
    branch7x7 = conv2d_bn(branch7x7, 192, 7, 1)

    branch7x7dbl = conv2d_bn(x, 128, 1, 1)
    branch7x7dbl = conv2d_bn(branch7x7dbl, 128, 7, 1)
    branch7x7dbl = conv2d_bn(branch7x7dbl, 128, 1, 7)
    branch7x7dbl = conv2d_bn(branch7x7dbl, 128, 7, 1)
    branch7x7dbl = conv2d_bn(branch7x7dbl, 192, 1, 7)

    branch_pool = AveragePooling2D((3, 3), strides=(1, 1), padding='same')(x)
    branch_pool = conv2d_bn(branch_pool, 192, 1, 1)
    x = layers.concatenate(
        [branch1x1, branch7x7, branch7x7dbl, branch_pool],
        axis=channel_axis,
        name='mixed4')

    # mixed5,mixed6: 17 × 17 × 768
    for i in range(2):
        branch1x1 = conv2d_bn(x, 192, 1, 1)

        branch7x7 = conv2d_bn(x, 160, 1, 1)
        branch7x7 = conv2d_bn(branch7x7, 160, 1, 7)
        branch7x7 = conv2d_bn(branch7x7, 192, 7, 1)

        branch7x7dbl = conv2d_bn(x, 160, 1, 1)
        branch7x7dbl = conv2d_bn(branch7x7dbl, 160, 7, 1)
        branch7x7dbl = conv2d_bn(branch7x7dbl, 160, 1, 7)
        branch7x7dbl = conv2d_bn(branch7x7dbl, 160, 7, 1)
        branch7x7dbl = conv2d_bn(branch7x7dbl, 192, 1, 7)

        branch_pool = AveragePooling2D(
```

```
            (3, 3), strides=(1, 1), padding='same')(x)
        branch_pool = conv2d_bn(branch_pool, 192, 1, 1)
        x = layers.concatenate(
            [branch1x1, branch7x7, branch7x7dbl, branch_pool],
            axis=channel_axis,
            name='mixed' + str(5 + i))
    # mixed7: 17 × 17 × 768
    branch1x1 = conv2d_bn(x, 192, 1, 1)

    branch7x7 = conv2d_bn(x, 192, 1, 1)
    branch7x7 = conv2d_bn(branch7x7, 192, 1, 7)
    branch7x7 = conv2d_bn(branch7x7, 192, 7, 1)

    branch7x7dbl = conv2d_bn(x, 192, 1, 1)
    branch7x7dbl = conv2d_bn(branch7x7dbl, 192, 7, 1)
    branch7x7dbl = conv2d_bn(branch7x7dbl, 192, 1, 7)
    branch7x7dbl = conv2d_bn(branch7x7dbl, 192, 7, 1)
    branch7x7dbl = conv2d_bn(branch7x7dbl, 192, 1, 7)

    branch_pool = AveragePooling2D((3, 3), strides=(1, 1), padding='same')(x)
    branch_pool = conv2d_bn(branch_pool, 192, 1, 1)
    x = layers.concatenate(
        [branch1x1, branch7x7, branch7x7dbl, branch_pool],
        axis=channel_axis,
        name='mixed7')

    # mixed8: 8 × 8 × 1280
    branch3x3 = conv2d_bn(x, 192, 1, 1)
    branch3x3 = conv2d_bn(branch3x3, 320, 3, 3,
                          strides=(2, 2), padding='valid')

    branch7x7x3 = conv2d_bn(x, 192, 1, 1)
    branch7x7x3 = conv2d_bn(branch7x7x3, 192, 1, 7)
    branch7x7x3 = conv2d_bn(branch7x7x3, 192, 7, 1)
    branch7x7x3 = conv2d_bn(
        branch7x7x3, 192, 3, 3, strides=(2, 2), padding='valid')

    branch_pool = MaxPooling2D((3, 3), strides=(2, 2))(x)
    x = layers.concatenate(
        [branch3x3, branch7x7x3, branch_pool], axis=channel_axis, name='mixed8')
    # mixed9: 8 × 8 × 2048
    for i in range(2):
        branch1x1 = conv2d_bn(x, 320, 1, 1)

        branch3x3 = conv2d_bn(x, 384, 1, 1)
        branch3x3_1 = conv2d_bn(branch3x3, 384, 1, 3)
        branch3x3_2 = conv2d_bn(branch3x3, 384, 3, 1)
        branch3x3 = layers.concatenate(
            [branch3x3_1, branch3x3_2], axis=channel_axis, name='mixed9_' + str(i))

        branch3x3dbl = conv2d_bn(x, 448, 1, 1)
        branch3x3dbl = conv2d_bn(branch3x3dbl, 384, 3, 3)
        branch3x3dbl_1 = conv2d_bn(branch3x3dbl, 384, 1, 3)
        branch3x3dbl_2 = conv2d_bn(branch3x3dbl, 384, 3, 1)
        branch3x3dbl = layers.concatenate(
            [branch3x3dbl_1, branch3x3dbl_2], axis=channel_axis)

        branch_pool = AveragePooling2D(
            (3, 3), strides=(1, 1), padding='same')(x)
```

```
            branch_pool = conv2d_bn(branch_pool, 192, 1, 1)
            x = layers.concatenate(
                [branch1x1, branch3x3, branch3x3dbl, branch_pool],
                axis=channel_axis,
                name='mixed' + str(9 + i))
    if require_flatten:
        x = GlobalAveragePooling2D(name='avg_pool')(x)
        x = Dense(classes, activation='softmax', name='predictions')(x)
    else:
        if pooling == 'avg':
            x = GlobalAveragePooling2D()(x)
        elif pooling == 'max':
            x = GlobalMaxPooling2D()(x)

    if input_tensor is not None:
        inputs = get_source_inputs(input_tensor)
    else:
        inputs = img_input
    # 创建模型
    model = Model(inputs, x, name='inception_v3')
    # 加载权重文件
    if weights == 'imagenet':
        if K.image_data_format() == 'channels_first':
            if K.backend() == 'TensorFlow':
                warnings.warn('You are using the TensorFlow backend, yet you '
                              'are using the Theano '
                              'image data format convention '
                              '(`image_data_format="channels_first"`)'
                              'For best performance, set '
                              '`image_data_format="channels_last"` in '
                              'your Keras config '
                              'at ~/.keras/keras.json.')
        if require_flatten:
            weights_path = get_file(
                'inception_v3_weights_tf_dim_ordering_tf_kernels.h5',
                WEIGHTS_PATH,
                cache_subdir='models',
                md5_hash='9a0d58056eeedaa3f26cb7ebd46da564')
        else:
            weights_path = get_file(
                'inception_v3_weights_tf_dim_ordering_tf_kernels_notop.h5',
                WEIGHTS_PATH_NO_TOP,
                cache_subdir='models',
                md5_hash='bcbd6486424b2319ff4ef7d526e38f63')
        model.load_weights(weights_path)
        if K.backend() == 'theano':
            # convert_all_kernels_in_model(model)
            raise ValueError('NO convert_all_kernels_in_model in tf2.4 ')
    return model
```

使用 TensorFlow 框架进行 Inception v3 模型推理部署的配置如下。

```
Keras config: ~/.keras/keras.json
{
    "floatx": "float32",
    "epsilon": 1e-07,
    "backend": "TensorFlow",
    "image_data_format": "channels_last"
}
```

配置的参数如下。

- require_flatten：指定是否包括网络顶部的 3 个全连接层。

- Weights：None，表示随机初始化。
- imagenet：ImageNet 中的预训练模型。
- input_tensor：以可选的 Keras 张量作为模型的图像输入。
- input_shape：(299, 299, 3)，其数据格式为 channels_last，或(3, 299, 299)，其数据格式为 channels_first。
- pooling：平均池化或最大池化。
- WEIGHTS_PATH = 'https://github.com/fchollet/deep-learning-models/releases/download/v0.5/inception_v3_weights_tf_dim_ordering_tf_kernels.h5'。
- WEIGHTS_PATH_NO_TOP = 'https://github.com/fchollet/deep-learning-models/releases/download/v0.5/inception_v3_weights_tf_dim_ordering_tf_kernels_notop.h5'。

使用 TensorFlow 框架进行 Inception v3 模型推理部署的代码如下。

```
model = InceptionV3(require_flatten=True, weights='imagenet')
        # 模型定义见上文
        # 创建模型
        model = Model(inputs, x, name='inception_v3')
        # 加载权重文件
        model.load_weights(weights_path)
predict_result(model, 'cat02.jpg')
        # 加载图像
        img = image.load_img(img_path, target_size=(299, 299))
        # 图片转换为数组
        x = image.img_to_array(img)
        # 为图像增加一个维度，这个维度代表的是图像批次大小，也就是图像的幅数
        x = np.expand_dims(x, axis=0)
        # 预处理图像，使图像的格式符合模型所需的格式
        x = preprocess_input(x)
        # 输入测试数据，输出预测结果
        preds = model.predict(x)
        # 对已经得到的预测结果进行解读
        # 该函数返回一个类别列表，以及每个类别的预测概率
        label = decode_predictions(preds)[0][0][1]
```

在 Shell 终端运行 python3 inception_v3.py，Inception v3 模型的推理结果如图 4-24 所示。

▲图 4-24 Inception v3 模型的推理结果

4.5 任务 4：基于龙芯平台部署 Xception

4.5.1 任务描述

基于龙芯平台使用 TensorFlow 部署 Xception 预训练模型，完成图像分类任务。

4.5.2 技术准备

1. Xception 模型简介

Xception 是谷歌继 Inception 后提出的对 Inception v3 的另一种改进模型。该模型的主要改进在于采用深度可分离卷积来替换 Inception v3 中的多尺度卷积操作。其结构的变形过程如下。

（1）在 Inception 中，特征可以通过 1×1 的卷积、3×3 的卷积、5×5 的卷积、池化等进行提取，Inception 结构将特征类型的选择留给网络，也就是先将一个输入同时传输给几种特征提取操作，然后一起做拼接操作。Inception v3 的结构如图 4-25 所示。

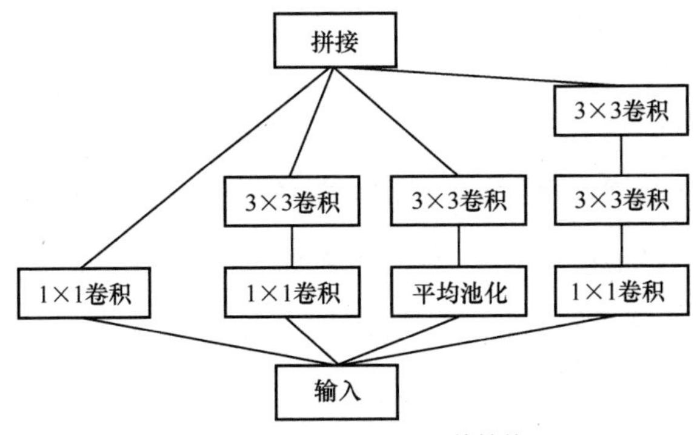

▲图 4-25 Inception v3 的结构

（2）对 Inception v3 进行简化，其简化结构如图 4-26 所示。去除 Inception v3 中的平均池化后，对输入的下一步操作就都是 1×1 的卷积。

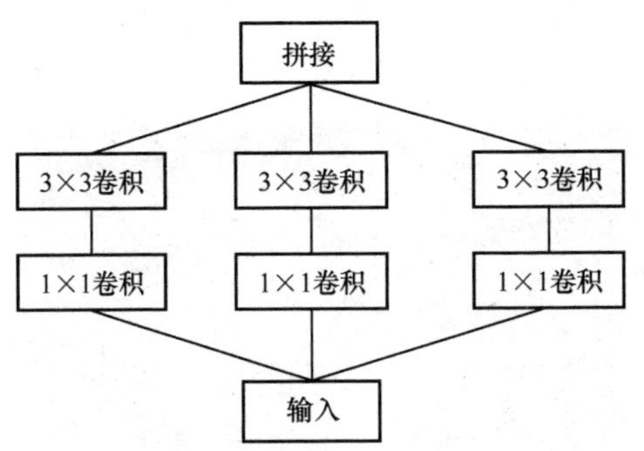

▲图 4-26 Inception v3 的简化结构

（3）提取 1×1 的卷积的公共部分，如图 4-27 所示。

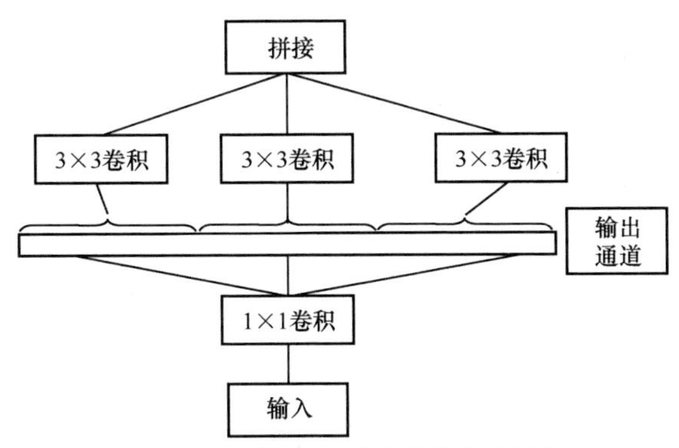

▲图 4-27　提取 1×1 的卷积的公共部分

（4）先进行普通卷积操作，再对进行 1×1 的卷积操作后的每个通道分别进行 3×3 的卷积操作（进一步增加 3×3 的卷积的分支的数量，使它与 1×1 的卷积的输出通道数相等），最后将结果拼接在一起。每个 3×3 的卷积作用于仅包含一个通道的特征图上，这种操作模块称为“极致的 Inception”模块，也就是 Xception 的基本模块，如图 4-28 所示。

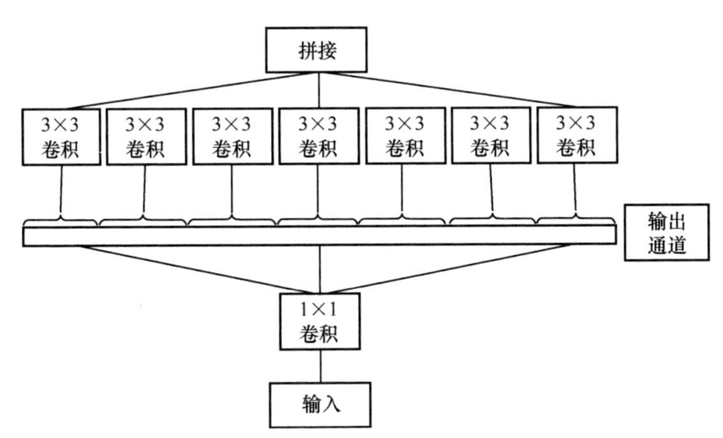

▲图 4-28　Xception 的基本模块

深度可分离卷积和极致的 Inception 的卷积顺序不一致：极致的 Inception 先进行 1×1 卷积，再进行 3×3 卷积；深度可分离卷积先进行 3×3 卷积，再进行 1×1 卷积。

经实验发现，在极致的 Inception 模块中，在用于学习空间相关性的 3×3 的卷积和用于学习通道间相关性的 1×1 的卷积之间，若不使用非线性激活函数，收敛过程更快、准确率更高。

2. Xception 网络的结构

Xception 网络的结构基于 ResNet，但将其中的卷积层换成极致的 Inception 模块，如图 4-29 所示。整个 Xception 的网络结构可以分为 3 个部分，即入口流程、中间流程和退出流程，共包含 14 个块，其中入口流程有 4 个块，中间流程有 8 个块，退出流程有两个块。

研究者们通过 TensorFlow 实现 Xception，利用 ImageNet 数据集进行模型训练测试，在单模型单裁剪的情况下，Xception 的准确率相对于 Inception v3、ResNet 152、VGG 16 的准确率有较明显的提升，如表 4-1 所示。

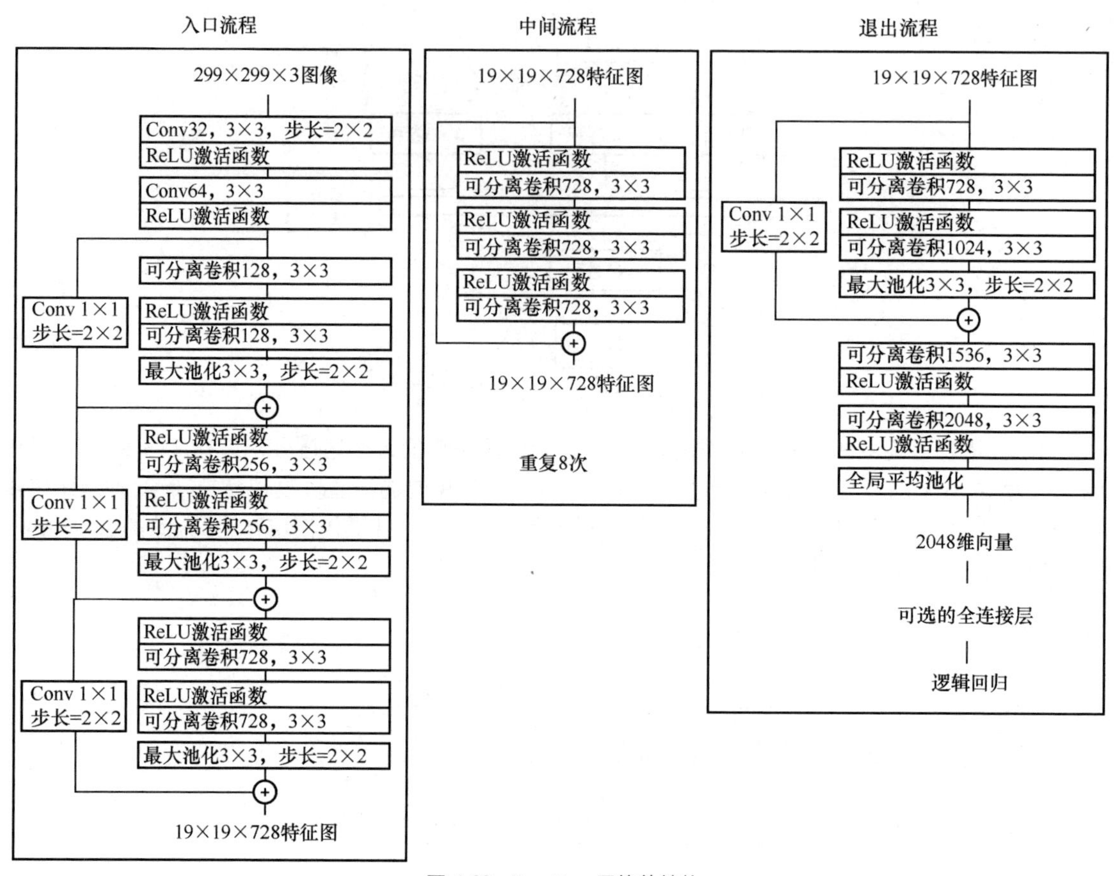

▲图 4-29　Xception 网络的结构

表 4-1　模型训练准确率对比

模型	Top1 准确率	Top5 准确率
VGG 16	0.715	0.901
ResNet 152	0.770	0.933
Inception v3	0.782	0.941
Xception	0.790	0.945

表格中的 Top1 准确率和 Top5 准确率是两种评估模型性能的指标。Top1 准确率是指预测输出的概率最高的类别与人工标注的类别相符的准确率。Top5 准确率则是考虑模型预测的前五个最可能的类别与人工标注的类别相符的准确率。

另外，和 Inception v3 相比，Xception 的参数数量有所减少，而训练时的迭代速度也没有明显变慢。另外，在 ImageNet 的训练过程中，Xception 在最终准确率更高的同时，收敛过程也比 Inception v3 的快。

在 Xception 中加入的类似 ResNet 的残差网络机制也显著加快了 Xception 的收敛过程并使其获得了更高的准确率。

4.5.3　任务实施

定义 Xception 模型的代码如下。

```
def Xception(require_flatten=True, weights='imagenet',
             input_tensor=None, input_shape=None,
             pooling=None,
             classes=1000):
    if weights not in {'imagenet', None}:
        raise ValueError('The `weights` argument should be either '
                         '`None` (random initialization) or `imagenet` '
                         '(pre-training on ImageNet).')

    if weights == 'imagenet' and require_flatten and classes != 1000:
        raise ValueError('If using `weights` as imagenet with `require_flatten`'
                         ' as true, `classes` should be 1000')

    if K.backend() != 'TensorFlow':
        raise RuntimeError('The Xception model is only available with '
                           'the TensorFlow backend.')
    if K.image_data_format() != 'channels_last':
        warnings.warn('The Xception model is only available for the '
                      'input data format "channels_last" '
                      '(width, height, channels). '
                      'However your settings specify the default '
                      'data format "channels_first" (channels, width, height). '
                      'You should set `image_data_format="channels_last"` in your Keras '
                      'config located at ~/.keras/keras.json. '
                      'The model being returned right now will expect inputs '
                      'to follow the "channels_last" data format.')
        K.set_image_data_format('channels_last')
        old_data_format = 'channels_first'
    else:
        old_data_format = None
    # 确定合适的输入形状
    input_shape = obtain_input_shape(input_shape,
                                      default_size=299,
                                      min_size=71,
                                      data_format=K.image_data_format(),
                                      require_flatten=require_flatten)

    if input_tensor is None:
        img_input = Input(shape=input_shape)
    else:
        if not K.is_keras_tensor(input_tensor):
            img_input = Input(tensor=input_tensor, shape=input_shape)
        else:
            img_input = input_tensor

    x = Conv2D(32, (3, 3), strides=(2, 2), use_bias=False, name='block1_conv1')(img_input)
    x = BatchNormalization(name='block1_conv1_bn')(x)
    x = Activation('relu', name='block1_conv1_act')(x)
    x = Conv2D(64, (3, 3), use_bias=False, name='block1_conv2')(x)
    x = BatchNormalization(name='block1_conv2_bn')(x)
    x = Activation('relu', name='block1_conv2_act')(x)

    residual = Conv2D(128, (1, 1), strides=(2, 2),
                      padding='same', use_bias=False)(x)
    residual = BatchNormalization()(residual)

    x = SeparableConv2D(128, (3, 3), padding='same', use_bias=False, name='block2_
    sepconv1')(x)
    x = BatchNormalization(name='block2_sepconv1_bn')(x)
    x = Activation('relu', name='block2_sepconv2_act')(x)
    x = SeparableConv2D(128, (3, 3), padding='same', use_bias=False, name='block2_
    sepconv2')(x)
```

```
x = BatchNormalization(name='block2_sepconv2_bn')(x)

x = MaxPooling2D((3, 3), strides=(2, 2), padding='same', name='block2_pool')(x)
x = layers.add([x, residual])

residual = Conv2D(256, (1, 1), strides=(2, 2),
                  padding='same', use_bias=False)(x)
residual = BatchNormalization()(residual)

x = Activation('relu', name='block3_sepconv1_act')(x)
x = SeparableConv2D(256, (3, 3), padding='same', use_bias=False, name='block3_
sepconv1')(x)
x = BatchNormalization(name='block3_sepconv1_bn')(x)
x = Activation('relu', name='block3_sepconv2_act')(x)
x = SeparableConv2D(256, (3, 3), padding='same', use_bias=False, name='block3_
sepconv2')(x)
x = BatchNormalization(name='block3_sepconv2_bn')(x)

x = MaxPooling2D((3, 3), strides=(2, 2), padding='same', name='block3_pool')(x)
x = layers.add([x, residual])
residual = Conv2D(728, (1, 1), strides=(2, 2),
                  padding='same', use_bias=False)(x)
residual = BatchNormalization()(residual)

x = Activation('relu', name='block4_sepconv1_act')(x)
x = SeparableConv2D(728, (3, 3), padding='same', use_bias=False, name='block4_
sepconv1')(x)
x = BatchNormalization(name='block4_sepconv1_bn')(x)
x = Activation('relu', name='block4_sepconv2_act')(x)
x = SeparableConv2D(728, (3, 3), padding='same', use_bias=False, name='block4_
sepconv2')(x)
x = BatchNormalization(name='block4_sepconv2_bn')(x)

x = MaxPooling2D((3, 3), strides=(2, 2), padding='same', name='block4_pool')(x)
x = layers.add([x, residual])

for i in range(8):
    residual = x
    prefix = 'block' + str(i + 5)

    x = Activation('relu', name=prefix + '_sepconv1_act')(x)
    x = SeparableConv2D(728, (3, 3), padding='same', use_bias=False, name=prefix
    + '_sepconv1')(x)
    x = BatchNormalization(name=prefix + '_sepconv1_bn')(x)
    x = Activation('relu', name=prefix + '_sepconv2_act')(x)
    x = SeparableConv2D(728, (3, 3), padding='same', use_bias=False, name=prefix
    + '_sepconv2')(x)
    x = BatchNormalization(name=prefix + '_sepconv2_bn')(x)
    x = Activation('relu', name=prefix + '_sepconv3_act')(x)
    x = SeparableConv2D(728, (3, 3), padding='same', use_bias=False, name=prefix
    + '_sepconv3')(x)
    x = BatchNormalization(name=prefix + '_sepconv3_bn')(x)

    x = layers.add([x, residual])

residual = Conv2D(1024, (1, 1), strides=(2, 2),
                  padding='same', use_bias=False)(x)
residual = BatchNormalization()(residual)

x = Activation('relu', name='block13_sepconv1_act')(x)
x = SeparableConv2D(728, (3, 3), padding='same', use_bias=False, name='block13_
sepconv1')(x)
x = BatchNormalization(name='block13_sepconv1_bn')(x)
```

```
    x = Activation('relu', name='block13_sepconv2_act')(x)
    x = SeparableConv2D(1024, (3, 3), padding='same', use_bias=False, name='block13_
    sepconv2')(x)
    x = BatchNormalization(name='block13_sepconv2_bn')(x)

    x = MaxPooling2D((3, 3), strides=(2, 2), padding='same', name='block13_pool')(x)
    x = layers.add([x, residual])

    x = SeparableConv2D(1536, (3, 3), padding='same', use_bias=False, name='block14_
    sepconv1')(x)
    x = BatchNormalization(name='block14_sepconv1_bn')(x)
    x = Activation('relu', name='block14_sepconv1_act')(x)

    x = SeparableConv2D(2048, (3, 3), padding='same', use_bias=False, name='block14_
    sepconv2')(x)
    x = BatchNormalization(name='block14_sepconv2_bn')(x)
    x = Activation('relu', name='block14_sepconv2_act')(x)
    if require_flatten:
        x = GlobalAveragePooling2D(name='avg_pool')(x)
        x = Dense(classes, activation='softmax', name='predictions')(x)
    else:
        if pooling == 'avg':
            x = GlobalAveragePooling2D()(x)
        elif pooling == 'max':
            x = GlobalMaxPooling2D()(x)

    if input_tensor is not None:
        inputs = get_source_inputs(input_tensor)
    else:
        inputs = img_input
    # 创建模型
    model = Model(inputs, x, name='xception')
    # 加载权重文件
    if weights == 'imagenet':
        if require_flatten:
            weights_path = get_file('xception_weights_tf_dim_ordering_tf_kernels.h5',
                                    TF_WEIGHTS_PATH,
                                    cache_subdir='models')
        else:
            weights_path = get_file('xception_weights_tf_dim_ordering_tf_kernels_notop.h5',
                                    TF_WEIGHTS_PATH_NO_TOP,
                                    cache_subdir='models')
        model.load_weights(weights_path)

    if old_data_format:
        K.set_image_data_format(old_data_format)
    return model
```

使用 TensorFlow 框架进行 Xception 模型推理部署的配置如下。

```
Keras config: ~/.keras/keras.json
{
    "floatx": "float32",
    "epsilon": 1e-07,
    "backend": "TensorFlow",
    "image_data_format": "channels_last"
}
```

配置的参数如下。

- require_flatten：指定是否包括网络顶部的 3 个全连接层。
- weights：None，表示随机初始化。
- imagenet：ImageNet 中的预训练模型。

- input_tensor：以可选的 Keras 张量作为模型的图像输入。
- input_shape：(299, 299, 3)，其数据格式为 channels_last，或(3, 299, 299)，其数据格式为 channels_first。
- pooling：平均池化或最大池化。
- TF_WEIGHTS_PATH = 'https://github.com/fchollet/deep-learning-models/releases/download/v0.4/xception_weights_tf_dim_ordering_tf_kernels.h5'。
- TF_WEIGHTS_PATH_NO_TOP = 'https://github.com/fchollet/deep-learning-models/releases/download/v0.4/xception_weights_tf_dim_ordering_tf_kernels_notop.h5'。

使用 TensorFlow 框架进行 Xception 模型推理部署的代码如下。

```
model = Xception(require_flatten=True, weights='imagenet')
        # 模型定义见上文
        # 创建模型
        model = Model(inputs, x, name='xception')
        # 加载权重文件
        model.load_weights(weights_path)
predict_result(model, 'cat02.jpg')
        # 加载图像
        img = image.load_img(img_path, target_size=(299, 299))
        # 将图片转换为数组
        x = image.img_to_array(img)
        # 为图像增加一个维度，这个维度代表的是图像批次大小，也就是图像的幅数
        x = np.expand_dims(x, axis=0)
        # 预处理图像，使图像的格式符合模型所需的格式
        x = preprocess_input(x)
        # 输入测试数据，输出预测结果
        preds = model.predict(x)
        # 对已经得到的预测结果进行解读
        # 该函数返回一个类别列表，以及每个类别的预测概率
        label = decode_predictions(preds)[0][0][1]
```

在 Shell 终端运行 python3 xception.py，Xception 模型的推理结果如图 4-30 所示。

▲图 4-30　Xception 模型的推理结果

4.6 任务 5：基于龙芯平台部署 MobileNet

4.6.1 任务描述

基于龙芯平台使用 TensorFlow 部署 MobileNet 预训练模型，完成图像分类任务。

4.6.2 技术准备

深度学习网络模型在图像处理中的应用效果越来越好，其占用的内存越来越多，结构越来越复杂，预测和训练需要的硬件资源也逐步增多，如表 4-2 所示。往往只能在高算力的服务器中运行深度学习网络模型，而在移动设备上受硬件资源和算力的限制，很难在移动设备上运行复杂的深度学习网络模型。

表 4-2 运行深度学习网络模型需要的资源

模型	模型内存/MB	参数/百万个	计算量/百万次
AlexNet	大于 200	60	720
VGG 16	大于 500	138	15300
Inception v3	90～100	23.2	5000

网络优化加速方法主要包含设计轻量级神经网络、网络模型压缩“剪枝”、其他的一些量化加速方法。

轻量级神经网络是一种在资源受限情况下执行深度学习任务的神经网络模型。它们旨在减少模型的参数数量和降低计算复杂度，同时保持足够的性能，以满足特定应用场景的需求。当前轻量级神经网络很多。下面主要介绍 3 种——SqueezeNet、ShuffleNet 和 MobileNet。

1. SqueezeNet

SqueezeNet 在 ImageNet 上实现了和 AlexNet 相同的准确率，但只使用了 1/50 的参数。SqueezeNet 的思路比较简单，其核心结构 FireModule 的组合形式主要包含压缩和扩展层，其中压缩层通过 1×1 的卷积核减少输入通道的数量；而在扩展层中，对通过 1×1 和 3×3 的卷积运算得到的特征图进行拼接。

2. ShuffleNet

ShuffleNet 与 MobileNet 一样，是专为计算能力非常有限的移动设备设计的。其设计理念是在保持精度的同时，通过降低计算成本提高模型的效率。

ShuffleNet 的核心采用了逐点分组卷积（pointwise group convolution）和通道重排。这在保持精度的同时大大降低了模型的计算量。

逐点分组卷积其实融合了 1×1 的逐点卷积（pointwise convolution）和分组卷积（group convolution），即逐点分组卷积=逐点卷积+分组卷积。

通道重排可以对分组卷积之后的特征图进行重组，保证采用的分组卷积的输入来自不同的组，因此信息可以在不同组之间流转。

ShuffleNet 的基本单元是在一个残差单元的基础上改进而成的。它将密集的 1×1 的卷积替换成 1×1 的分组卷积，并在第一个 1×1 的卷积后面增加了一个通道重排操作。另外，3×3 卷积后面没有增加通道重排。

3. MobileNet

为了处理移动和嵌入式视觉任务，谷歌提出了 MobileNet 模型。MobileNet 利用深度可分离卷积建立轻量级深度神经网络，同时引入了两个超参数，通过它们可以根据任务的条件约束，自由选择模型的尺度，在速度和精度两方面实现很好的均衡。实验证明，作为轻量级深度网络，MobileNet 可以应用于各种识别任务，以提高智能设备的效率。

MobileNet 的基本组件是深度可分离卷积，在其实际应用中会加入 BN。那么，什么时候用 BN 呢？例如，在神经网络训练时，若遇到收敛速度很慢或遇到梯度“爆炸”等无法训练的状况，可以尝试使用 BN 来解决。另外，在一般使用 MobileNet 的情况下也可以加入 BN 来加快训练速度，提高模型精度。BN 主要通过微小批对相应的激活函数做规范化操作，使结果（输出信号各个维度）的均值为 0，方差为 1。

MobileNet 网络的信息如表 4-3 所示。

表 4-3　　MobileNet 网络的信息

类型/步长	过滤器的形状	输入大小
卷积/s2	3×3×32×32	224×224×3
深度卷积/s1	3×3×32 深度卷积	112×112×32
卷积/s1	1×1×32×64	112×112×32
深度卷积/s2	3×3×64 深度卷积	112×112×64
卷积/s1	1×1×64×128	56×56×64
深度卷积/s1	3×3×128 深度卷积	56×56×128
卷积/s1	1×1×128×128	56×56×128
深度卷积/s2	3×3×128 深度卷积	56×56×128
卷积/s1	1×1×128×256	28×28×128
深度卷积/s1	3×3×256 深度卷积	28×28×256
卷积/s1	1×1×256×256	28×28×256
深度卷积/s2	3×3×256 深度卷积	28×28×256
卷积/s1	1×1×256×512	14×14×256
5× 深度卷积 / s1 卷积 / s1	3×3×512 深度卷积 1×1×512×512	14×14×512 14×14×512
深度卷积/s2	3×3×512 深度卷积	14×14×512
卷积/s1	1×1×512×1024	7×7×512
深度卷积/s1	3×3×1024 深度卷积	7×7×1024
卷积/s1	1×1×1024×1024	7×7×1024
平均池化/s1	池化 7×7	7×7×1024
全连接/s1	1024×1000	1×1×1024
Softmax/s1	分类器	1×1×1000

在 MobileNet 中，首先是一个 3×3 的标准卷积，紧接着就是深度可分离卷积，并且可以看到其中的部分深度卷积会通过以 2 为步长进行下采样。然后采用平均池化将 feature 变成 1×1，根据预测类别大小加上全连接层，最后是一个归一化（softmax）层。如果单独计算深度卷积和逐点卷积，

整个网络有 28 层（这里平均池化和归一化不计算在内）。

MobileNet 网络的乘加运算的占比和参数的占比如表 4-4 所示。从表中可以看出 MobileNet 将约 95%的计算时间用于约有 75%的参数的 1×1 的卷积。

表 4-4　　MobileNet 网络的乘加运算的占比和参数的占比

操作类型	乘加运算的占比/%	参数的占比/%
1×1 的卷积	94.86	74.59
3×3 的深度可分离卷积	3.06	1.06
3×3 的卷积	1.19	0.02
全连接	0.18	24.33

4.6.3 任务实施

MobileNet 模型的定义如图 4-31 所示。

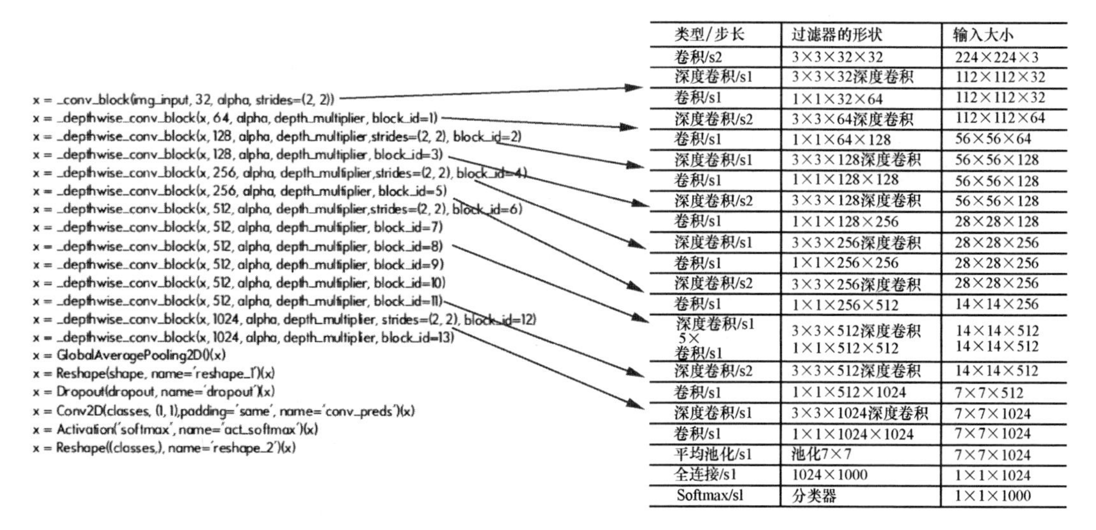

类型/步长	过滤器的形状	输入大小
卷积/s2	3×3×32×32	224×224×3
深度卷积/s1	3×3×32深度卷积	112×112×32
卷积/s1	1×1×32×64	112×112×32
深度卷积/s2	3×3×64深度卷积	112×112×64
卷积/s1	1×1×64×128	56×56×64
深度卷积/s1	3×3×128深度卷积	56×56×128
卷积/s1	1×1×128×128	56×56×128
深度卷积/s2	3×3×128深度卷积	56×56×128
卷积/s1	1×1×128×256	28×28×128
深度卷积/s1	3×3×256深度卷积	28×28×256
卷积/s1	1×1×256×256	28×28×256
深度卷积/s2	3×3×256深度卷积	28×28×256
卷积/s1	1×1×256×512	14×14×256
深度卷积/s1 5× 卷积/s1	3×3×512深度卷积 1×1×512×512	14×14×512 14×14×512
深度卷积/s2	3×3×512深度卷积	14×14×512
卷积/s1	1×1×512×1024	7×7×512
深度卷积/s1	3×3×1024深度卷积	7×7×1024
卷积/s1	1×1×1024×1024	7×7×1024
平均池化/s1	池化7×7	7×7×1024
全连接/s1	1024×1000	1×1×1024
Softmax/sl	分类器	1×1×1000

▲图 4-31　MobileNet 模型的定义

深度卷积块的定义如图 4-32 所示。

使用 TensorFlow 框架进行 MobileNet 模型推理部署的配置如下。

```
Keras config: ~/.keras/keras.json
{
    "floatx": "float32",
    "epsilon": 1e-07,
    "backend": "TensorFlow",
    "image_data_format": "channels_last"
}
```

配置的参数如下。

- require_flatten：指定是否包括网络顶部的 3 个全连接层。
- weights：None，表示随机初始化。
- imagenet：ImageNet 中的预训练模型。
- input_tensor：以可选的 Keras 张量作为模型的图像输入。

- input_shape：(224, 224, 3)，其数据格式为 channels_last，或(3, 224, 244)，其数据格式为 channels_first。
- pooling：平均池化或最大池化。
- BASE_WEIGHT_PATH = 'https://github.com/fchollet/deep-learning-models/releases/tag/v0.6'。

```
def _depthwise_conv_block(inputs, pointwise_conv_filters, alpha,
                    depth_multiplier=1, strides=(1, 1), block_id=1):
    x = DepthwiseConv2D((3, 3),
                padding='same',
                depth_multiplier=depth_multiplier,
                strides=strides,
                use_bias=False,
                name='conv_dw_%d' % block_id)(inputs)
   x = BatchNormalization(axis=channel_axis, name='conv_dw_%d_bn' % block_id)(x)
   x = Activation(relu6, name='conv_dw_%d_relu' % block_id)(x)

   x = Conv2D(pointwise_conv_filters, (1, 1),
         padding='same',
         use_bias=False,
         strides=(1, 1),
         name='conv_pw_%d' % block_id)(x)
   x = BatchNormalization(axis=channel_axis, name='conv_pw_%d_bn' % block_id)(x)
   return Activation(relu6, name='conv_pw_%d_relu' % block_id)(x)
```

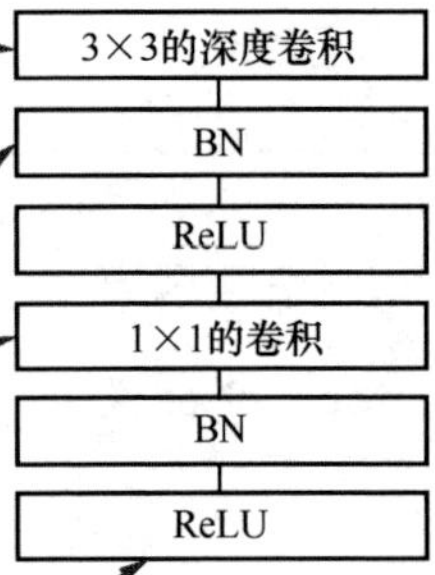

3×3的深度卷积
BN
ReLU
1×1的卷积
BN
ReLU

▲图 4-32　深度卷积块的定义

使用 TensorFlow 框架进行 MobileNet 模型推理部署的代码如下。

```
MobileNet(include_top=True, weights='imagenet',
          input_shape=(r, r, 3), alpha=a)  //a 位于 [0.25, 0.50, 0.75, 1.0]中
     # 模型定义见上文
     # 创建模型
     model = Model(inputs, x, name='mobilenet_%0.2f_%s' % (alpha, rows))
     # 加载权重文件
     model.load_weights(weights_path)
     predict_result(model, 'cat02.jpg')
     # 加载图像
     img = image.load_img(img_path, target_size=(224, 224))
     # img_to_array 用于将图片数据转化为数组数据，它是 Keras 下的一个方法
     # 其主要作用就是把 NumPy 矩阵中的整数转换成浮点数
     x = image.img_to_array(img)
     # 为图像增加一个维度，这个维度代表的是图像批次大小，也就是图像的个数
     x = np.expand_dims(x, axis=0)
     # 预处理图像，使图像的格式符合模型所需的格式
     x = preprocess_input(x)
     # 输入测试数据，输出预测结果
     preds = model.predict(x)
     # 对已经得到的预测结果进行解读
     # 该函数返回一个类别列表，以及每个类别的预测概率
     label = decode_predictions(preds)[0][0][1]
```

MobileNet 模型的推理流程如图 4-33 所示。

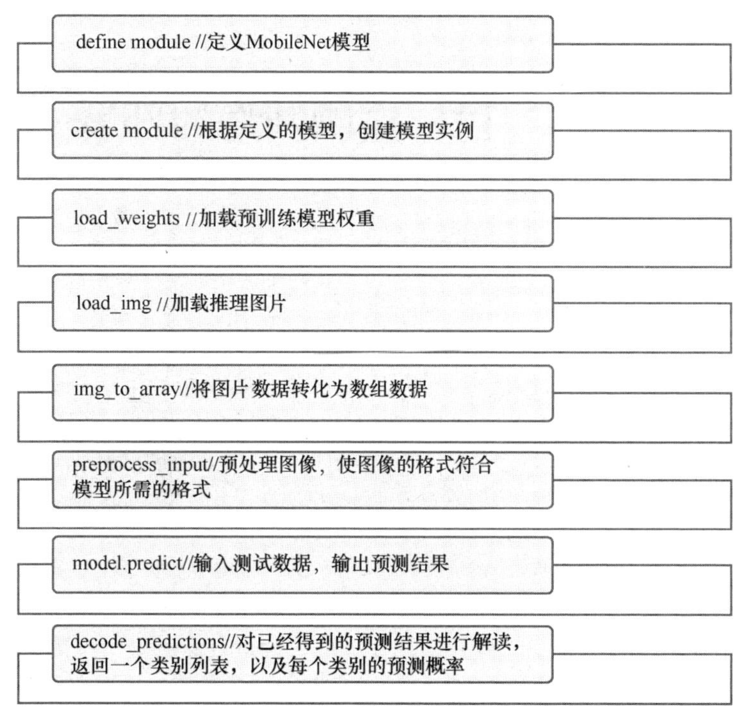

▲图 4-33　MobileNet 模型的推理流程

在 Shell 终端运行 python3 mobilenet.py，MobileNet 模型的推理结果如图 4-34 所示。

▲图 4-34　MobileNet 模型的推理结果

4.7 项目总结

本项目不仅介绍了经典的图像分类网络（VGG、ResNet、Inception、Xception）和轻量级神经网络（MobileNet），还描述了基于龙芯平台如何进行部署相关网络。读者可以按照介绍的步骤完成操作，也可以搭建其他模型。

项目 5　目标检测网络的部署

本项目主要介绍几种典型的目标检测网络，以及它们在龙芯平台上的部署过程。

5.1 知识引入

5.1.1　目标检测基本任务

目标检测是计算机视觉领域的核心问题之一，其基本任务是识别并定位图像中的特定目标。目标检测通常涉及两个主要步骤：首先，使用算法在图像中确定目标对象的位置，这主要通过在图像上绘制边界框实现；其次，使用算法识别这些目标对象的具体类别，如汽车、行人或动物等。

图像分类和目标检测的差异如图 5-1 所示。图 5-1（a）所示为图像分类，只需识别出图片是一张斑马的图片；图 5-1（b）所示为目标检测，不仅要识别出图片是一张斑马的图片，还要标识图片中斑马的位置。

（a）图像分类

（b）目标检测

▲图 5-1　图像分类和目标检测的差异

5.1.2　目标检测基本概念

目前目标检测领域的深度学习算法主要分为以下两类。

- **两阶段算法**：先由算法生成一系列作为样本的候选框，再通过 CNN 进行样本分类。两阶段算法有 Faster R-CNN、Keypoint R-CNN 等。
- **单阶段算法**：不用生成候选框，直接将目标边框定位的问题转换为回归问题处理。单阶段算法有 YOLO、SSD 等。

这两类算法在过程上存在差异，在性能上也有不同，两阶段算法在检测准确率和定位精度上占有优势，而单阶段算法不用产生一系列候选框，在算法速度上的优势相对明显。

在介绍目标检测相关算法之前，先介绍一些与目标检测相关的基本概念，如边界框、锚框、交并比（Intersection of Union，IoU）、非极大值抑制（Non-Maximum Suppression，NMS）等。

1. 边界框

目标检测任务需要同时预测物体的类别和位置，因此需要引入一些与位置相关的概念。通常使用边界框标识物体的位置，边界框是正好能包含物体的矩形框，如图 5-2 所示，图中 5 个物体分别对应 5 个边界框。

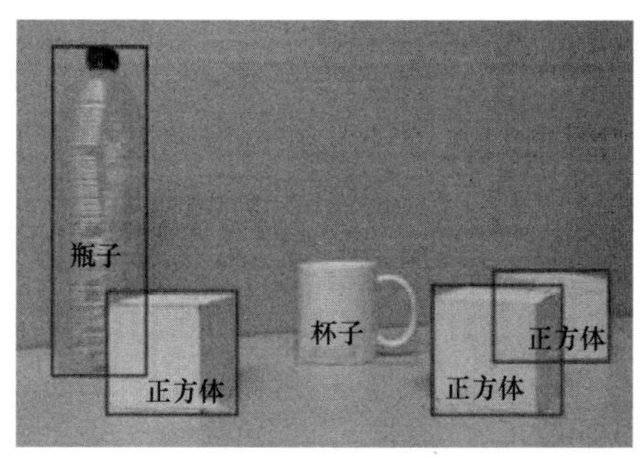

▲图 5-2 边界框

边界框的表示格式可以有多种。以下是几种常见的格式。

- *xywh* 格式。这种格式用 4 个数值来表示边界框，即(x, y, w, h)。其中，(x, y)是边界框的中心点坐标，w 是边界框的宽度，h 是边界框的高度。例如，(50, 100, 100, 200)表示一个中心点位于(50, 100)、宽度为 100px、高度为 200px 的边界框。
- *xyxy* 格式。这种格式也用 4 个数值来表示边界框，即(x_1, y_1, x_2, y_2)。其中，(x_1, y_1) 是边界框左上角顶点的坐标，(x_2, y_2)是边界框右下角顶点的坐标。例如，(100, 200, 300, 400)表示一个左上角顶点位于(100, 200)、右下角顶点位于(300, 400)的边界框。
- *xyah* 格式。这种格式同样用 4 个数值来表示边界框，即(x, y, a, h)。其中，(x, y)是边界框的中心点坐标，a 是边界框的宽高比（纵横比），h 是边界框的高度。例如，(100, 200, 1.5, 300)表示一个中心点位于(100, 200)、宽高比为 1.5、高度为 300px 的边界框。
- *xysr* 格式：这种格式也用 4 个数值来表示边界框，即(x, y, s, r)，其中(x, y)是边界框的中心点坐标，s 是边界框的面积尺度，r 是边界框的宽高比。例如，(100, 200, 10000, 1.5)表示一个中心点位于(100, 200)、面积尺度为 10000、宽高比为 1.5 的边界框。

在目标检测任务中，训练集的标签里会给出目标物体真实边界框的信息，如 *xyxy* 格式的(x_1, y_1, x_2, y_2)，这样的边界框被称为真实框（truth box）。模型会对目标物体可能出现的位置进行预测，由模型预测出的边界框则称为预测框（prediction box）。

要完成一项目标检测任务，我们通常希望模型能够根据输入的图像，输出一些预测框，以及框中所包含的物体的类别或者其属于某个类别的概率，例如，$[L, P, x_1, y_1, x_2, y_2]$，其中 L 是类别标签，$P$ 是物体属于 L 类别的概率。一张输入图像中可能会产生很多预测框，如何找到正确的预测框位置是目标检测的核心任务。

2. 锚框

锚框（anchor box）是目标检测算法中的一个重要概念。与物体边界框不同，锚框是人们假想出来的一种框，是预先定义的一组拥有固定大小和宽高比的矩形框，用于在输入图像中滑动并预测目标物体的位置。这些矩形框能够覆盖图像中可能出现的各种大小和形状的目标物体。

在目标检测算法中，锚框的生成通常基于特征图上的每个像素。针对每个像素都会生成一组不同大小和长宽比的锚框，然后算法会计算这些锚框与真实目标物体之间的匹配度，并根据匹配结果对锚框进行调整和优化，最终得到目标物体的精确位置。锚框的设计对于目标检测算法的性能至关重要。如果锚框的大小和长宽比与真实目标物体的不匹配，那么算法就很难准确地预测目标物体的位置。因此，在实际应用中，需要根据具体任务和数据集的特点设计与调整锚框的大小和长宽比，以获得最佳的目标检测性能。

3. IoU

如何衡量预测框与真实框之间的关系呢？在目标检测任务中，使用 IoU 作为衡量指标。它是预测框与真实框的交集面积与并集面积的比值，用于衡量预测框对真实框的覆盖程度。

IoU 这一概念来源于数学中的集合，用来描述两个集合 A 和 B 之间的关系。IoU 的计算公式为 IoU = 交集面积/并集面积，可以表示为

$$\mathrm{IoU}=\frac{A\cap B}{A\cup B}$$

其中，交集面积是指预测框与真实框重叠部分的面积，并集面积是指预测框与真实框合并后的总面积，如图 5-3（a）～（c）所示。

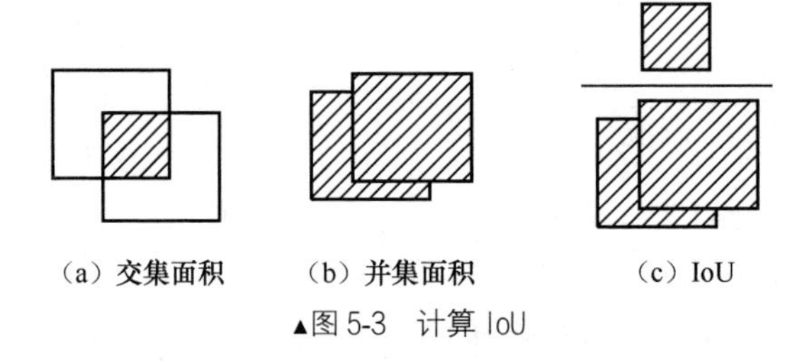

▲图 5-3　计算 IoU

在目标检测中，IoU 越大，表示预测框与真实框的重叠程度越高，即预测结果越准确。因此，IoU 是目标检测算法中一个重要的衡量指标，常用于衡量算法的性能和比较不同算法之间的优劣。但需要注意的是，IoU 只是目标检测算法中的一个衡量指标，并不能完全代表算法的性能。在实际应用中，还需要综合考虑其他指标，如准确率、召回率、F_1 分数等，来全面评估算法的性能。

4. NMS

在目标检测中，对于每个目标物体，算法可能会产生多个候选框，这些检测框之间可能存在重叠或交叉，需要消除多余的检测框，保留最佳的检测框，具体的处理方法是使用 NMS。NMS 用于对重叠或交叉的检测框进行筛选，只保留置信度最高（得分最高）的检测框，而抑制其他与之重叠或交叉的检测框以得到最终的预测结果。

NMS 的具体实现过程如下。

（1）对于每个类别，按照置信度从高到低对所有检测框进行排序。

（2）选择置信度最高的检测框作为参考框，将其添加到输出列表中。

（3）计算参考框与其他所有检测框的 IoU，如果 IoU 大于某个阈值（如 0.5），则将与之重叠或交叉的检测框从输出列表中删除。

（4）重复步骤（2）和（3），直到所有检测框都被处理完。

通过 NMS，可以消除重叠或交叉的检测框，保留最佳的检测框，从而提高目标检测的准确性和效率。这种算法在目标检测领域广泛应用，是许多目标检测算法的重要组成部分。

5.2 任务 1：基于龙芯平台部署两阶段算法 Faster R-CNN

5.2.1 任务描述

基于龙芯平台使用 Detectron2 框架部署 Faster R-CNN 预训练模型，完成目标检测任务。

5.2.2 技术准备

Faster R-CNN 引入了一种名为区域提议网络（Region Proposal Network，RPN）的创新机制，旨在改进区域提议的生成方式。Faster R-CNN 首先通过 CNN 对输入的图像进行特征提取，生成特征图。然后，将这些特征图送入 RPN 中。RPN 负责生成区域提议，即可能包含目标物体的候选区域。通过这种方式，Faster R-CNN 能够实时地生成高质量的候选区域，提高目标检测的速度和准确率。

RPN 基于锚机制生成候选框，取代了传统的选择性搜索方法。它将目标检测的 4 个基本步骤，即候选区域生成、特征提取、目标分类、位置精修都纳入网络框架之内。Faster R-CNN 可以简单地看成“RPN+Fast R-CNN”的模型，用 RPN 来代替 Fast R-CNN 中的选择性搜索方法。Faster R-CNN 的示意如图 5-4 所示。

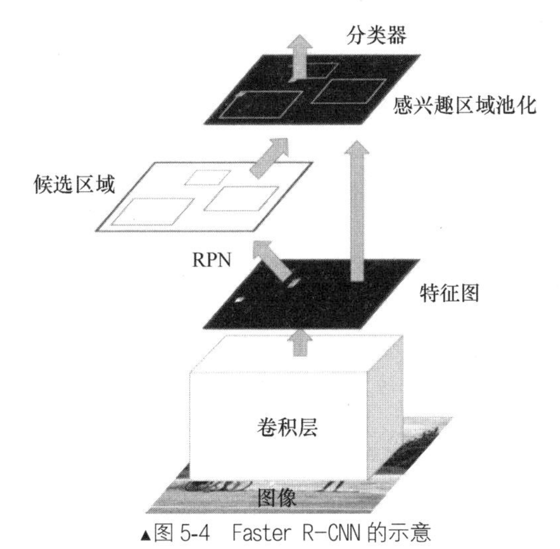

▲图 5-4 Faster R-CNN 的示意

RPN 的示意如图 5-5 所示。

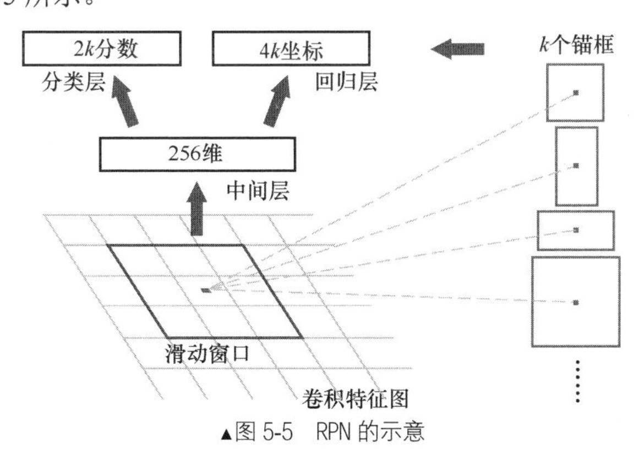

▲图 5-5 RPN 的示意

RPN 是基于 CNN 的目标检测算法中的一个关键组件。它的主要作用是生成可能包含目标物体的候选区域，以供后续的分类和回归任务使用。RPN 的工作原理可以分为以下几个步骤。

（1）**特征提取**。输入图像通过共享的卷积层进行特征提取，生成一个特征图。这个特征图包含图像的空间信息和语义信息，为后续的候选区域生成提供了基础。

（2）**锚框生成**。在特征图的每个位置上，RPN 会生成一系列预设大小和长宽比的锚框。

（3）**分类与回归**。对于每个锚框，RPN 会同时进行分类和回归两个任务。分类任务用于判断锚框内是否包含目标物体，即判断其为前景还是背景。回归任务则用于调整锚框的位置和大小，使其更加接近真实的目标物体边界框。

（4）**候选区域筛选**。根据分类和回归的结果，RPN 会筛选出包含目标物体的锚框，并对其进行位置调整，生成最终的候选区域。这些候选区域会被送入后续的检测网络以进行进一步的分类和定位。

RPN 的引入是 Faster R-CNN 相较于 Fast R-CNN 等早期算法的重要改进。它改变了以往通过滑动窗口或选择性搜索等方式生成候选区域的方法，实现了端到端的训练，大大提升了目标检测的效率。同时，由于 RPN 生成的是固定数量的候选区域，这也使算法在处理不同尺寸的图像时更加灵活和高效。

5.2.3　任务实施

1. 基于龙芯平台编译与部署 Detectron2

基于龙芯平台编译与部署 Detectron2，系统的基本前置条件如下。

- 操作系统：Loongnix 20。
- Python：3.7 版本及以上版本。
- PyTorch：1.8 及以上版本 with torchvision。
- OpenCV。
- GCC & G++：5.4 版本及以上版本。

要完成部署 Detectron2，只需在终端执行以下命令即可。

```
# 下载 Detectron2 源码
git clone https://github.com/facebookresearch/detectron2.git
# 编译与安装 Detectron2
python3 -m pip install -e detectron2
```

2. Faster R-CNN 预训练模型推理

要使用 Detectron2 框架运行预训练模型推理，通过运行 demo/demo.py 脚本并配置参数即可。demo.py 主要用于获取并设置命令行参数，调用 PyTorch 框架进行推理，最终调用 OpenCV 接口显示推理结果。

在终端执行 python3 demo/demo.py -h 可列出具体的参数列表信息，如图 5-6 所示。

```
Detectron2 demo for builtin configs

optional arguments:
  -h, --help            show this help message and exit
  --config-file FILE    path to config file
  --webcam              Take inputs from webcam.
  --video-input VIDEO_INPUT
                        Path to video file.
  --input INPUT [INPUT ...]
                        A list of space separated input images; or a single
                        glob pattern such as 'directory/*.jpg'
  --output OUTPUT       A file or directory to save output visualizations. If
                        not given, will show output in an OpenCV window.
  --confidence-threshold CONFIDENCE_THRESHOLD
                        Minimum score for instance predictions to be shown
  --opts ...            Modify config options using the command-line 'KEY
                        VALUE' pairs
root@loongson-pc:/home/loongson/code/detectron2/detectron2/demo#
```

▲图 5-6　参数列表信息

其中--opts 后可以指定模型权重文件（MODEL.WEIGHTS）及模型运行设备（MODEL.DEVICE）。在终端运行如下命令即可进行 Faster R-CNN 预训练模型推理。

```
python3 demo/demo.py --config-file ./configs/COCO-Detection/faster_rcnn_R_50_FPN_3x.y
aml --input ./itest/faster_rcnn.png --output ./otest/ --opts MODEL.WEIGHTS detectron2
://COCO-Detection/faster_rcnn_R_50_FPN_3x/137849458/model_final_280758.pkl MODEL.DEVI
CE cpu
```

Faster R-CNN 预训练模型推理结果如图 5-7 所示。

▲图 5-7 Faster R-CNN 预训练模型推理结果

5.3 任务 2：基于龙芯平台部署两阶段算法 Keypoint R-CNN

5.3.1 任务描述

基于龙芯平台使用 Detectron2 框架部署 Keypoint R-CNN 预训练模型，完成 Keypoint R-CNN 推理演示。

5.3.2 技术准备

torchvision 中的 Keypoint R-CNN 的效果非常好，其最大的改动在于预测的编码与解码部分。Keypoint R-CNN 模型的输入是一张 RGB 彩色图像，模型最终的输出有 4 个部分，分别是 boxes、scores、labels、keypoints。boxes、scores 和 labels 的结构如图 5-8 所示。

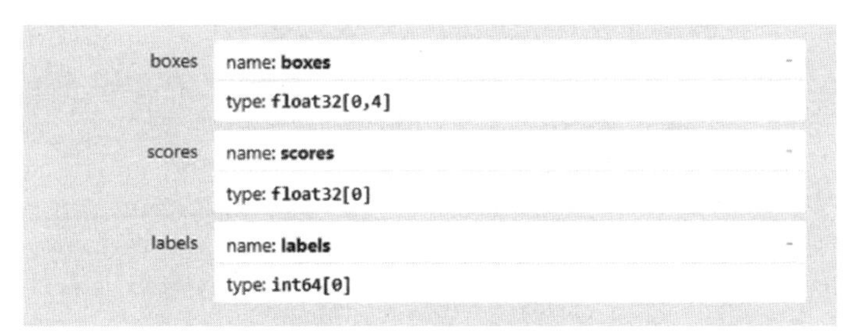

▲图 5-8 boxes、scores 和 labels 的结构

以人体关键点为例，关键点部分的输出的大小是 17×3，3 表示 x、y、v。其中，x、y 代表以图片左上角顶点为原点的关键点的坐标。v 表示是否可见，若 v 为 1，表示关键点可见；若 v 为 0，表示关键点不可见。17 个关键点所对应的人体部位如下：

- 鼻子（ID 为 0）；
- 左眼（ID 为 1）；
- 右眼（ID 为 2）；

- 左耳（ID 为 3）；
- 右耳（ID 为 4）；
- 左肩（ID 为 5）；
- 右肩（ID 为 6）；
- 左肘（ID 为 7）；
- 右肘（ID 为 8）；
- 左腕（ID 为 9）；
- 右腕（ID 为 10）；
- 左胯（ID 为 11）；
- 右胯（ID 为 12）；
- 左膝（ID 为 13）；
- 右膝（ID 为 14）；
- 左脚踝（ID 为 15）；
- 右脚踝（ID 为 16）。

与关键点的坐标相关的代码如下。

```
nose->left_eye->left_ear.(0, 1), (1, 3)
nose->right_eye->right_ear.(0, 2), (2, 4)
nose->left_shoulder->left_elbow->left_wrist.(0, 5), (5, 7), (7, 9)
nose->right_shoulder->right_elbow->right_wrist.(0, 6), (6, 8), (8, 10)
left_shoulder->left_hip->left_knee->left_ankle.(5, 11), (11, 13), (13, 15)
right_shoulder->right_hip->right_knee->right_ankle.(6, 12), (12, 14), (14, 16)
```

创建一个包含要连接的关键点的 ID 的列表。

```
connect_skeleton = [(0, 1), (0, 2), (1, 3), (2, 4), (0, 5), (0, 6), (5, 7), (6, 8),
(7, 9),(8, 10), (5, 11), (6, 12), (11, 13), (12, 14), (13, 15), (14, 16)]
```

关键点的连接顺序如图 5-9 所示。

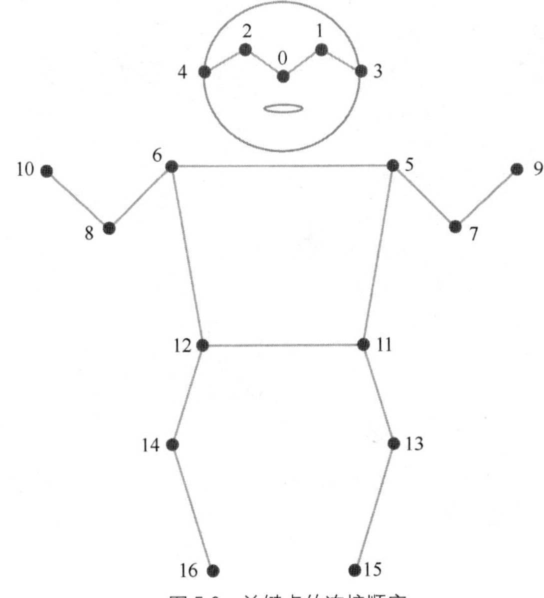

▲图 5-9 关键点的连接顺序

5.3.3 任务实施

具体前置条件同任务 1。在终端运行如下命令即可进行 Keypoint R-CNN 预训练模型推理。

```
python3 demo/demo.py --config-file ./configs/COCO-Keypoints/keypoint_rcnn_R_50_FPN_3x
.yaml
 --input ./itest/krcnn.png --output ./otest/ --opts MODEL.WEIGHTS detectron2://COCO-K
eypoints/keypoint_rcnn_R_50_FPN_3x/137849621/model_final_a6e10b.pkl MODEL.DEVICE cpu
```

Keypoint R-CNN 预训练模型推理结果如图 5-10 所示。

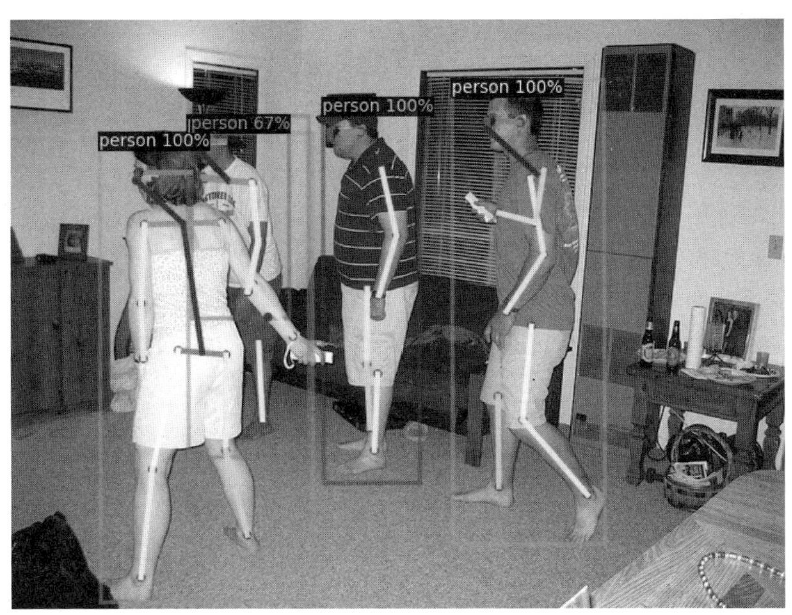

▲图 5-10 Keypoint R-CNN 预训练模型推理结果

5.4 任务 3：基于龙芯平台部署单阶段算法 YOLO v3

5.4.1 任务描述

基于龙芯平台使用 TensorFlow 部署 YOLO v3 预训练模型，完成目标检测任务。

5.4.2 技术准备

YOLO 是目标检测算法中比较常用的一种算法，从 YOLO v1 到 YOLO v5 总共 5 个版本。这种算法不是最精准的算法，但是它兼顾检测速度和检测精确度，其效果是相当不错的。本节主要介绍其中的第三个版本——YOLO v3。

YOLO v3 中其实并没有太多的创新，更多地借鉴了其前两个版本，但是在保持速度的同时，在精度上做了优化。YOLO v3 使用一个单独的神经网络作用于图像，将图像划分成多个区域并且预测边界框和每个区域的合成概率。

YOLO v3 目标检测流程如下。

（1）**数据导入与预处理**。导入包含目标物体的图像以及对应的真实标签。真实标签包含图像中目标物体的真实框信息，如坐标、宽高和类别等。对图像进行预处理，包括缩放、归一化等操作，使其满足模型的输入要求。在 YOLO v3 中，通常会将图像缩放为 416×416 像素的大小，并可能增加灰度条以防止失真。

（2）**特征提取**。将预处理后的图像输入 YOLO v3 的主干网络（例如 Darknet-53）中，进行特征提取。这个过程将图像转换为特征图，这些特征图包含图像中的语义信息，这对于后续的目标检测至关重要。

（3）**生成锚框**。YOLO v3 使用 k 均值聚类算法对标签进行聚类，以获取自定义的先验框。根据 YOLO v3 的算法设计，它会在不同尺度的预测中使用这些先验框。每个尺度的网格会有多个边界框，这些边界框的初始位置和大小由先验框决定。

（4）**预测与解码**。将提取的特征图输入 YOLO v3 的检测头（detection head）中，进行预测。预测结果包括边界框的坐标、宽高、置信度以及类别概率。对预测结果进行解码，将其从相对于特征图的比转换为相对于原始图像的实际坐标。

（5）**NMS**。对解码后的预测结果应用 NMS，以消除重叠的边界框。NMS 选择置信度最高的边界框，并抑制与其重叠度超过一定阈值的其他边界框。

（6）**后处理与输出**。对经过 NMS 处理后的预测结果进行后处理，如过滤掉置信度低于某个阈值的边界框。输出最终的检测结果，包括目标物体的边界框、类别标签以及置信度。这些结果通常以图像标注的形式展示，可以用于后续的任务，如目标跟踪或场景理解。

5.4.3　任务实施

1. 定义模型

定义 YOLO v3 模型的代码如下。

```
def YoloV3(size=None, channels=3, anchors=yolo_anchors,
           masks=yolo_anchor_masks, classes=80, training=False):
    x = inputs = Input([size, size, channels], name='input')

    x_36, x_61, x = Darknet(name='yolo_darknet')(x)

    x = YoloConv(512, name='yolo_conv_0')(x)
    output_0 = YoloOutput(512, len(masks[0]), classes, name='yolo_output_0')(x)

    x = YoloConv(256, name='yolo_conv_1')((x, x_61))
    output_1 = YoloOutput(256, len(masks[1]), classes, name='yolo_output_1')(x)

    x = YoloConv(128, name='yolo_conv_2')((x, x_36))
    output_2 = YoloOutput(128, len(masks[2]), classes, name='yolo_output_2')(x)

    if training:
        return Model(inputs, (output_0, output_1, output_2), name='yolov3')

    boxes_0 = Lambda(lambda x: yolo_boxes(x, anchors[masks[0]], classes),
                     name='yolo_boxes_0')(output_0)
    boxes_1 = Lambda(lambda x: yolo_boxes(x, anchors[masks[1]], classes),
                     name='yolo_boxes_1')(output_1)
    boxes_2 = Lambda(lambda x: yolo_boxes(x, anchors[masks[2]], classes),
                     name='yolo_boxes_2')(output_2)

    outputs = Lambda(lambda x: yolo_nms(x, anchors, masks, classes),
                     name='yolo_nms')((boxes_0[:3], boxes_1[:3], boxes_2[:3]))

    return Model(inputs, outputs, name='yolov3')
```

具体接口实现代码见 detect.py。

2. 执行推理

在 Shell 终端依次执行如下命令。

```
cd yolov3-tf2
python3 detect.py --image ../kite.jpg
```

YOLO v3 目标检测结果如图 5-11 所示。

▲图 5-11　YOLO v3 目标检测结果

5.5 任务 4：基于龙芯平台部署单阶段算法 SSD

5.5.1　任务描述

基于龙芯平台使用 TensorFlow 加载 SSD 预训练模型，完成目标检测任务。

5.5.2　技术准备

SSD（Single Shot MultiBox Detector）是一种单阶多层的目标检测模型。其中 Single Shot 指明了 SSD 算法属于单阶段算法，MultiBox 则指明了 SSD 是多框预测算法。SSD 是刘威（Wei Liu）在 ECCV（European Conference on Computer Vision，欧洲计算机视觉会议）2016 上提出的一种目标检测算法，是目前最主要的目标检测框架之一，其创新之处在于结合了 Faster R-CNN 和 YOLO 各自的优点，使目标检测的速度相对于 Faster R-CNN 有了很大的提升，同时检测精度也与 Faster R-CNN 的不相上下。此外，SSD 还从多个角度对目标检测进行了创新，解决了 YOLO 算法中每个网格只能预测一个物体、容易漏检，对物体尺度相对敏感、泛化能力较差的问题。

在目标检测中，SSD 的优势在于其速度和精度之间的良好平衡。它通过在多个不同尺度的特征图上进行密集抽样，并利用 CNN 提取特征后直接进行分类与回归，实现了端到端的训练，提高了检测速度和精度。此外，SSD 还采用了多尺度特征融合的策略，将不同层的特征进行融合，以提高对小目标的检测能力。

SSD 主要具有如下几个方面的特点。

- **单阶段检测**。与 YOLO 一样，SSD 同样采用单阶段检测方式，而与双阶段检测算法（如 Faster R-CNN）相比，SSD 具有更快的检测速度。它一次性完成目标定位与分类，不需要像双阶段检测算法那样先生成候选区域再进行分类和回归。
- **多尺度特征融合**。SSD 在不同尺度的特征图上进行密集采样，通过 CNN 提取特征后直接进行分类与回归。这意味着它能够捕捉到不同大小的目标信息，从而提高对小目标的检测能力。
- **先验框的使用**。SSD 引入了先验框的概念，即预先设定一系列固定大小的矩形框作为候选区域。先验框会反向映射到原图的某一位置，如果其位置与真实框的位置重叠度很高，就通过损失函数预测其类别，并对其进行形状微调以匹配真实框。这种方式有助于降低计算量并提高检测精度。
- **端到端训练**。SSD 采用端到端的训练方式，即输入原始图像，直接输出目标物体的类别和位置信息。这种训练方式简化了目标检测流程，提高了检测速度和精度。
- **速度和精度平衡**。相对于 Faster R-CNN，SSD 具有明显的速度优势；而相对于 YOLO，SSD 在保持较高速度的同时，还具有更高的 mAP（mean Average Precision，平均精度）优势，实现了速度和精度之间的良好平衡。

SSD 检测的基本步骤如下。

（1）**加载预训练模型**。加载已经训练好的 SSD 模型。这个模型是对大规模数据集训练得到的，具备目标检测的能力。

（2）**输入图像的预处理**。对待检测的图像进行必要的预处理，如调整图像大小、归一化像素值等，以满足模型的输入要求。

（3）**特征提取**。将预处理后的图像输入 SSD 模型中，通过 CNN 进行特征提取。SSD 利用多尺度特征图（Multi-scale Feature Map）进行预测，以捕获不同大小的目标信息。

（4）**生成预测框**。基于提取的特征，SSD 会生成一系列预测框。这些预测框是对模型学习到的先验框进行调整得到的。

（5）**类别预测与置信度评估**。对于每个预测框，SSD 会进行类别预测，并评估其置信度。类别预测是通过分类器完成的，而置信度可反映预测结果的可靠性。

（6）**过滤预测结果**。根据置信度阈值（如 0.5），过滤掉阈值较低的预测结果，以降低低质量预测框的干扰，提高检测的准确性。

（7）**解码与排序**。对保留下来的预测框进行解码，根据先验框得到其真实的位置参数。解码后，一般需要进行位置修正操作，以防止预测框位置超出图像范围。然后，根据置信度，对预测框进行降序排列，仅保留前 k 个（如前 400 个）预测框。

（8）**NMS**。进行 NMS 操作，以消除重叠度较高的预测框。NMS 算法会保留置信度最高的预测框，并抑制与其重叠度较高的其他预测框。

（9）**输出检测结果**。经过上述步骤处理后，最终剩余的预测框为检测结果。检测结果包括目标物体的类别、边界框的位置信息以及相应的置信度。检测结果可以以图像标注的形式展示，或者用于后续的任务，如目标跟踪、场景理解等。

5.5.3　任务实施

定义 SSD 模型的代码如下。

```
def SSD300(input_shape, num_classes=21):
    # input_shape=(300,300,3)
    input_tensor = Input(shape=input_shape)
    img_size = (input_shape[1], input_shape[0])

    # 基础网络，这里使用 VGG16
    net = VGG16(input_tensor)
    # 对提取的主干特征进行处理
    # 对 conv4_3 进行处理
    net['conv4_3_norm'] = Normalize(20, name='conv4_3_norm')(net['conv4_3'])
    num_priors = 4
    # 对预测框进行处理
    net['conv4_3_norm_mbox_loc'] = Conv2D(num_priors * 4, kernel_size=(3,3), padding=
    'same', name='conv4_3_norm_mbox_loc')(net['conv4_3_norm'])
    net['conv4_3_norm_mbox_loc_flat'] = Flatten(name='conv4_3_norm_mbox_loc_flat')
    (net['conv4_3_norm_mbox_loc'])
    # num_priors 表示每个网格点的先验框的数量，num_classes 是所分的类
    net['conv4_3_norm_mbox_conf'] = Conv2D(num_priors * num_classes, kernel_size=(3,3),
    padding='same',name='conv4_3_norm_mbox_conf')(net['conv4_3_norm'])
    net['conv4_3_norm_mbox_conf_flat'] = Flatten(name='conv4_3_norm_mbox_conf_flat')
    (net['conv4_3_norm_mbox_conf'])
    priorbox = PriorBox(img_size, 30.0,max_size = 60.0, aspect_ratios=[2],
                        variances=[0.1, 0.1, 0.2, 0.2],
                        name='conv4_3_norm_mbox_priorbox')
    net['conv4_3_norm_mbox_priorbox'] = priorbox(net['conv4_3_norm'])

    # 对 fc7 层进行处理
    num_priors = 6
    # 对预测框进行处理
    # num_priors 表示每个网格点的先验框的数量
    net['fc7_mbox_loc'] = Conv2D(num_priors * 4, kernel_size=(3,3),padding='same',name
    ='fc7_mbox_loc')(net['fc7'])
    net['fc7_mbox_loc_flat'] = Flatten(name='fc7_mbox_loc_flat')(net['fc7_mbox_loc'])
    # num_priors 表示每个网格点的先验框的数量，num_classes 是所分的类
    net['fc7_mbox_conf'] = Conv2D(num_priors * num_classes, kernel_size=(3,3),padding
    ='same',name='fc7_mbox_conf')(net['fc7'])
    net['fc7_mbox_conf_flat'] = Flatten(name='fc7_mbox_conf_flat')(net['fc7_mbox_conf'])

    priorbox = PriorBox(img_size, 60.0, max_size=111.0, aspect_ratios=[2, 3],
                        variances=[0.1, 0.1, 0.2, 0.2],
                        name='fc7_mbox_priorbox')
    net['fc7_mbox_priorbox'] = priorbox(net['fc7'])

    # 对 conv6_2 进行处理
    num_priors = 6
    # 对预测框进行处理
    # num_priors 表示每个网格点的先验框的数量
    x = Conv2D(num_priors * 4, kernel_size=(3,3), padding='same',name='conv6_2_mbox_
    loc')(net['conv6_2'])
    net['conv6_2_mbox_loc'] = x
    net['conv6_2_mbox_loc_flat'] = Flatten(name='conv6_2_mbox_loc_flat')(net['conv6_
    2_mbox_loc'])
    # num_priors 表示每个网格点的先验框的数量，num_classes 是所分的类
    x = Conv2D(num_priors * num_classes, kernel_size=(3,3), padding='same',name='conv
    6_2_mbox_conf')(net['conv6_2'])
    net['conv6_2_mbox_conf'] = x
    net['conv6_2_mbox_conf_flat'] = Flatten(name='conv6_2_mbox_conf_flat')(net['conv6_2
```

```
_mbox_conf'])

priorbox = PriorBox(img_size, 111.0, max_size=162.0, aspect_ratios=[2, 3],
                    variances=[0.1, 0.1, 0.2, 0.2],
                    name='conv6_2_mbox_priorbox')
net['conv6_2_mbox_priorbox'] = priorbox(net['conv6_2'])

# 对 conv7_2 进行处理
num_priors = 6
# 对预测框进行处理
# num_priors 表示每个网格点的先验框的数量
x = Conv2D(num_priors * 4, kernel_size=(3,3), padding='same',name='conv7_2_mbox_
loc')(net['conv7_2'])
net['conv7_2_mbox_loc'] = x
net['conv7_2_mbox_loc_flat'] = Flatten(name='conv7_2_mbox_loc_flat')(net['conv7_
2_mbox_loc'])
# num_priors 表示每个网格点的先验框的数量，num_classes 是所分的类
x = Conv2D(num_priors * num_classes, kernel_size=(3,3), padding='same',name='conv
7_2_mbox_conf')(net['conv7_2'])
net['conv7_2_mbox_conf'] = x
net['conv7_2_mbox_conf_flat'] = Flatten(name='conv7_2_mbox_conf_flat')(net['conv7
_2_mbox_conf'])

priorbox = PriorBox(img_size, 162.0, max_size=213.0, aspect_ratios=[2, 3],
                    variances=[0.1, 0.1, 0.2, 0.2],
                    name='conv7_2_mbox_priorbox')
net['conv7_2_mbox_priorbox'] = priorbox(net['conv7_2'])

# 对 conv8_2 进行处理
num_priors = 4
# 对预测框进行处理
# num_priors 表示每个网格点的先验框的数量
x = Conv2D(num_priors * 4, kernel_size=(3,3), padding='same',name='conv8_2_mbox_
loc')(net['conv8_2'])
net['conv8_2_mbox_loc'] = x
net['conv8_2_mbox_loc_flat'] = Flatten(name='conv8_2_mbox_loc_flat')(net['conv8_
2_mbox_loc'])
# num_priors 表示每个网格点的先验框的数量，num_classes 是所分的类
x = Conv2D(num_priors * num_classes, kernel_size=(3,3), padding='same',name='conv
8_2_mbox_conf')(net['conv8_2'])
net['conv8_2_mbox_conf'] = x
net['conv8_2_mbox_conf_flat'] = Flatten(name='conv8_2_mbox_conf_flat')(net['conv8
_2_mbox_conf'])

priorbox = PriorBox(img_size, 213.0, max_size=264.0, aspect_ratios=[2],
                    variances=[0.1, 0.1, 0.2, 0.2],
                    name='conv8_2_mbox_priorbox')
net['conv8_2_mbox_priorbox'] = priorbox(net['conv8_2'])

# 对 conv9_2 进行处理
num_priors = 4
# 对预测框进行处理
# num_priors 表示每个网格点的先验框的数量
x = Conv2D(num_priors * 4, kernel_size=(3,3), padding='same',name='conv9_2_mbox_
loc')(net['conv9_2'])
net['conv9_2_mbox_loc'] = x
net['conv9_2_mbox_loc_flat'] = Flatten(name='conv9_2_mbox_loc_flat')(net['conv9_
2_mbox_loc'])
```

```
    # num_priors 表示每个网格点的先验框的数量，num_classes 是所分的类
    x = Conv2D(num_priors * num_classes, kernel_size=(3,3), padding='same',name='conv
    9_2_mbox_conf')(net['conv9_2'])
    net['conv9_2_mbox_conf'] = x
    net['conv9_2_mbox_conf_flat'] = Flatten(name='conv9_2_mbox_conf_flat')(net['conv9
    _2_mbox_conf'])

    priorbox = PriorBox(img_size, 264.0, max_size=315.0, aspect_ratios=[2],
                        variances=[0.1, 0.1, 0.2, 0.2],
                        name='conv9_2_mbox_priorbox')

    net['conv9_2_mbox_priorbox'] = priorbox(net['conv9_2'])
    # 将所有结果进行堆叠
    net['mbox_loc'] = Concatenate(axis=1, name='mbox_loc')([net['conv4_3_norm_mbox_
    loc_flat'],
                             net['fc7_mbox_loc_flat'],
                             net['conv6_2_mbox_loc_flat'],
                             net['conv7_2_mbox_loc_flat'],
                             net['conv8_2_mbox_loc_flat'],
                             net['conv9_2_mbox_loc_flat']])

    net['mbox_conf'] = Concatenate(axis=1, name='mbox_conf')([net['conv4_3_norm_mbox_
    conf_flat'],
                              net['fc7_mbox_conf_flat'],
                              net['conv6_2_mbox_conf_flat'],
                              net['conv7_2_mbox_conf_flat'],
                              net['conv8_2_mbox_conf_flat'],
                              net['conv9_2_mbox_conf_flat']])

    net['mbox_priorbox'] = Concatenate(axis=1, name='mbox_priorbox')([net['conv4_3_
    norm_mbox_priorbox'],
                                  net['fc7_mbox_priorbox'],
                                  net['conv6_2_mbox_priorbox'],
                                  net['conv7_2_mbox_priorbox'],
                                  net['conv8_2_mbox_priorbox'],
                                  net['conv9_2_mbox_priorbox']])

    net['mbox_loc'] = Reshape((-1, 4),name='mbox_loc_final')(net['mbox_loc'])
    net['mbox_conf'] = Reshape((-1, num_classes),name='mbox_conf_logits')(net['mbox_conf'])
    net['mbox_conf'] = Activation('softmax',name='mbox_conf_final')(net['mbox_conf'])

    net['predictions'] = Concatenate(axis=2, name='predictions')([net['mbox_loc'],
                               net['mbox_conf'],
                               net['mbox_priorbox']])

    model = Model(net['input'], net['predictions'])
    return model
```

在 Shell 终端执行以下命令。

```
cd ssd-tf2
python3 predict.py
Input image filename: ../meme.jpg
```

SSD 模型目标检测结果如图 5-12 所示。

▲图 5-12　SSD 模型目标检测结果

5.6 项目总结

本项目主要介绍了目标检测的基本任务和基本概念，即边界框、锚框、IoU 和 NMS；分别对两类目标检测算法，即两阶段和单阶段算法进行了阐述，介绍了两阶段的 Faster R-CNN 和 Keypoint R-CNN，以及单阶段的 YOLO 和 SSD，并讨论了如何基于龙芯平台进行模型部署和测试。

项目 6　图像分割网络的部署

本项目主要介绍几种图像分割典型网络，并讨论如何基于龙芯平台进行相关部署。

6.1 知识引入

图像分割就是将图像分成若干互不相交的区域的过程，每个区域都满足某种相似性准则。它是由图像处理到图像分析的关键步骤。现有的图像分割方法主要分为基于阈值的分割方法、基于区域的分割方法、基于边缘的分割方法以及基于特定理论的分割方法等。从数学角度来看，图像分割是将数字图像划分成互不相交的区域的过程。图像分割的过程也是一个标记过程，即为属于同一区域的像素赋予相同的编号。

基于深度学习的图像分割算法主要分为语义分割、实例分割、全景分割。原图和对应的 3 类图像分割示意如图 6-1 所示。

（a）原图　　（b）语义分割

（c）实例分割　　（d）全景分割

▲图 6-1　原图和对应的 3 类图像分割示意

对于一张图像，语义分割用于分割出所有的目标（包括背景），但对于同一类别的目标，无法区别不同个体。

实例分割用于将图像中除背景之外的所有目标分割出来，并且可以区分同一类别的不同个体，例如，图 6-1（c）中每个人都用不同的颜色表示。实例分割与语义分割最主要的区别之一就是，实例分割在正确检测目标的同时，还要精确分割出每个目标，但不包括背景信息。

在实例分割的基础上，全景分割可以分割出背景目标。

图像分割是许多视觉理解系统的重要组成部分，可将图像或视频帧分割成多个片段或对象。图像分割在医学图像分析（例如，肿瘤边界提取和组织体积测量）、视频监控和增强现实中起到了非常重要的作用。本节将根据分割粒度，介绍以上 3 类图像分割算法。

6.2 任务 1：基于龙芯平台部署语义分割网络 DeepLab v3+

6.2.1 任务描述

基于龙芯平台，使用 PyTorch 框架部署 DeepLab v3+预训练模型，进行语义分割实验。

6.2.2 技术准备

语义分割是图像处理和计算机视觉的一个重要分支，其目标是精确理解图像场景与内容。语义分割是在像素级别上的分类，属于同一类的像素都要被归为一类，因此语义分割是从像素级别理解图像的。如图 6-2 所示，属于人的像素被划分成一类，属于摩托车的像素被划分成一类，而背景像素被划分成一类。

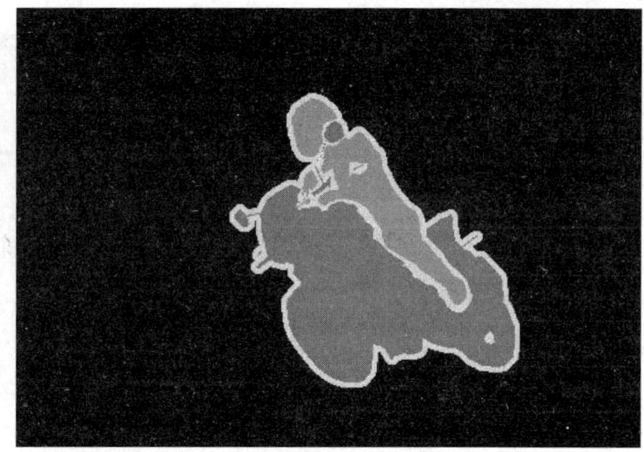

▲图 6-2　语义分割示意

目前语义分割的常用模型有 FCN、SegNet、DeepLab、RefineNet 和 PSPNet 等。这里主要介绍 DeepLab 模型及其应用。

DeepLab 由谷歌提出，目前有 DeepLab v1、DeepLab v2、DeepLab v3 和 DeepLab v3+等版本。

1. DeepLab v1

与图像分类技术不一样，图像分割技术要对图像的每个像素进行精确分类。在使用 CNN 对图像进行卷积、池化操作的过程中，它会导致特征图尺寸大幅度减小以及分辨率降低。通过在低分辨率特征图上采样生成原图的像素分类信息，容易导致信息丢失、分割边界不精确。DeepLab v1 采用了空洞卷积（dilated convolution）、条件随机场（Conditional Random Field，CRF）等技术，有效提升了分割准确率。

图像分割算法通常使用卷积层和池化层来扩大感受野，同时减小特征图的尺寸，然后利用上采样还原始图像尺寸。然而，特征图缩小再放大的过程会造成精度的损失，因此需要一种操作可以在扩大感受野的同时保持特征图的尺寸不变，代替下采样和上采样操作。空洞卷积又称为膨胀卷积，就是为了解决该问题而提出的。

空洞卷积在标准的卷积核里填充空洞，以扩大感受野。图 6-3 所示为空洞卷积的示例。

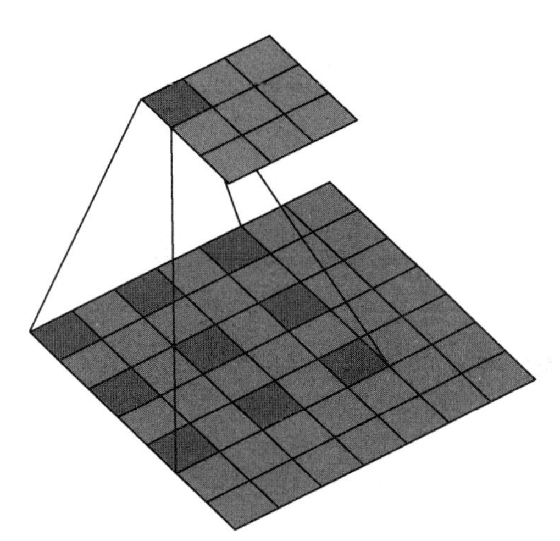

▲图 6-3　空洞卷积的示例

在空洞卷积中，通过填充空洞，可以在不增加参数并且不进行下采样的情况下扩大感受野。空洞卷积有以下两种理解方式：一是可以将其理解为将卷积核扩展，原始卷积核为 3×3，但这里将卷积核变为 5×5，即在卷积核每行每列中间加 0；二是可以将其理解为在特征图上每隔 1 行或 1 列取数并与 3×3 的卷积核进行卷积操作。当不填充空洞时，膨胀率为 1；当填充 1 时，膨胀率为 2；当填充 2 时，膨胀率为 3。以上 3 种情况如图 6-4 所示。

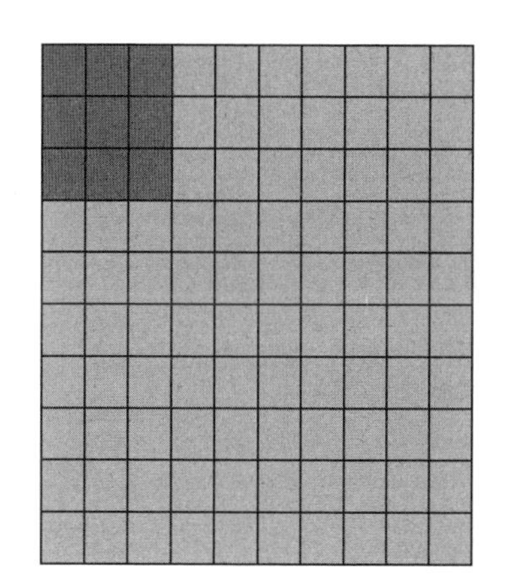

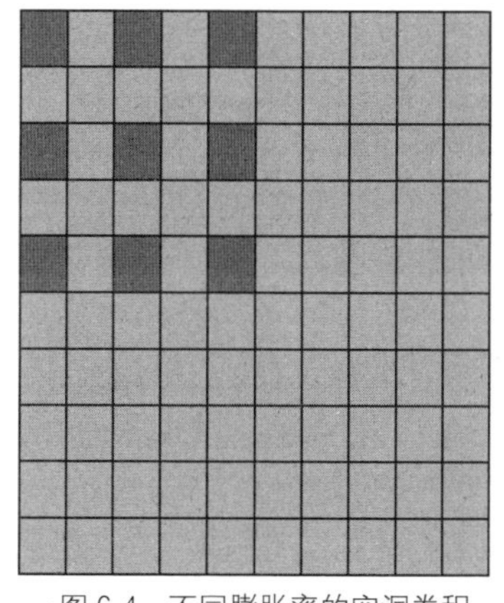

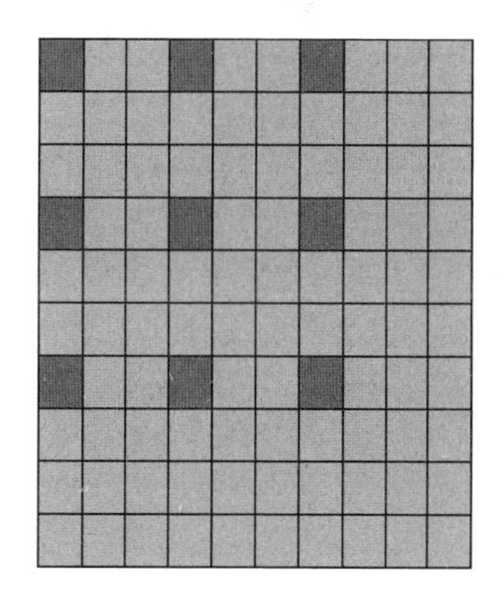

▲图 6-4　不同膨胀率的空洞卷积

DeepLab v1 的主要特点如下。

- DeepLab v1 引入了一种称为空洞卷积的技术。这种技术允许在不降低特征图分辨率的情况下，通过填充空洞（即 0）扩大卷积核的感受野。这样，模型可以在不增加计算负担的情况下捕获更丰富的上下文信息。

- DeepLab v1 采用了 FCN 的结构，将传统的 CNN 中的全连接层替换为卷积层，从而可以输出任意尺寸的特征图。这使模型可以对输入图像进行像素级别的预测，实现图像的语义分割。
- 为了进一步提高图像分割的精度，DeepLab v1 结合了全连接 CRF。CRF 是一种概率图模型，可以捕捉像素之间的空间依赖关系，并对模型的输出进行精细化调整。通过结合 CRF，DeepLab v1 能够在保持高分辨率特征图的同时，获得更准确的图像分割结果。

2. DeepLab v2

DeepLab v2 在 DeepLab v1 的基础上，主要引入了 ASPP（Atrous Spatial Pyramid Pooling，空洞空间金字塔池化）策略，用于在给定的输入上以不同膨胀率的空洞卷积并行进行采样，相当于以多个比例捕捉图像的上下文，这样就可以获得更好的图像分割性能。ASPP 的原理如图 6-5 所示。

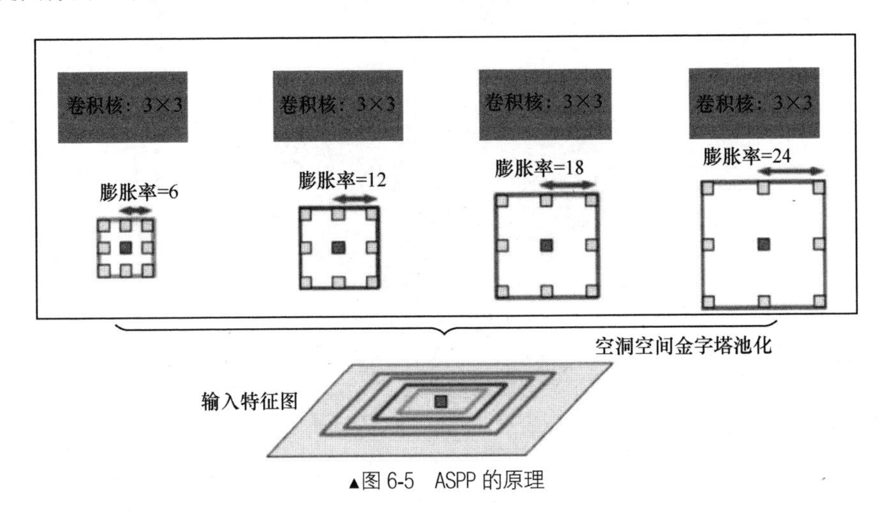

▲图 6-5 ASPP 的原理

空洞卷积的膨胀率（dilation rate）是一个重要的超参数，用于控制卷积核中元素的间距。这个参数决定了卷积核在处理图像时像素之间的空间距离，从而影响卷积核的感受野大小。

在标准的卷积操作中，通常设置扩张因子为 1，这意味着卷积核中的元素都紧密相连，没有空洞。然而，在空洞卷积中，扩张因子可以大于 1，这会导致卷积核中的元素出现间隔。具体来说，若扩张因子为 d，意味着相邻两个非零元素的间距为 d–1。如图 6-5 所示，当扩张因子为 1 时，卷积感受野的大小为 3×3；当扩张因子为 2 时，在卷积之间插入一个 0，就可以实现一个 7×7 的卷积感受野。这使在同等参数量的情况下，卷积能感受更加广泛的区域。

扩张因子的选择对模型的性能和计算效率具有重要影响。较小的扩张因子（如 1 或 2）可以实现较低的计算成本，但可能无法捕获足够的上下文信息。而较大的扩张因子可以扩大模型的感受野，捕获更多的上下文信息，但可能会增加计算负担和提升模型复杂度。因此，在选择扩张因子时，需要权衡计算成本、模型性能和所需的上下文信息。在实际应用中，扩张因子通常设置为 2 的幂次，这样可以方便地与卷积步长和池化操作进行配合。

ASPP 主要利用不同扩张因子的卷积操作来获取多尺度的特征信息，同时为了利用全局的信息，使用全局平均池化来获取图像级别的特征。

3. DeepLab v3

DeepLab v3 是在 DeepLab v1 和 DeepLab v2 的基础上的进一步扩展，其主要特点是能够有效地利用多尺度上下文信息和低级特征进行语义分割，在多个数据集上取得了优秀表现。DeepLab v3 相较于之前的版本（DeepLab v1 和 DeepLab v2）主要有以下几个方面的改进。

- DeepLab v3 中设计了串行和并行的空洞卷积模块，采用多种不同的采样率来获取多尺度的内容信息。
- DeepLab v3 中的 ASPP 模块加入了 BN 层，有助于加速模型的收敛并提高模型的稳定性。
- 在 DeepLab v3 中，为了进一步提高分割的准确性，采用了多尺度预测的策略。具体来说，模型会在不同的尺度下对图像进行预测，并将这些预测结果融合在一起，从而得到最终的分割结果。这种多尺度预测的方法使模型能够更好地处理不同大小的物体，提高分割的精度。
- 在 DeepLab v3 中，为了克服远距离下有效权重减小的问题，使用全局平均池化对最后的特征映射进行处理。全局平均池化能够捕获全局上下文信息，有助于模型更好地理解图像的整体结构，从而提高分割的准确性。

图 6-6（a）与（b）演示了 ResNet 的串联结构中，不使用空洞卷积和使用不同膨胀率的空洞卷积的差异，通过在卷积块 3 后使用不同膨胀率的空洞卷积，在扩大感受野的情况下，保证特征图的分辨率。

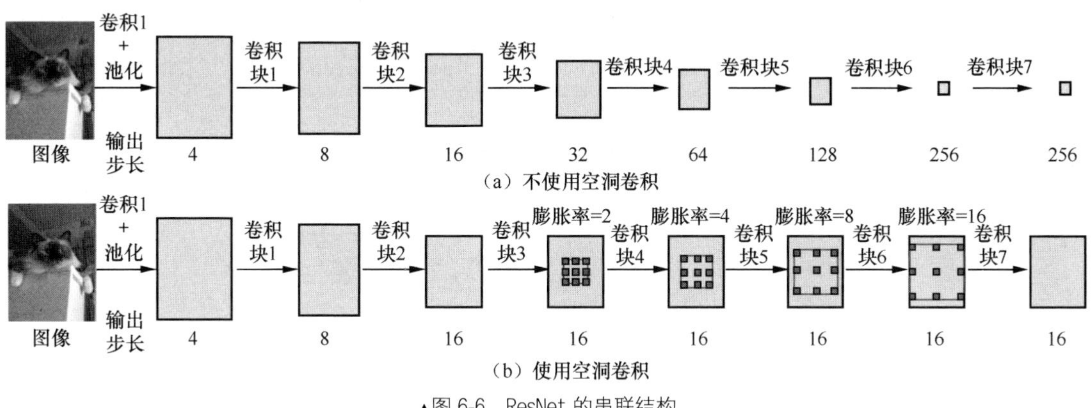

▲图 6-6 ResNet 的串联结构

通过实验发现，膨胀率越大，卷积核中的有效权重越小，当膨胀率足够大时，只有卷积核中间的权重有效，即其退化成了 1×1 的卷积核，并不能获取全局的上下文信息。为了解决这个问题，在最后一个特征上使用全局平均池化，包含 1×1 的卷积核，输出 256 个通道，再通过正则化，利用双线性上采样还原到对应尺度。修改后的 ASPP 结构如图 6-7 所示。

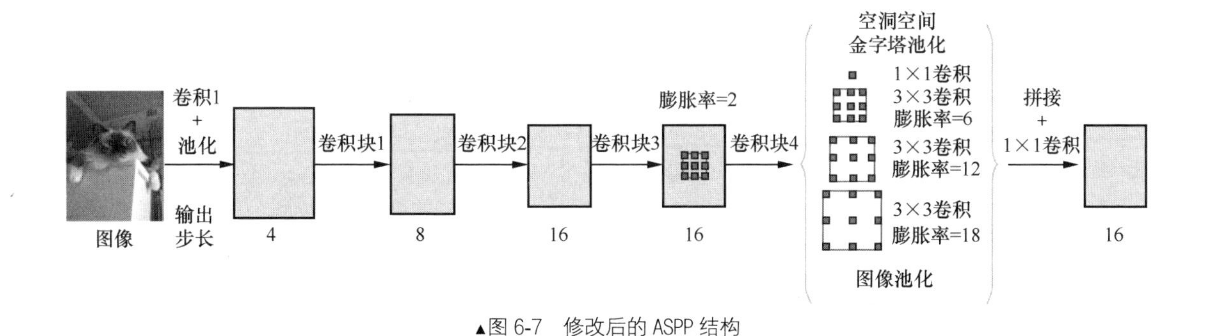

▲图 6-7 修改后的 ASPP 结构

4. DeepLab v3+

DeepLab v3+是 DeepLab v3 的改进版本。DeepLab v3+相较于 DeepLab v3 在模型结构和性能上进行了多项改进，以下是主要改进点。

- **特征金字塔网络（Feature Pyramid Network，FPN）的引入**。DeepLab v3+引入了 FPN 来更好地利用不同层的特征图。FPN 通过上采样和融合不同层的特征图，使模型能够同时捕获低层的细节信息和高层的语义信息。这种结构在多个尺度的特征图上进行了预测，显著提高了模型的分割性能。
- **ASPP 模块的引入**。虽然 DeepLab v3 已经引入了 ASPP 模块来捕获多尺度上下文信息，但 DeepLab v3+对 ASPP 进行了进一步的改进。它采用了更深的 ASPP 结构，并且在每个 3×3 的深度卷积后增加了 BN 层和 ReLU 激活函数，这有助于加速模型的收敛并提高分割的精度。
- **骨干网络的引入**。DeepLab v3+使用 Xception 作为骨干网络，相较于 DeepLab v3 中使用的 ResNet 101，Xception 具有更深的网络结构和更高效的计算性能。Xception 通过引入深度分离卷积来减少计算量和降低内存占用率，同时保持模型的性能。
- **解码器模块的引入**。DeepLab v3+引入了一个解码器模块，可以将 ASPP 模块输出的特征图恢复到与输入图像相同的分辨率。解码器模块通过上采样和卷积操作，将低分辨率的特征图转换回高分辨率的分割结果。这种结构使模型能够更好地处理细节信息，提高分割的准确性。

DeepLab v3+的网络结构如图 6-8 所示。

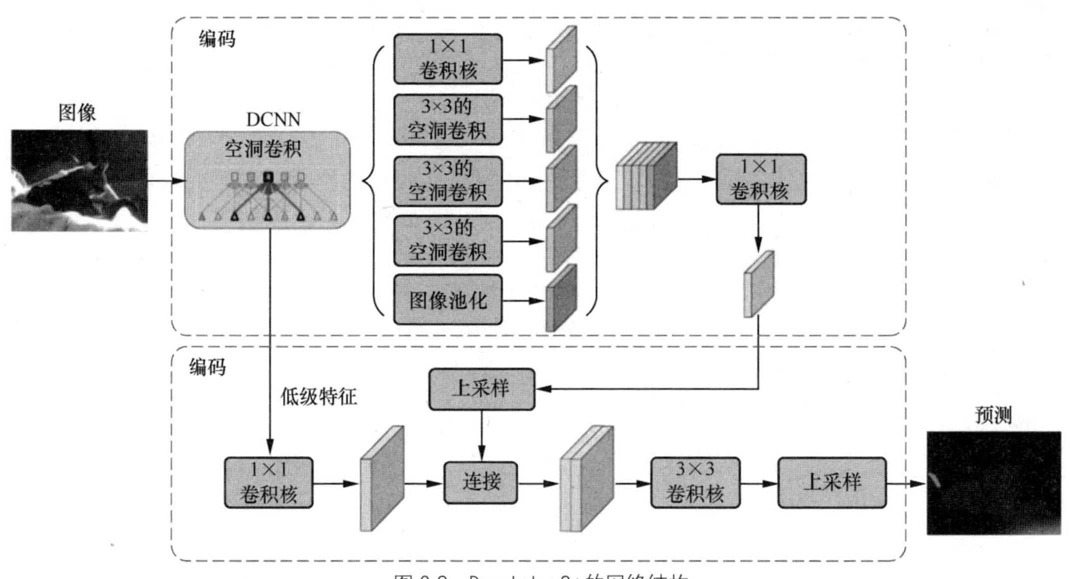

▲图 6-8 DeepLab v3+的网络结构

可以把原 DeepLab v3 当作编码，添加解码后得到新的模型 DeepLab v3+。与 DeepLab V3 不同的是，DeepLab v3+将空洞卷积和深度分离卷积结合，得到一个空洞可分离卷积（atrous separate convolution），也就是把空洞卷积应用在深度分离卷积上，能够在维持相同性能的情况下，大大降低计算复杂度。后面再进行解码，在解码的过程中运用了不同层的特征的融合。此外，在编码部分加入了 Xception 的结构，减少了参数数量，提高了运行速度。

6.2.3 任务实施

DeepLab 已经将代码开源，关于其源码的使用方法，有非常详细的说明，包括对 3 个常见数据集（Pascal VOC 2012、Cityscapes、ADE20K）的下载、训练、测试等的说明，读者可以结合源码进行学习、训练与测试。源码可通过在 GitHub 网站搜索“VainF/DeepLabV3Plus-Pytorch”获取。基于龙芯平台，使用 PyTorch 框架部署 DeepLab v3+模型，进行语义分割，其效果如图 6-9 所示。

▲图 6-9 语义分割的效果

6.3 任务 2：基于龙芯平台部署实例分割网络 Mask R-CNN

6.3.1 任务描述

基于龙芯平台使用 Detectron2 框架部署 Mask R-CNN 预训练模型，完成 Mask R-CNN 实例分割演示。

6.3.2 技术准备

与语义分割不同，实例分割只对特定物体进行类别划分，这一点与目标检测有点相似，但目标检测输出的是边界框和类别，而实例分割输出的是掩模和类别。目前实例分割的常用模型主要包括 Mask R-CNN、FCIS、MaskLab、PANet 等。下面主要介绍 Mask R-CNN。

Mask R-CNN 是一个小巧灵活的通用实例级分割框架，不仅可对图像中的目标进行检测，还可以为每一个目标给出一个高质量的分割结果。它在 Faster R-CNN 的基础之上进行扩展，并行地在边界框识别（bounding box recognition）分支上添加一个用于预测目标掩模的新分支。它具有良好的可扩展性，很容易扩展到其他任务（如估计人的姿势）中。Mask R-CNN 结构简单、准确度高、容易理解，是用于图像分割的优秀模型。

Faster R-CNN 是一个优秀的目标检测模型，能较准确地检测图像中的目标物体（实例），其输出数据主要包含两组：一组是图像分类预测，另一组是图像边框回归。而 Mask R-CNN 在此基础上增加了 FCN 来产生对应的像素分类信息，以描述检测出的目标物体的范围，所以 Mask R-CNN 可以理解为“Faster R-CNN + FCN”，更确切地说是“RPN + RoI Align + Faster R-CNN + FCN”。Mask R-CNN 算法的框架如图 6-10 所示。

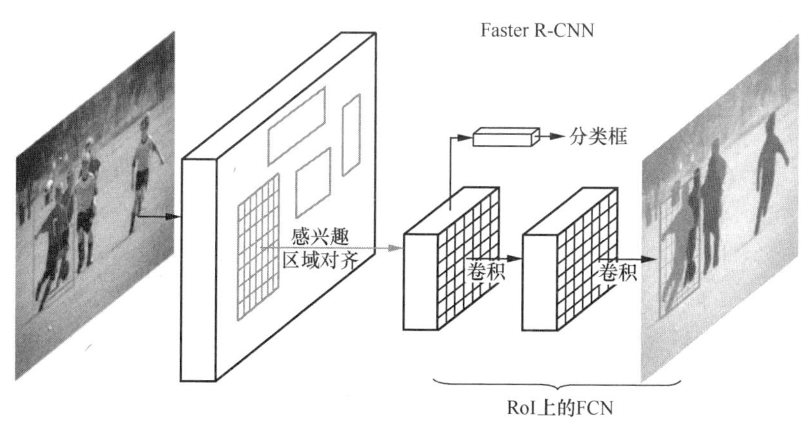

▲图 6-10 Mask R-CNN 算法的框架

Mask R-CNN 算法的步骤如下。

（1）输入一幅需要处理的图像，并进行预处理操作。

（2）将预处理后的图像输入一个预训练好的神经网络（如 ResNeXt）中，获得对应的特征图。

（3）对这个特征图中的每一点设定预定个数的感兴趣区域（Region of Interest，RoI），从而获得多个候选 RoI。

（4）将这些候选的 RoI 送入 RPN，进行二值分类和边界框回归，过滤掉一部分候选的 RoI。

（5）对剩下的 RoI 进行感兴趣区域对齐（RoI Align）操作，即先将原图和特征图的像素对应起来，然后将特征图和固定的特征对应起来。这一步可解决感兴趣区域池化中的像素偏差问题，提高精度。

（6）对这些 RoI 进行分类（多分类）、边界框回归和掩模生成（在每一个 RoI 中进行 FCN 操作）操作。

将 Mask R-CNN 分解 3 个模块——Faster R-CNN、FCN 和感兴趣区域对齐。接下来分别对这 3 个模块进行讲解，这也是该算法的核心。

关于 Faster R-CNN 的算法，请参考 5.2.2 节，这里不赘述。

FCN 算法是一种经典的语义分割算法，特别适用于图像语义分割任务。该算法的主要特点和创新之处在于，它将传统的 CNN 中的全连接层替换为卷积层，从而能够接收任意尺寸的输入图像，并输出与输入图像的尺寸相同的分割结果。

FCN 算法的核心思想是通过反卷积层对最后一个卷积层的特征图进行上采样，使其恢复为与输入图像相同的尺寸。这样，每个像素都会得到一个预测结果，同时保留输入图像的空间信息。在特征图上，对每个像素进行分类，逐像素地使用归一化（Softmax）分类器计算损失。这种方式相当于将每一像素视为一个训练样本，从而实现像素级别的图像分割。

此外，FCN 算法还采用了跳跃架构（skip architecture），将低层的高分辨率特征与高层的低分辨率特征进行融合。这样做的目的是保留更多的空间信息，提高分割的精度。通过结合不同层的特征，FCN 能够在不同尺度上捕捉图像的信息，从而更好地完成各种复杂的分割任务。具体的细节请参考相关文献。

感兴趣区域对齐是目标检测和物体识别等计算机视觉任务中一种常用的空间变换网络操作，主要用于解决 RoI 映射过程中的采样问题。它是感兴趣区域池化的一种重要改进，可以更加精确地对齐 RoI 中的特征，避免感兴趣区域池化过程中的信息损失。

在传统的感兴趣区域池化中，通常将每个 RoI 映射到固定大小的特征图上，然后通过池化等方式进行特征提取。然而，由于 RoI 的大小和形状可能不同，因此这种映射方式可能会导致信息的丢失，特别是在 RoI 的边界部分。为了解决这个问题，感兴趣区域对齐采用双线性插值（双线性插值是一种比较好的图像缩放算法，这里不做具体描述，读者可参考相关文献）的方式，在 RoI 的每个单元格内进行更精细的采样，从而得到更加准确的特征表示。

感兴趣区域对齐的工作原理如下。

将 RoI 划分为较小的单元格，通常划分为 7×7 或 14×14 的网格。对每个单元格在原始特征图上进行双线性插值，计算出对应位置的特征值。双线性插值是一种在二维空间中进行插值的方法，可以根据周围的像素值估算出任意位置的像素值。将所有单元格的特征进行汇聚，形成感兴趣区域对齐的输出。汇聚操作可以是求和、平均等，具体取决于任务的需求。

相对于传统的感兴趣区域池化，感兴趣区域对齐能够更准确地捕捉 RoI 内部的空间信息，从而有助于提高目标检测的准确性，特别是在处理小目标或目标边界细节方面。因此，感兴趣区域对齐在许多目标检测框架（如 Faster R-CNN、Mask R-CNN 等）中得到了广泛的应用。

在 PyTorch 中，torch.ops.torchvision.roi_align 是一个用于实现感兴趣区域对齐操作的函数。它的输入包括特征图、RoI、输出特征图的大小和插值的空间大小等参数，输出则是对应每个 RoI 的特征图，每个 RoI 的特征图的大小相同。这个函数通常在 RoI 池化之前执行，以改善特征提取的效果。

6.3.3 任务实施

具体前置条件同前。在终端运行如下命令即可进行 Mask R-CNN 预训练模型实例分割。

```
python3 demo/demo.py --config-file ./configs/COCO-InstanceSegmentation/mask_rcnn_R_50
_FPN_3x.yaml --input ./itest/maskrcnn.png --output ./otest/ --opts MODEL.WEIGHTS dete
ctron2://COCO-InstanceSegmentation/mask_rcnn_R_50_FPN_3x/137849600/model_final_f10217
.pkl MODEL.DEVICE cpu
```

Mask R-CNN 实例分割结果如图 6-11 所示。

▲图 6-11 Mask R-CNN 实例分割结果

6.4 任务 3：基于龙芯平台部署全景分割网络 Panoptic FPN

6.4.1 任务描述

基于龙芯平台使用 Detectron2 框架部署 Panoptic FPN 预训练模型，完成实例分割演示。

6.4.2 技术准备

全景分割是语义分割和实例分割的结合，既要将所有目标都检测出来，又要区分出同个类别中的不同实例。它旨在同时分割实例层面的目标和语义层面的背景内容，为输入图像中的每个像素赋予类别标签和实例 ID，生成全局的、统一的分割图像。

从输入数据上分类，全景分割可以分为基于 RGB 图像的全景分割和基于点云数据的全景分割。本节主要介绍基于 RGB 图像的全景分割算法。

基于 RGB 图像的全景分割算法主要分为 3 类——基于框的算法、无框算法、对具体事物和背景元素使用相同结构进行预测的算法。

1. 基于框的算法

基于框的算法对具体事物和背景元素使用不同的分支进行预测。其中，具体事物的分割基于目标检测框。例如，Panoptic FPN 模型首先进行特征提取，然后对两个分支分别预测实例分割和语义分割。其中实例分割分支的预测过程是先预测出实例的框，再在每个框的范围内预测出对应的实例分割，所以使用基于框的算法的全景分割的最终结果的精度主要取决于框的预测精度。语义分割分支直接预测输出结果。最后融合两个分支结果得到全景分割结果。

通过两个分支分别预测具体事物和背景元素，会导致两个分支预测结果有重合区域，其后处理去重过程和 NMS 的类似，具体如下。

（1）根据不同具体事物的置信度，去除重叠区域。

（2）以具体事物优先原则去除具体事物和背景元素之间的重叠区域。

（3）去除背景元素标记为“其他”或者低于给定面积阈值的区域。

Panoptic 模型使用 FPN 作为主干网络，通过一个标准的网络提取多个空间位置的特征，再在网络的最高层开始上采样并和对应的特征提取网络横向连接，生成多个尺度的特征图，从而获得多尺度的语义信息。

虽然网络高层的特征包含丰富的语义信息，但是由于它是低分辨率的，因此它很难准确地保存物体的位置信息。虽然低层的特征的语义信息较少，但是由于它的分辨率高，因此它可以准确地包含物体位置信息，通过融合不同层的特征达到识别和定位更准确的预测效果。

FPN 可以应用到各种网络模型（如目标检测模型 Faster R-CNN、实例分割模型 Mask R-CNN，以及全景分割网络 Panoptic FCN），提升模型效果。

2. 无框算法

无框算法同样对具体事物和背景元素使用不同的分支进行预测，但不需要先进行目标检测。例如，Panoptic-DeepLab 去除了框预测部分，直接预测出具体事物和背景元素，其框架如图 6-12 所示。为了进行目标实例预测，它在实例分割分支同时预测每个实例的中心点及热力图，得到像素与实例关键点之间的关系，并依此融合形成类别未知的不同实例。与基于框的算法相比，无框算法去除了框预测步骤，推理速度更快，减少了框的限制对分割精度的影响。

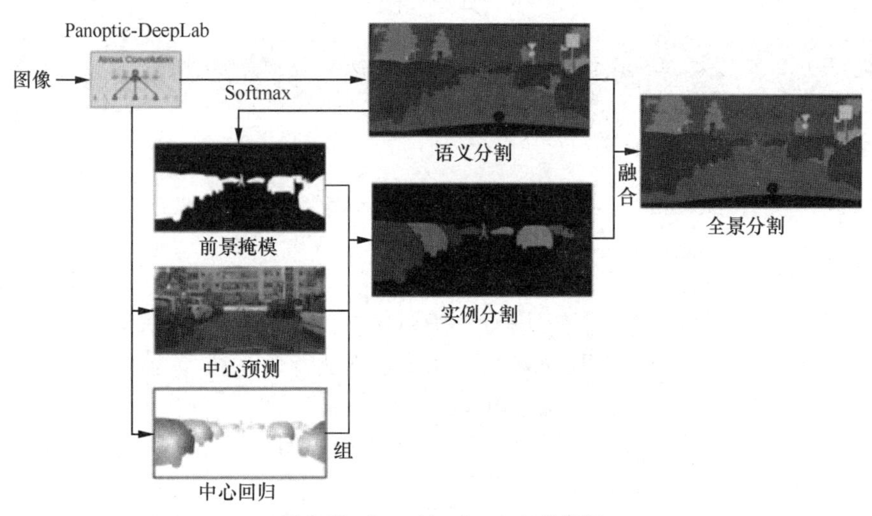

▲图 6-12　Panoptic-DeepLab 的框架

3. 对具体事物和背景元素使用相同结构进行预测的算法

Panoptic FCN 将具体事物和背景元素统一成核权重来进行预测。Panoptic FCN 主要由 FPN、核生成器、核融合部分和核编码器组成。Panoptic FCN 先通过 FPN 得到多尺度特征图，为每个特征图的具体事物和背景元素生成核权重，然后通过核融合部分对多个特征图的核权重进行合并。

核生成器由核头和位置头两个分支构成，首先同时预测具体事物和背景元素的位置，其中，具体事物通过预测中心点来定位和分类，背景元素通过预测区域来定位和分类，然后根据具体事物和背景元素的位置，从核头中生成核权重。特征编码器用来对高分辨率特征进行编码，最后将得到的核权重和编码特征融合得到最终预测结果。

使用基于框的算法和无框算法进行全景分割，都是将具体事物和背景元素拆分成两个分支来进行预测的，这必然会引入更多的后处理、不同分支信息融合的操作，使整个系统既冗余又复杂。Panoptic FCN 实现了真正的端到端全景分割，省去了子任务融合的操作，推理速度快，效果好。

6.4.3 任务实施

具体前置条件同前。在终端运行如下命令即可进行 Panoptic FPN 预训练模型全景分割。

```
python3 demo/demo.py --config-file ./configs/COCO-PanopticSegmentation/panoptic_fpn_R_50_3x.yaml --input ./itest/panoptic.png --output ./otest/ --opts MODEL.WEIGHTS detectron2://COCO-PanopticSegmentation/panoptic_fpn_R_50_3x/139514569/model_final_c10459.pkl MODEL.DEVICE cpu
```

Panoptic FPN 的全景分割结果如图 6-13 所示。

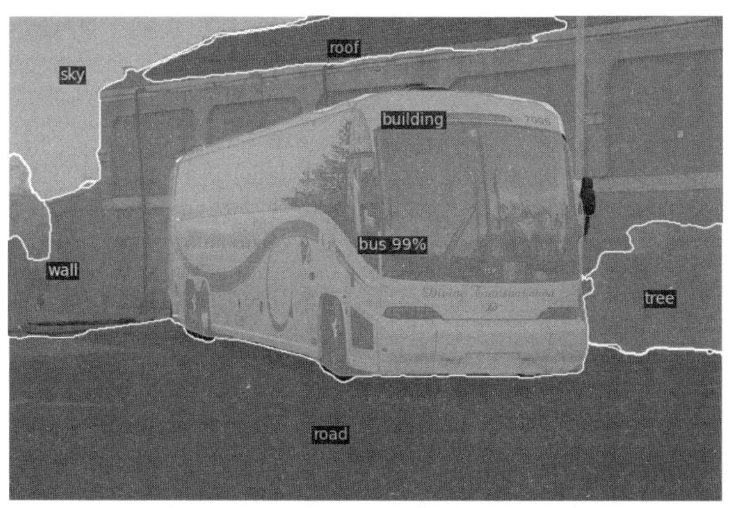

▲图 6-13　Panoptic FPN 的全景分割结果

6.5 项目总结

本项目主要介绍了图像分割的基本任务，分别对语义分割、实例分割和全景分割的经典网络模型进行了阐述，并讨论了如何基于龙芯平台对相应的网络模型进行部署。

项目 7　龙芯智能计算平台模型的训练

本项目主要介绍龙芯智能计算平台，并要求基于龙芯智能计算平台进行深度学习模型训练。

7.1 知识引入

7.1.1　龙芯智能计算平台

1. 龙芯智能计算平台技术栈

AI 是当前新基建的热门领域之一。机器学习是一种实现 AI 的方法，而深度学习是当前最热门的一种实现机器学习的技术，也是当今 AI “大爆炸” 的核心驱动力。

龙芯智能计算平台技术架构参考 AI 深度学习架构设计，从下向上依次为基础硬件层、基础软件层、算法及框架层和产品应用层，如图 7-1 所示。

下面阐述各层的主要内容。

基础硬件层基于龙芯处理器实现了支持多种不同的芯片组合，如龙芯处理器+GPGPU（General Purpose Graphic Processing Unit，通用图形处理器）、龙芯处理器+ASIC（Application Specific Integrated Circuit，专用集成电路）、龙芯处理器+FPGA（Field Programmable Gate Array，现场可编程门阵列）等，提供了多样化的算力，为龙芯智能计算平台 AI 应用方案构建全域异构硬件支撑体系，满足 AI 各应用场景训练及推理对算力的需求，形成覆盖基于龙芯平台的云、边、端全栈全场景的产品与解决方案，给 AI 类应用带来强劲的性能提升。

基础软件层基于国产化操作系统，支持主流深度学习高性能算子库，如 OpenBLAS、oneDNN、FBGEMM 等，并支持计算机视觉库 OpenCV 以及深度学习第三方依赖库。

算法及框架层支持国际、国内主流编程框架，如 TensorFlow、PyTorch、ONNX Runtime、PaddlePaddle、NCNN 等；利用编程框架并结合高性能算子库，支持机器学习和深度学习常用算法的运行、部署，如支持常用的机器学习算法（感知机算法、KNN 算法、决策树算法、随机森林算法、朴素贝叶斯分类算法等）及常用的深度学习算法（VGG、ResNet、Inception、MobileNet、ShuffleNet、YOLO、SSD、BERT 等），满足计算机视觉、自然语言处理及语音技术等基础应用的需求。

产品应用层基于龙芯智能计算平台技术栈方案，可满足云、边、端不同应用场景对算力的需求，涉及计算机视觉、自然语言处理等领域，服务于安防、交通、教育、能源、数据中心等行业。

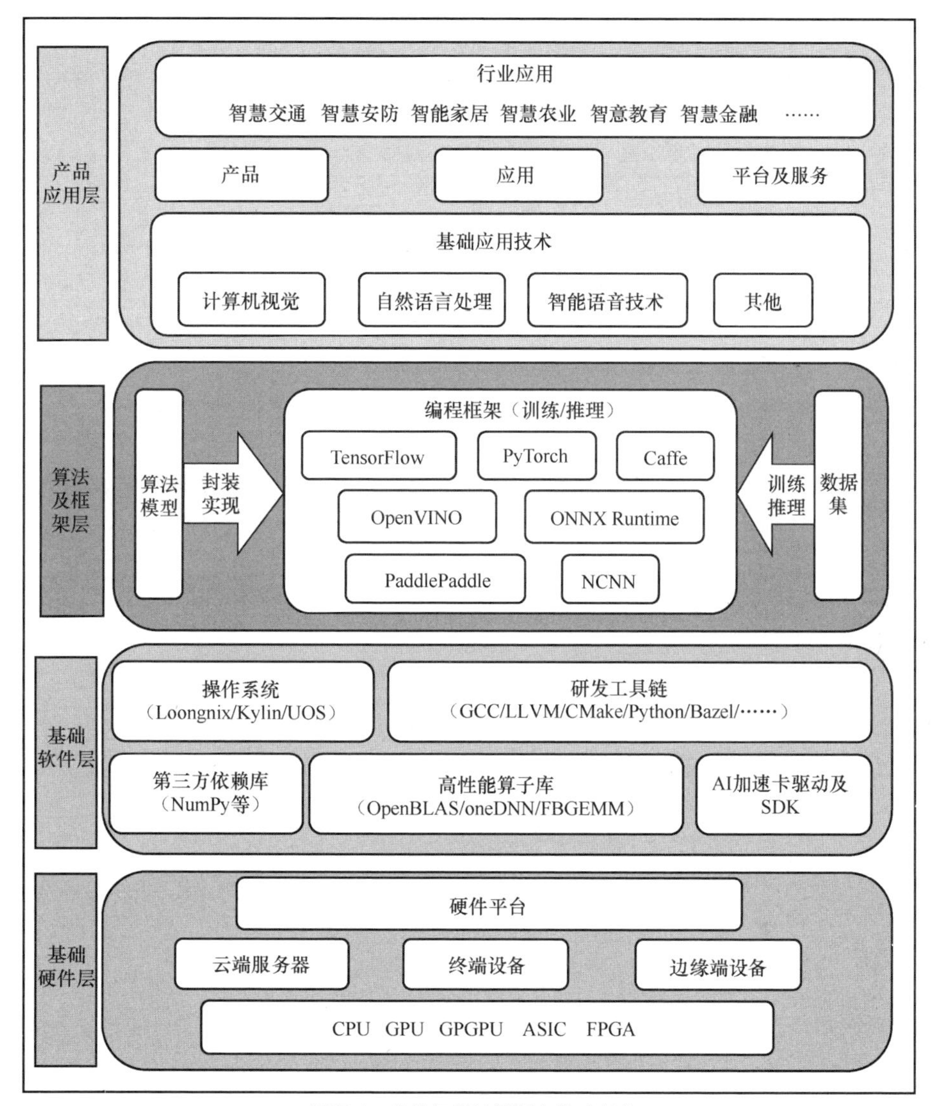

▲图 7-1 龙芯智能计算平台技术架构

2. 龙芯智能计算平台总体框架

龙芯智能计算平台是基于龙芯智能计算平台技术栈打造的一套云、边、端软硬一体化解决方案，其总体框架自下向上依次由硬件基座、云管平台、操作系统、可视化平台、训练推理、AI 应用组成，如图 7-2 所示。

龙芯智能计算平台以龙芯 CPU 主处理器和相关 AI 协处理器为硬件基座，涉及 AI 训练平台和 AI 推理平台。AI 训练平台主要用于 AI 模型训练任务，训练生成的模型可通过 AI 推理平台进行推理部署。

AI 训练平台是由龙芯 AI 服务器搭载相关 AI 训练卡（如天垓 100 或 MLU370-X8）组成的高性能计算平台，可用于完成 AI 深度学习模型训练任务。AI 训练平台支持各种 AI 模型训练，涉及计算机视觉、自然语言处理、语音等技术领域的算法模型。

AI 推理平台使用龙芯终端/边缘端或推理服务器搭载 AI 推理卡来部署应用，从而完成推理任务。根据应用场景对算力的需求，可选择不同的 AI 推理卡。目前龙芯平台支持的推理卡种类较多，涉及 GPGPU、ASIC、FPGA 等不同体系结构的处理器。

▲图 7-2　龙芯智能计算平台总体框架

在龙芯智能计算平台服务器端部署云管平台，利用龙芯国密云为 AI 训练平台实现三大虚拟化任务——计算虚拟化、网络虚拟化和存储虚拟化。龙芯国密云提供丰富的计算资源、存储资源、网络资源和密码资源，可以将部署在其上的业务系统及相关数据全部纳入国密体系保护范围，有效保障业务系统安全稳定运行。

龙芯智能计算平台主要承载的操作系统为国产桌面/服务器操作系统，如 Loongnix、Kylin、UOS。在这些国产操作系统上，龙芯智能计算平台拥有完善的 AI 开发任务所需的软件环境，如编译工具链 GCC/LLVM/Bazel，编程框架 TensorFlow、PyTorch、ONNX Runtime、Caffe、PaddlePaddle、NCNN，以及 OpenCV、OpenBLAS、oneDNN、FBGEMM 等计算机视觉库及高性能算子库。

龙芯智能计算平台云管平台上可部署一些可视化平台软件，如训练管理平台、集群管理平台和面向教育行业的教学管理平台等业务系统软件。

训练管理平台可对模型、算法、数据集进行统一管理，提供最佳方案决策，通过它用户可进行可视化的训练任务操作。训练管理平台主要包括数据集管理、算法管理、模型管理、任务管理、镜像管理、算力市场、开发环境和数据上传等功能。

数据集管理、算法管理、任务管理主要用于在线模型训练，用户可通过训练管理平台的可视化界面在训练过程中和完成后查看训练日志，查看训练结果和可视化模型，并根据训练结果在该平台继续调优，或基于一个可让人接受的训练结果直接进行推理任务。

镜像管理、算力市场和开发环境可以为用户提供可视化的开发环境，基于 Jupyter 开发工具，可快速进入开发状态。

集群管理平台支持对容器和虚拟机进行统一管理，通过它用户既可以以容器方式申请算力资源，也可以直接申请虚拟机。该平台具备同时管理节点和虚拟机的能力，通过“Rancher+Kubernetes+

Docker”方案可进行容器部署和管理。该平台具有集群数据监控功能，可监控当前集群状态、实时统计各项指标的信息和分析阶段性的数据等；对 GPU 使用率等关键信息进行监控，分析对应服务器的负载情况，从运维角度进行算力资源优化，通过高效的调度策略进行资源任务调度。

教学管理平台针对高校教育研发，是一款让学生学习更加高效、教师教学更加便捷、学校管理更加有序的辅助教学产品。该平台由平台端及客户端组成。其中平台端供系统管理员、教师及学生 3 种角色访问，集成了资源管理、课程管理、设备管理、教师管理、学生管理、日志管理等功能。客户端安装在学生的终端设备上，支持开机自启动，并自动连接管理平台。学生的终端设备支持实时上报设备名称、MAC 地址、IP 地址、硬件配置等信息，便于集中管控。

7.1.2 龙芯智能计算平台的优势

龙芯智能计算平台的优势明显，主要包括以下几个方面。

- **属于纯国产化平台，自主可控程度高。**龙芯智能计算平台主控处理器以 LoongArch 自主指令集架构（龙架构）为基础，支持自研国产芯片、国产操作系统。该架构是独立于 x86 和 ARM 架构的自主指令集架构，从顶层架构到指令功能和 ABI（Application Binary Interface，应用程序二进制接口）标准等，全部自主设计，无须国外授权，完全自主可控。此外，该平台所采用的协处理器均是国内主流 AI 加速卡厂商生产的处理器设备（基于 GPGPU/ASIC 系列）。其主控处理器以及协处理器均采用国产芯片，从根本上摆脱了对英特尔和英伟达的依赖，克服了硬件资源短缺等障碍。
- **具有芯片级的安全体系，安全保障性高。**龙芯智能计算平台基于龙芯处理器，龙芯处理器内嵌 SE（Secure Element）安全模块作为密码基础设施，具备密码运算、安全存储、密钥管理和真随机数发生功能，可为云管平台及上层业务应用提供安全、合规和标准化的密码支撑能力。此外，云管平台使用的龙芯国密云依据国密标准体系建设要求，可构建满足国密应用要求的密码基础设施，提供密码服务支撑和密码应用保障，实现安全接入、安全通信、安全存储、安全交换等。
- **支持多样化的算力资源组合，支撑不同 AI 应用场景。**龙芯智能计算平台可以支持多种不同的芯片组合，提供多样化的算力，以满足不同应用的需求。AI 训练平台及 AI 推理平台支持国内主流 AI 加速卡厂商生产的处理器芯片（涉及 GPGPU/ASIC/FPGA 系列），为龙芯智能计算平台 AI 应用方案构建了全域异构硬件支撑体系，满足 AI 各场景训练及推理对算力的需求，形成覆盖云边端全栈全场景的产品与解决方案，为 AI 应用带来强劲的性能提升。
- **拥有灵活的部署方案和资源调度策略，可扩展性强。**龙芯智能计算平台的 AI 训练平台支持训练卡和推理卡在集群中混合部署，部署灵活，尤其在超算中心或数据中心可满足不同层级的算力需求。AI 训练平台在集群框架下采用分布式计算技术，可将任务分配到多个计算节点上，进行并行计算，从而大大缩短计算任务的完成时间，提高计算效率；在进行资源有效调度和管理后，可以做到资源最大化利用，对整体资源池中利用率不高的服务器进行统一调度，降低开销。
- **拥有完善的 AI 软件生态体系，通用性强。**龙芯智能计算平台基于 LoongArch 架构，可以兼容国内外主流生态，以及主流 GPU 通用计算模型，提供支持主流 GPU 通用计算模型的等效组件、特性、API 和算法，具备使用面广、迁移灵活、编译开发难度低等特点，可以胜任各种不同的智能计算任务。该平台已经支持当前国际、国内主流的深度学习编程框架，如 TensorFlow、PyTorch、Caffe、ONNX Runtime、PaddlePaddle、NCNN 等。计算机视觉和自然语言处理领域常用的算法模型（VGG、ResNet、Inception、MobileNet、YOLO、BERT 等）通过深度学习编程框架均能正常在龙芯智能计算平台上部署和推理运行。同时，基于

LoongArch 架构，龙芯研发人员针对深度学习编程框架常用的深度学习算子库（如 OpenBLAS、oneDNN 以及 FBGEMM）均进行了适配和深度优化，深度学习编程框架可配置这些算子库来提升模型训练和推理性能。

- **提供可视化的管理平台，操控便捷**。龙芯智能计算平台的 AI 训练平台可采用龙芯国密云部署训练管理平台、集群管理平台等业务系统软件，提供可视化的操作界面。训练管理平台方便用户进行 AI 训练操作；集群管理平台可实时监控 AI 训练平台中的 CPU、内存及 GPU 的分配及使用情况。针对由多台 AI 服务器组成的集群，通过平台可以将任务请求平均分配到集群的各台服务器中，从而避免某台服务器因为负载太高而出现故障，当集群中的某台服务器出现故障时，负载均衡会进行自动规避，让用户相关业务不受影响。

7.1.3 龙芯智能计算平台的应用

龙芯智能计算平台通过搭载不同加速卡方案，支持多样化的算力平台组合，可广泛用于深度学习领域中的计算机视觉、自然语言处理、语音技术等，以及传统机器学习领域中等多样化的 AI 应用技术，如图片分类、目标检测、实例分割、语义分割、视频跟踪、行为分析、文字识别、语音识别、语音合成、机器翻译等。该平台可满足不同 AI 应用场景对算力的需求，服务于教育、交通、互联网、金融、医疗、安防等行业，赋能 AI 智能社会。

7.2 任务：利用龙芯 AI 训练平台训练模型

7.2.1 任务描述

本任务要求利用龙芯 AI 训练平台完成计算机视觉模型训练任务。

7.2.2 技术准备

龙芯 AI 训练平台由龙芯 AI 服务器搭载国产 AI 训练卡组建，本节将对龙芯 AI 服务器及 AI 训练卡做简要介绍。

1. 龙芯 AI 服务器简介

龙芯 AI 服务器是一款基于自主 LoongArch 架构的龙芯服务器处理器（如龙芯 3C5000）的 4U（服务器机箱尺寸）通用 AI 服务器，适用于企业办公系统、视频监控、云计算、大数据、AI 训练等应用场景，具有高性能计算、大容量存储、低能耗、易管理等优点。

龙芯 AI 服务器具有以下基本特性。

- **采用国产关键软硬件，杜绝后门、漏洞隐患**。龙芯 AI 服务器采用龙芯处理器、固件、操作系统、硬盘、内存等国产关键软硬件，支持中间件和数据库。
- **设计可靠，确保服务器运行稳定**。龙芯 AI 服务器的软硬件已深度优化，其高效的“3+1”冗余电源、智能温控和良好的散热设计，可保障系统持续可靠运行，防止数据泄露。
- **具有较强的可扩展性能和较高的兼容性，满足保密系统部署需求**。龙芯 AI 服务器具有 4U 机箱，采用竖插卡形式，最多支持 10 张全高全长双宽 XPU 卡，还支持主流 RAID 卡、HBA 卡和 SSD，可高效整合存储和计算资源，符合综合保密和集中管控要求。

2. AI 训练卡简介

天垓 100 训练卡是一款基于 GPGPU 架构的高性能云端通用并行计算芯片，支持 FP32、

FP/BF16、INT32/16/8 等多精度数据混合训练，以及高速片间互联，并可达到 147TFLOPS@FP16 的超强算力。天垓 100 训练卡兼容多种主流服务器和主流软件生态，可助力用户实现“无痛”系统迁移。

天垓 100 训练卡具有灵活的编程能力、超强的性能、富有吸引力的性价比，广泛应用于 AI 训练等场景，服务于教育、互联网、金融、自动驾驶、医疗及安防等行业，赋能 AI 智能社会。

7.2.3 任务实施

1. AI 训练平台部署

下面主要介绍 AI 训练平台的部署方法。

1）安装工具

安装以下工具。

- 软件栈：包括加速卡驱动、函数库、编译器等工具。
- 测试工具：包括性能测试工具、深度学习框架网络模型测试脚本等。
- 深度学习框架：基于天垓 100 训练卡适配的深度学习编程框架，如 TensorFlow、PyTorch、PaddlePaddle 等。

2）进行环境配置

为了能够在 PCIe BAR（Base Address Register，基址寄存器）空间上成功映射加速卡的显卡内存地址，需确认 BIOS 设置中的 Above 4G Decoding 选项已开启。

AI 训练平台的推荐软硬件配置（这里以龙芯 3C5000 服务器为例）如表 7-1 所示。

表 7-1　AI 训练平台的推荐软硬件配置

类　别	配　置
AI 服务器	外观：4U 服务器。 处理器：3C5000+7A2000（2×16 核）。 BIOS 配置：开启 BIOS 设置中的 Above 4G Decoding 选项。 内存：128GB 以上，DDR4 RDIMM。 硬盘：480GB SSD；前面板的硬盘大小是 2×16TB。 网卡：双口 10GB 万兆网卡。 电源：两个 1600W 电源
AI 训练卡	这里以天垓 100 训练卡为例
软件配置	操作系统：这里以 Loongnix Server 8.4 服务器操作系统为例。 内核：localhost.localdomain 4.19.190-7.4.lns8.loongarch64。 GCC：GCC 8.3.1。 部署：AI 训练卡 SDK 及训练管理平台、集群管理平台、教学管理平台等可视化管理平台

3）软件栈部署前置条件

首先，准备一台龙芯 4U2P AI 服务器，安装 Loongnix Server 8.4 服务器操作系统；可准备 3 张天垓 100 训练卡（用 3 张训练卡进行训练测试）。

其次，系统需要满足一些前置条件才能确保训练卡软件栈能顺利完成安装。

第一个前置条件是检查系统内核。

由于安装训练卡软件栈的过程中会通过动态编译生成适配当前操作系统和 Linux Kernel 版本的 GCC，因此依次进行如下操作以检查 Linux Kernel 的头文件。

首先，通过以下命令检查 Linux Kernel 的版本。

```
$ uname -r
4.19.190-7.4.lns8.loongarch64
```

然后，通过以下命令检查 Linux Kernel 的头文件是否已安装。

```
$ ls -l /usr/src/kernels/4.19.190-7.4.lns8.loongarch64
```

内核文件列表如图 7-3 所示。

```
[user@localhost ~]$ ls -l /usr/src/kernels/4.19.190-7.4.lns8.loongarch64
总用量 5884
drwxr-xr-x  27 root root    4096 4月  17 04:41 arch
drwxr-xr-x   3 root root    4096 4月  17 04:25 block
drwxr-xr-x   2 root root    4096 4月  17 04:25 certs
drwxr-xr-x   4 root root    4096 4月  17 04:25 crypto
drwxr-xr-x 136 root root    4096 4月  17 04:25 drivers
drwxr-xr-x   2 root root    4096 4月  17 04:25 firmware
drwxr-xr-x  73 root root    4096 4月  17 04:25 fs
drwxr-xr-x  29 root root    4096 4月  17 04:25 include
drwxr-xr-x   2 root root    4096 4月  17 04:25 init
drwxr-xr-x   2 root root    4096 4月  17 04:25 ipc
-rw-r--r--   1 root root     563 3月  30 04:16 Kconfig
drwxr-xr-x  17 root root    4096 4月  17 04:25 kernel
drwxr-xr-x  13 root root    4096 4月  17 04:25 lib
-rw-r--r--   1 root root   60651 3月  30 04:16 Makefile
drwxr-xr-x   3 root root    4096 4月  17 04:25 mm
-rw-r--r--   1 root root 1124638 3月  30 04:16 Module.symvers
drwxr-xr-x  70 root root    4096 4月  17 04:25 net
drwxr-xr-x  27 root root    4096 4月  17 04:25 samples
drwxr-xr-x  13 root root    4096 4月  17 04:25 scripts
drwxr-xr-x  10 root root    4096 4月  17 04:25 security
drwxr-xr-x  26 root root    4096 4月  17 04:25 sound
-rw-r--r--   1 root root 4740406 3月  30 04:16 System.map
drwxr-xr-x  27 root root    4096 4月  17 04:25 tools
drwxr-xr-x   2 root root    4096 4月  17 04:25 usr
drwxr-xr-x   4 root root    4096 4月  17 04:25 virt
-rw-r--r--   1 root root      41 3月  30 04:16 vmlinux.id
[user@localhost ~]$
```

▲图 7-3　内核文件列表

第二个前置条件是搭建环境及安装系统库。

确保系统安装 Python 3 及其以上版本（这里使用的是 Python 3.7），并保证系统中已安装 pip3。如果没有安装 pip3，需要安装 Python 3.x 版本对应的 Python 3.x-pip。系统中还需要安装 Kmod 和 Make 工具。

确保系统已安装 ncurses 5 包。执行以下命令检查 ncurses 5 包是否已安装。

```
[user@localhost ~]$yum list installed | grep ncurses-libs
ncurses-libs.loongarch64    6.1-7.20180224.0.1.lns8      @baseos
```

如果未安装，可执行 sudo yum install ncurses-libs 进行安装。

确保系统安装了 elfutils-libelf-devel、libelf-dev 与 libelf-devel 中的一个。执行以下命令检查 elfutils-libelf-devel 是否安装。

```
[user@localhost ~]$ yum list installed | grep elfutils-libelf-devel
elfutils-libelf-devel.loongarch64              0.185-1.lns8
@baseos
```

如果未安装，可以通过执行 yum install -y elfutils-libelf-devel 命令安装。

安装深度学习框架前，执行以下命令安装依赖包。

```
sudo yum install python3-numpy.loongarch64
sudo pip3 install pillow==7.0.0
sudo yum install python3-scipy.loongarch64
sudo pip3 install scikit-learn==0.24.2
sudo pip3 install pandas==1.1.5
sudo pip3 install visualdl==2.4.2
```

第三个前置条件是安装深度学习框架。

当前基于龙芯AI训练平台搭载天垓100训练卡，这适配了PyTorch、PaddlePaddle等编程框架以及Apex、DALI加速库。通过pip install命令安装以下.whl包即可安装深度学习框架。

```
apex-0.1+corex.3.0.0-cp36-cp36m-linux_loongarch64.whl
dali-1.6.0+corex.3.0.0-cp36-cp36m-linux_loongarch64.whl
paddlepaddle-2.3.2+corex.3.0.0-cp36-cp36m-linux_loongarch64.whl
torch-1.10.2+corex.3.0.0-cp36-cp36m-linux_loongarch64.whl
torchaudio-0.10.2+corex.3.0.0-cp36-cp36m-linux_loongarch64.whl
torchtext-0.11.2+corex.3.0.0-cp36-cp36m-linux_loongarch64.whl
torchvision-0.11.3+corex.3.0.0-cp36-cp36m-linux_loongarch64.whl
```

4）安装AI训练卡

将天垓100训练卡插入PCIe x16插槽后，在终端执行lspci命令可查看信息，输出信息中1e3e是厂家标识，例如，若得到以下输出内容，则可获知训练卡对应系统端口07:00.0，且识别到训练卡。

```
$ lspci -vv | grep 1e3e
0001:07:00.0 Processing accelerators: Device 1e3e:0001
```

在确认训练卡已安装的前提下，继续执行lspci命令查看内存地址分配情况。要运行训练卡，显卡内存至少为32GB，且内存地址正确地分配在区域上。例如，若得到以下输出内容，则说明内存地址分配正确。

```
$ lspci -vvv | less
$ /1e3e
af:00.0 Processing accelerators:Device 1e3e:0001
...
Region 0:Memory at 3af800000000 (64-bit, prefetchable) [size=32G]
Region 2:Memory at e0e00000 (32-bit, non=prefetchable) [size=256K]
```

5）安装软件栈

获取软件栈安装包corex-installer-linux64-{v.r.m}_loongarch64_10.2.run。该安装包包括训练卡驱动、函数库、编译器、ixSMI、ixPROF、ixKN、ixSYS、ixGDB等工具。

注意以下几点。

- 软件栈安装包不包括测试工具；如果需要，可手动安装测试工具。
- 安装完成后，软件栈的include目录不包含cudnn.h文件。如果需要，可从NVIDIA官网下载7.6.5版本的cudnn包，并将包中的cudnn.h文件复制到软件栈的include目录下。

通过无提示方式安装软件栈。在Shell终端，以root权限执行如下命令即可。

```
./corex-installer-linux64-3.0.0_loongarch64_10.2.run
```

安装完成后，需要在bashrc文件中设置环境。

```
export LD_LIBRARY_PATH=/usr/local/corex-
3.0.0/lib64:$LD_LIBRARY_PATH
```

查看GPGPU驱动，在Shell终端输入ixsmi，若显示图7-4所示的信息，则表示成功安装软件栈。

6）安装测试工具

在Shell终端执行如下命令，安装测试工具。

```
$ bash corex-samples-3.0.0_loongarch64.run
```

测试工具的默认路径为～/corex-samples-3.0.0_loongarch64。执行完后，在～/corex-samples-3.0.0_loongarch64下有两个文件夹——sample文件夹和test文件夹。

test 文件夹下有 gemm_perf、bandwidthTest 及 p2pBandwidthTest 这 3 个测试工具，可用于训练卡算力测试、功耗测试以及带宽测试。

```
+-----------------------------------------------------------------------------+
|  IX-ML: 3.0.0       Driver Version: 3.0.1       CUDA Version: 10.2          |
|-------------------------------+----------------------+----------------------|
| GPU  Name                     | Bus-Id               | Clock-SM  Clock-Mem  |
| Fan  Temp  Perf  Pwr:Usage/Cap|      Memory-Usage    | GPU-Util  Compute M. |
|===============================+======================+======================|
| 0    Iluvatar BI-V100         | 00000001:07:00.0     | 1500MHz   1200MHz    |
| 0%   40C   P0    52W / 250W   | 129MiB / 32768MiB    | 0%        Default    |
+-------------------------------+----------------------+----------------------+

+-----------------------------------------------------------------------------+
| Processes:                                                       GPU Memory |
|  GPU        PID      Process name                                Usage(MiB) |
|=============================================================================|
|  No running processes found                                                 |
+-----------------------------------------------------------------------------+
```

▲图 7-4　ixsmi 执行后的信息

2. 基础模型训练

下面将介绍安装软件栈后，在龙芯 AI 训练平台上进行基础模型训练的过程。主要利用 PyTorch 及 PaddlePaddle 框架完成训练任务。

首先，准备数据集。常用的开源计算机视觉数据集有很多种，如 CIFAR 10 & CIFAR 100、ImageNet、COCO、MNIST、PASCAL 等，这里不具体介绍各大数据集，读者可以通过官方网站学习。读者可自行下载满足个人训练数据需求的官方数据集，此处使用的是天数智芯提供的数据集 corex-test-tools-data-3.0.0.tar。

将测试数据集 corex-test-tools-data-3.0.0.tar 复制到$ ~/corex-samples-3.0.0_loongarch64/samples/deeplearningsamples 下。

在 Shell 终端执行以下命令。

```
$ sudo tar xvf corex-test-tools-data-3.0.0.tar
```

执行完成后得到如下文件夹。

```
datasets  logs  model_zoo  packages
```

接下来，进行模型训练。

首先，以 ResNet50 为例，采用 PyTorch 框架进行模型训练，在 Shell 终端执行以下命令即可。

```
$ cd ~/corex-samples-3.0.0_loongarch64/samples/deeplearningsamples/executables/resnet
$ sh train_resnet50_torch.sh
```

部分训练日志如图 7-5 所示。

```
Start training
Epoch: [0]  [ 0/37]  eta: 0:15:47  lr: 0.1  img/s: 12.161252722654808  loss: 2.5137 (2.5137)  acc1: 8.5938 (8.5938)  acc5: 48.0469 (48.0469)
time: 25.6116  data: 3.8580
Epoch: [0]  [10/37]  eta: 0:01:27  lr: 0.1  img/s: 258.0370158269516  loss: 16.9076 (19.7352)  acc1: 8.5938 (10.7244)  acc5: 48.4375 (50.1776)
  time: 3.2391  data: 0.3512
Epoch: [0]  [20/37]  eta: 0:00:36  lr: 0.1  img/s: 258.0861994039035  loss: 11.3196 (13.4100)  acc1: 9.3750 (10.4725)  acc5: 51.1719 (50.5766)
  time: 0.9985  data: 0.0006
Epoch: [0]  [30/37]  eta: 0:00:12  lr: 0.1  img/s: 258.03893816198456  loss: 3.4950 (10.3787)  acc1: 10.1562 (10.6351)  acc5: 52.3438 (51.4995
)  time: 0.9956  data: 0.0006
Epoch: [0] Total time: 0:01:09
Epoch: [0] Avg img/s: 244.54649465224253
```

▲图 7-5　部分训练日志（1）

训练完成后将在 corex-samples-3.0.0_loongarch64/samples/deeplearningsamples/official/cv/classification/resnet/PyTorch/output 目录下产生训练出来的模型，其扩展名为.pth。

然后，以 YOLO v5 为例，采用 PyTorch 框架进行模型训练，在 Shell 终端执行如下命令即可。

```
$ cd ~/corex-samples-3.0.0_loongarch64/samples/deeplearningsamples/executables/yolov5
$ sh train_yolov5s_coco128_torch.sh
```

部分训练日志如图 7-6 所示。

```
Starting training for 1000 epochs...

     Epoch   gpu_mem       box       obj       cls     total  img_size total_fps
     0/999     1.06G   0.04745   0.02892   0.01718   0.09355       640     0.454:   0%|                              | 0/16 [00:17<?, ?it/s]

     0/999     0.91G   0.04173   0.04053   0.01873     0.101       640     4.571: 100%|██████████| 16/16 [00:24<00:00,  1.53s/it]
               Class    Images    Labels         P         R    mAP@.5 mAP@.5:.95:   0%|                              | 0/16 [00:00<?, ?it/s]
/usr/local/lib64/python3.6/site-packages/torch/functional.py:445: UserWarning: torch.meshgrid: in an upcoming release, it will be required to
pass the indexing argument. (Triggered internally at  /opt/apps/pytorch/aten/src/ATen/native/TensorShape.cpp:2157.)
  return _VF.meshgrid(tensors, **kwargs)  # type: ignore[attr-defined]
               Class    Images    Labels         P         R    mAP@.5 mAP@.5:.95: 100%|██████████| 16/16 [00:10<00:00,  1.60it/s]
                 all       127       926     0.712     0.563     0.673     0.429

     Epoch   gpu_mem       box       obj       cls     total  img_size total_fps
     1/999     3.34G   0.04709   0.02867     0.017   0.09277       640     43.32:   0%|                              | 0/16 [00:00<?, ?it/s]

     1/999     3.34G   0.04154   0.04019   0.01846    0.1002       640     40.23: 100%|██████████| 16/16 [00:03<00:00,  5.32it/s]
               Class    Images    Labels         P         R    mAP@.5 mAP@.5:.95: 100%|██████████| 16/16 [00:02<00:00,  6.15it/s]
                 all       127       926     0.716     0.559     0.669     0.425

     Epoch   gpu_mem       box       obj       cls     total  img_size total_fps
     2/999     3.34G   0.04663   0.02821   0.01656   0.09141       640     43.24:   0%|                              | 0/16 [00:00<?, ?it/s]

     2/999     3.34G   0.04121   0.03976   0.01797   0.09894       640        40: 100%|██████████| 16/16 [00:03<00:00,  5.26it/s]
               Class    Images    Labels         P         R    mAP@.5 mAP@.5:.95: 100%|██████████| 16/16 [00:02<00:00,  5.95it/s]
                 all       127       926     0.713     0.562     0.669     0.426

     Epoch   gpu_mem       box       obj       cls     total  img_size total_fps
     3/999     3.34G   0.04597   0.02762   0.01591    0.0895       640      43.3:   0%|                              | 0/16 [00:00<?, ?it/s]

     3/999     3.34G   0.04076    0.0392   0.01731   0.09726       640     40.71: 100%|██████████| 16/16 [00:02<00:00,  5.34it/s]
               Class    Images    Labels         P         R    mAP@.5 mAP@.5:.95: 100%|██████████| 16/16 [00:02<00:00,  6.04it/s]
                 all       127       926     0.708     0.565     0.671     0.429

     Epoch   gpu_mem       box       obj       cls     total  img_size total_fps
     4/999     3.34G   0.04508   0.02702   0.01505   0.08715       640     43.16:   0%|                              | 0/16 [00:00<?, ?it/s]
```

▲图 7-6　部分训练日志（2）

训练完成后将在 corex-samples-3.0.0_loongarch64/samples/deeplearningsamples/official/cv/detection/yolov5/PyTorch/runs/train/expxx/weights 下产生训练出来的模型，其扩展名为.pt。

最后，以 ResNet50 为例，采用 PaddlePaddle 框架进行模型训练，在 Shell 终端执行如下命令即可。

```
$ cd ~/corex-samples-3.0.0_loongarch64/samples/deeplearningsamples/executables/resnet
$ sh train_resnet50_paddle.sh
```

部分训练日志如图 7-7 所示。

```
[2023/06/20 08:44:21] ppcls INFO: [Train][Epoch 1/5][Iter: 0/32]lr: 0.00008, top1: 0.06250, top5: 0.12500, CELoss: 4.65317, loss: 4.65317, bat
ch_cost: 19.22627s, reader_cost: 0.49048, ips: 1.66439 images/sec, eta: 0:51:16
[2023/06/20 08:44:23] ppcls INFO: [Train][Epoch 1/5][Iter: 10/32]lr: 0.00086, top1: 0.01420, top5: 0.03977, CELoss: 4.76835, loss: 4.76835, ba
tch_cost: 0.18359s, reader_cost: 0.00053, ips: 174.30187 images/sec, eta: 0:00:27
[2023/06/20 08:44:25] ppcls INFO: [Train][Epoch 1/5][Iter: 20/32]lr: 0.00164, top1: 0.00893, top5: 0.04018, CELoss: 4.75414, loss: 4.75414, ba
tch_cost: 0.18322s, reader_cost: 0.00066, ips: 174.65145 images/sec, eta: 0:00:25
[2023/06/20 08:44:27] ppcls INFO: [Train][Epoch 1/5][Iter: 30/32]lr: 0.00242, top1: 0.00706, top5: 0.04133, CELoss: 4.80457, loss: 4.80457, ba
tch_cost: 0.18276s, reader_cost: 0.00062, ips: 175.09348 images/sec, eta: 0:00:23
[2023/06/20 08:44:28] ppcls INFO: [Train][Epoch 1/5][Avg]top1: 0.00686, top5: 0.04118, CELoss: 4.81680, loss: 4.81680
[2023/06/20 08:44:30] ppcls INFO: [Eval][Epoch 1][Iter: 0/16]CELoss: 34.15866, loss: 34.15866, top1: 0.00000, top5: 0.00000, batch_cost: 1.659
50s, reader_cost: 0.99536, ips: 38.56572 images/sec
[2023/06/20 08:44:31] ppcls INFO: [Eval][Epoch 1][Iter: 10/16]CELoss: 33.93837, loss: 33.93837, top1: 0.00000, top5: 0.00000, batch_cost: 0.16
735s, reader_cost: 0.04367, ips: 382.43354 images/sec
[2023/06/20 08:44:33] ppcls INFO: [Eval][Epoch 1][Avg]CELoss: 29.78651, loss: 29.78651, top1: 0.01667, top5: 0.04902
[2023/06/20 08:44:34] ppcls INFO: Already save model in ./output/ResNet50_vd/best_model
[2023/06/20 08:44:34] ppcls INFO: [Eval][Epoch 1][best metric: 0.016666666666666666]
[2023/06/20 08:44:34] ppcls INFO: Already save model in ./output/ResNet50_vd/epoch_1
[2023/06/20 08:44:35] ppcls INFO: Already save model in ./output/ResNet50_vd/latest
[2023/06/20 08:44:36] ppcls INFO: [Train][Epoch 2/5][Iter: 0/32]lr: 0.00258, top1: 0.03125, top5: 0.09375, CELoss: 5.09267, loss: 5.09267, bat
ch_cost: 0.24914s, reader_cost: 0.01571, ips: 128.44155 images/sec, eta: 0:00:31
[2023/06/20 08:44:38] ppcls INFO: [Train][Epoch 2/5][Iter: 10/32]lr: 0.00336, top1: 0.01989, top5: 0.07102, CELoss: 5.06283, loss: 5.06283, ba
tch_cost: 0.18473s, reader_cost: 0.00084, ips: 173.22988 images/sec, eta: 0:00:21
[2023/06/20 08:44:40] ppcls INFO: [Train][Epoch 2/5][Iter: 20/32]lr: 0.00414, top1: 0.01637, top5: 0.05952, CELoss: 5.11028, loss: 5.11028, ba
tch_cost: 0.18515s, reader_cost: 0.00061, ips: 172.83302 images/sec, eta: 0:00:19
[2023/06/20 08:44:41] ppcls INFO: [Train][Epoch 2/5][Iter: 30/32]lr: 0.00492, top1: 0.01310, top5: 0.05141, CELoss: 5.19044, loss: 5.19044, ba
tch_cost: 0.18358s, reader_cost: 0.00049, ips: 174.31495 images/sec, eta: 0:00:17
```

▲图 7-7　部分训练日志（3）

训练完成后将在目录 corex-samples-3.0.0_loongarch64/samples/deeplearningsamples/official/cv/classification/resnet/paddle/output/ResNet50_vd 下产生相关的模型文件。

7.3 项目总结

本项目首先介绍了龙芯智能计算平台的技术栈及总体框架，然后详细介绍了使用龙芯 AI 训练平台（龙芯 3C5000 的 AI 训练服务器搭载 AI 训练卡）进行部署和模型训练的过程。

项目 8　龙芯智能计算平台的推理部署

本项目主要介绍龙芯智能计算平台的推理部署过程，具体讲解两种推理部署方案——基于 AI 加速卡的推理部署、基于 NCNN 框架的推理部署。

8.1 知识引入

龙芯智能计算平台包括 AI 训练平台和 AI 推理平台。龙芯 AI 推理平台使用龙芯终端、边缘端或推理服务器搭载 AI 推理卡来部署应用，从而完成推理任务。根据应用场景对算力的需求，可选择不同的 AI 推理卡。目前龙芯平台支持的推理卡种类较多，如天数智芯、登临科技、寒武纪、算能科技、云天励飞等厂商的推理卡。龙芯 AI 推理平台的软硬件配置如表 8-1 所示。

表 8-1　AI 推理平台的软硬件配置

类　别	配　置
主控处理器	处理器：这里以龙芯 3A5000 为例。 内存：8GB 以上。 硬盘：128GB 以上。 USB：支持 2 路 USB 2.0、2 路 USB 3.0。 协处理器：这里以 DeepEye 1000 为例。 其他：720P 高清双目摄像头
AI 推理卡	根据应用场景对算力的需求，可选择不同的 AI 推理卡
软件配置	操作系统：这里以 Loongnix 20 桌面操作系统为例。 其他：AI 实训软件包和案例资源包

8.2 任务 1：基于 AI 加速卡的推理部署

8.2.1　任务描述

基于 AI 加速卡的推理部署方案，将基于龙芯 AI 训练平台训练出来的模型在龙芯 AI 推理平台进行推理部署。其中 AI 加速卡以 DeepEye 1000 为例。

8.2.2　技术准备

1. AI 推理卡介绍

DeepEye 1000 是一颗面向计算机视觉的深度学习神经网络处理器芯片，内置自研 CNN 加速引擎，不仅可以实现高性能、低功耗的 CNN 模型的加速，还可以高效完成多路动态视频流的人脸检测、跟踪、特征提取和识别，高效支持墨镜、口罩、性别、年龄等的检测。

除了可运行人脸识别算法外，DeepEye 1000 芯片还支持其他主流的 CNN 算法移植，用于完成服装识别、表情识别、背包识别等任务；同时也支持其他计算机视觉 CNN 算法的移植和应用，可广泛应用于智能摄像机、工业检测、机器人、无人机等领域。

2. 通信模式

DeepEye 1000 芯片通过 USB 接口与主控处理器（如龙芯 3A5000）进行通信。主控处理器用于获取多路视频流或者图片，通过 USB 接口可将数据发送给芯片，芯片内部进行视频解码或者图片解码，并调用相应的计算库加速，把计算结果通过 USB 返回给主控处理器。

龙芯服务器主机端和加速卡设备端的交互如图 8-1 所示。

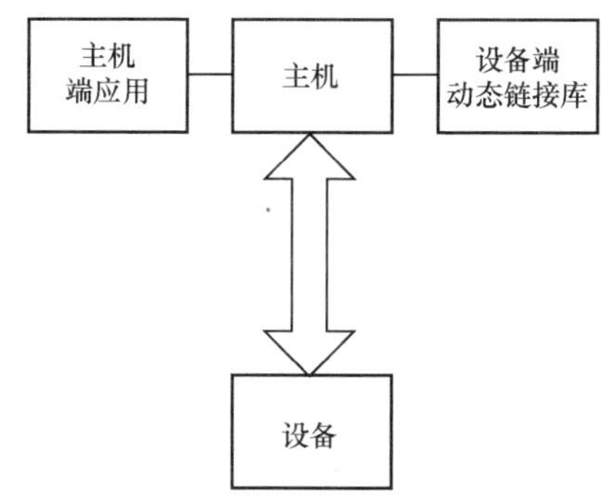

▲图 8-1　龙芯服务器主机端和加速卡设备端的交互

主机端应用主要负责以下任务。

- 让主机端程序与设备端的 RPC（Remote Procedure Call，远程过程调用）服务器进行连接。
- 把要在设备端运行的动态链接库实时加载到设备端。
- 调用加载到设备端的动态链接库里的预测函数。
- 卸载加载到设备端的动态链接库。

设备端应用主要负责以下任务。

- 调用 net.bin 和 model.bin 进行推理。
- 调用图片进行解码并输入神经网络。
- 向主机端返回推理结果。

3. 开发套件介绍

DEngine 开发套件主要包括模型编译工具链、应用软件开发包、示例模型和数据等。DEngine 主要由以下两种类型的软件包构成。

- DEngine_detvm：DETVM 模型编译工具及编译仿真工具。
- DEngine_desdk_<type_os-cpu> ：DESDK 平台扩展包，包括相应平台的 DESDK 库和工具，用于编译平台应用。其中 type 指平台的类型，os 指平台的操作系统，cpu 指平台的 CPU 架构。如 DEngine_desdk_host_linux-loongson 指在龙芯平台下的主控扩展包，DEngine_desdk_dev_linux-dp1000 指在 DP 1000 芯片平台下的设备扩展包。

8.2.3　任务实施

1. 安装加速棒

基于 DeepEye 1000 的 USB 接口 AI 加速棒，插入主机 USB 3.0 的插口后，等待数秒，系统可识别到加速卡。可通过在终端执行 lsusb 命令检测系统是否识别到加速卡。若识别到，会输出 Linux-USB "Gadget Zero"，如图 8-2 所示。

```
[loongson@localhost ~]$ lsusb
Bus 002 Device 003: ID 093a:2510 Pixart Imaging, Inc. Optical Mouse
Bus 002 Device 002: ID 0c45:760b Microdia
Bus 002 Device 001: ID 1d6b:0001 Linux Foundation 1.1 root hub
Bus 001 Device 001: ID 1d6b:0002 Linux Foundation 2.0 root hub
Bus 004 Device 002: ID 0525:a4a0 Netchip Technology, Inc. Linux-USB "Gadget Zero
"
Bus 004 Device 001: ID 1d6b:0003 Linux Foundation 3.0 root hub
Bus 003 Device 001: ID 1d6b:0002 Linux Foundation 2.0 root hub
Bus 005 Device 001: ID 1d6b:0002 Linux Foundation 2.0 root hub
[loongson@localhost ~]$
```

▲图 8-2　AI 加速卡识别检测

2. 加速卡环境部署

1）安装开发套件 DEngine

使用 root 权限，在 Shell 终端执行命令 tar -zxvf DEngine.tar.gz -C /，将 DEngine.tar.gz 压缩包解压到根目录（/）下即可安装开发套件 DEngine。

使用 DeepEye 1000 加速棒进行推理，推理可通过对应的模型配置文件来执行。.ini 文件为模型配置文件，用于指定模型编译和运行的参数。其格式为通用的 INI 格式，该文件分为 common、compile、run 这 3 个代码段。common 是指编译和运行共用的配置，compile 是指编译（包含仿真）使用的配置，run 是指芯片运行使用的配置。这里用到的是 common 和 run 两个代码段，用户可以根据模型情况修改。

在 Shell 终端执行命令 cd /DEngine 切换到 DEngine 目录下，然后，运行如下命令即可进行模型测试。

```
bash run.sh model/dp1000/1nnp/caffe_resnet50/caffe_resnet50.ini
```

以上命令运行成功后，会输出 MODEL RUN SUCCESS，在其上有相关检测信息，这说明 DEngine 运行成功，如图 8-3 所示。

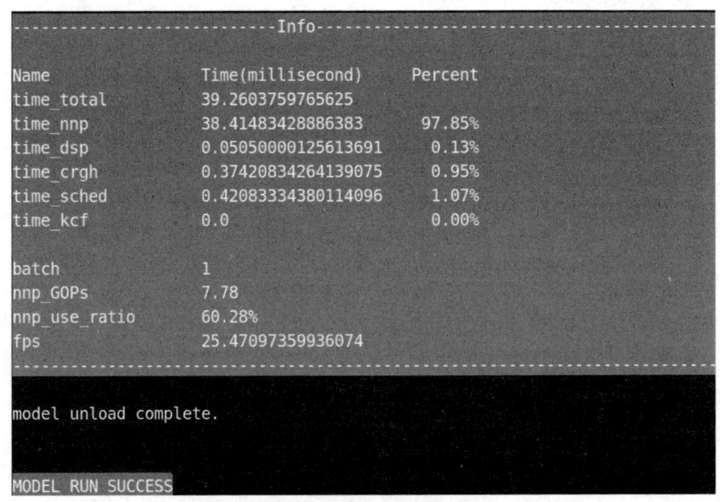

▲图 8-3　DEngine 运行成功

2）安装模型编译工具 DETVM

基于其他框架训练出来的模型需要使用 DP 1000 模型编译工具 DETVM 进行编译，获得

DP 1000 芯片模型（net.bin 和 model.bin），这样，模型推理才能在 DeepEye 1000 加速卡上运行。准备 DETVM 包（detvm_v1.2.5.8_loongarch_pre.zip）和 DETVM Docker 镜像包（detvm_loongson_v0.1.rar）。

模型编译工具 DETVM 的部署步骤如下。

（1）在终端执行命令 sudo apt-get install docker-ce，在 3A5000 系统中安装 Docker。通过 docker -v 可检测 Docker 是否安装成功，如果输出 Docker 的版本号，则说明 Docker 安装成功。

（2）在 Shell 终端执行如下命令，离线安装 DETVM Docker 镜像。

```
docker load -i detvm_loongson_v0.1.rar
```

（3）在 Shell 终端执行命令 unzip detvm_v1.2.5.8_loongarch_pre.zip，安装 DETVM。

（4）部署与修改 DETVM。目前基于龙芯平台的 DETVM 仅支持 ONNX 格式，需检查并确认以下 3 个文件已屏蔽掉相关信息，否则在量化编译时会提示找不到相关模块。

需做修改的文件一为/DEngine/detvm/example/model_convert/model_compile.py。修改后的 model_compile.py 文件如图 8-4 所示。

```
import sys, os, re

#sys.path.append('/workspace/detvm/example')
from onchip_netbin import model_genbins
from deepeye.environment import get_env
import numpy as np

import tvm
from tvm import relay
# import tensorflow as tf
# import tvm.relay.testing.tf as tf_testing
# import mxnet as mx
# from tvm.relay.frontend import caffe_pb2 as pb
# from google.protobuf import text_format
import onnx
# import torchvision
# import torch
from common.types import *
from common.funcs import *
from model_compile_old import model_compile_old
import logging
logging.basicConfig(level=logging.DEBUG)
```

▲图 8-4　修改后的 model_compile.py 文件

需要修改的文件二为/DEngine/detvm/example/model_convert/onchip_netbin.py。修改后的 onchip_netbin.py 文件如图 8-5 所示。

```
import sys, cv2
import os
import numpy as np
#from tvm.relay.frontend import caffe_pb2 as pb
#from google.protobuf import text_format
from tvm import relay
import tvm
from tvm.contrib import graph_runtime
from tvm import ndarray as _nd
```

▲图 8-5　修改后的 onchip_netbin.py 文件

需要修改的文件三为/DEngine/detvm/example/model_convert/tvm_cpu.py。修改后的 tvm_cpu.py 文件如图 8-6 所示。

```
import sys, cv2
import os
import numpy as np
from tvm import relay
import tvm
from tvm.contrib import graph_runtime
#from tvm.relay.frontend import caffe_pb2 as pb
#import mxnet as mx
#from google.protobuf import text_format
from common.types import *
```

▲图 8-6　修改后的 tvm_cpu.py 文件

3. 模型量化、编译与评估

DETVM 提供了两种编译模型的方式。

- 使用 model_convert 工具。通过修改.ini 配置文件对模型编译参数进行控制，简单方便，这适合不熟悉 DETVM 框架、对模型没有定制化需求的一般开发者。
- 使用 DETVM 接口。提供 DETVM Python 接口，参考 DETVM 提供的码即可编写模型编译和评估脚本。此方式适合熟悉 DETVM 接口、希望更灵活地使用 DETVM 工具进行模型编译的用户。

这里使用 model_convert 工具修改编译脚本。模型配置文件用于指定模型编译和运行的参数，其格式为通用的 INI 格式，配置的含义可参考配置文件示例中的注释。其中，common 指模型的基本配置，quantize 指量化的相关配置，可参考/DEngine/model/onnx/onnx_squeezenet_v1.1/onnx_squeezenet_v1.1.ini 文件。

进入 Docker 转换环境，先根据模型结构需求，修改.ini 文件，然后使用命令进行转换。模型量化和编译命令如表 8-2 所示。

表 8-2　模型量化和编译命令

模　　型	量化和编译命令
ResNet 50	bash /DEngine/compile.sh model/dp1000/onnx_resnet50/onnx_resnet50.ini
MobileNet v3	bash /DEngine/compile.sh model/dp1000/onnx_mobilenetv3/onnx_mobilenetv3.ini
YOLOv 5	bash /DEngine/compile.sh model/dp1000/onnx_yolov5/onnx_yolov5.ini

如果编译成功，在终端会输出“MODEL_COMPILE_SUCCESS”的信息，同时在执行目录下将生成 net.bin 和 model.bin 文件。

需要对编译后的芯片模型在 DeepEye 1000 芯片上运行的精度和性能进行评估，以确定其是否能满足业务需求。

对于一些以特征为主要结果的模型，特征相似度已经能很好地表达模型的精度，可以不进行后处理和精度评估。对于一些特征相似度无法正确表达模型精度的模型，如含有选优、排序和特殊计算等导致特征相似度差异较大的模型，必须进行后处理和精度评估。模型评估有单次评估、基准评估两种方式，可自行选择需要的方式。

单次评估指从主控侧通过 Python 接口单次调用模型推理，获得模型各部分运行的时间以及运行结果的方法。单次评估的操作步骤如下。

（1）将编译好的芯片模型文件、.ini 配置文件、model_info.json 文件复制到运行平台的对应文件夹下，在配置文件中的[run]标签下配置正确的芯片模型目录 netbin_folder_path 和测试图片路径 img_path，示例中芯片模型目录为/DEngine/model/dp1000/caffe_squeezenet_v1.1。

（2）进入模型目录/DEngine/model/dp1000/caffe_squeezenet_v1.1，执行以下命令。

```
# /DEngine/run.sh caffe_squeezenet_v1.1.ini
```

基准评估指对模型在芯片上的精度和推理性能进行测试与统计，使用户对 DeepEye 1000 芯片当前配置下的推理能力有一定的了解，帮助用户根据需要选择合理的配置参数。基准评估的操作步骤如下。

（1）模型的默认编译配置为 nnp_number = 4，这表示低延迟模式。进行基准评估时一般使用吞吐量模式，需要将 caffe_squeezenet_v1.1.ini 中的 nnp_number 改为 1，重新编译。将编译好的芯片模型文件、.ini 配置文件、model_info.json 文件复制到运行平台的对应文件夹下，示例中它们和.ini、.json 文件与原始模型放在同一文件夹下，编译好的模型放在下一级 caffe_squeezenet_v1.1 目录中。

（2）准备编译好的芯片模型文件和对应的 benchmark.json 配置文件，示例中已配置好 benchmark.json，该文件的内容如下。

```
{
"device_num":1,
"test_suites":
[{
"test_suite_name":"normal",
"accuracy_datasets_path":"/DEngine/data/datasets/ILSVRC2012",
"synset_path":"/DEngine/data/datasets/synset_1000.txt",
"val_path":"/DEngine/data/datasets/ILSVRC2012_val.txt",
"fps_datasets_path":"/DEngine/data/datasets/ILSVRC2012",
"models_root":"/DEngine/model/dp1000",
"thread_list":[1],
"batch_list":[1,2,4],
"nnp_num_list":[1,2,4],
"resource_num_list":[4,4,4],
"topn":5,"time_criteria": 10.0,
"num_criteria": 50,
"accuracy_test": false,
"fps_test": true,
"input_quesize": 32,
"test_models":
{
"caffe_squeezenet_v1.1": {"do_test":true, "shape":[227,227],
"rgb":true,
"resource_num_list":[8,8,8]}
}
}]
}
```

（3）进入 desdk/tools/benchmark 目录，执行如下命令。

```
# /DEngine/run.sh benchmark.py
```

4. 模型推理运行

使用/DEngine/run.sh 脚本来启动推理过程。其中 run.sh 为运行环境配置脚本，主要有 desdk_lib、LD_LIBRARY_PATH、usb_config_ini 等的配置。/DEngine/run.sh 后面必须接.ini 或.py 文件。

第一种推理运行方式是使用.ini 文件运行推理。这里以 caffe_squeezenet_v1.1.ini 为例，该文件为将 Caffe 模型 squeezenet_v1.1 转换为 DeepEye 1000 芯片模型的模型配置文件，用于指定模型编译和运行的参数，如图 8-7（其中的 unp 为神经网络处理器）所示。

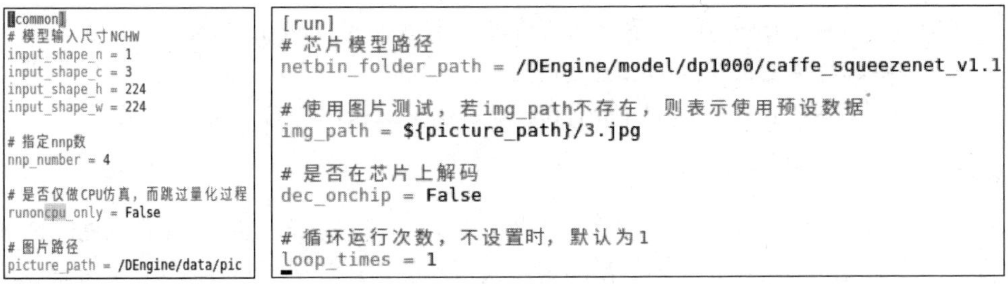

```
[common]
# 模型输入尺寸NCHW
input_shape_n = 1
input_shape_c = 3
input_shape_h = 224
input_shape_w = 224

# 指定nnp数
nnp_number = 4

# 是否仅做CPU仿真，而跳过量化过程
runoncpu_only = False

# 图片路径
picture_path = /DEngine/data/pic
```

```
[run]
# 芯片模型路径
netbin_folder_path = /DEngine/model/dp1000/caffe_squeezenet_v1.1

# 使用图片测试，若img_path不存在，则表示使用预设数据
img_path = ${picture_path}/3.jpg

# 是否在芯片上解码
dec_onchip = False

# 循环运行次数，不设置时，默认为1
loop_times = 1
```

▲图 8-7　.ini 文件

该文件将执行 python3 /DEngine/desdk/python/example/model_run.py，调用 onchip_run.py 中的 onchip_run 接口运行推理，具体代码如下。

```
# 初始化
remote = nn.device_init(0)
sdk = nn.NNDeploy(remote)
# 加载模型，将主控的芯片模型加载到芯片中，load_host 接口的第三个参数为批量大小的最大值
model = sdk.load_host(model_path + "/net.bin", model_path +"/model.bin", batch_max = max(batch))
# 打开测试图片，并将其转换为标准输入格式
data = sdk.to_ndarray(data=indatas[0]['data'], img_format=indatas[0]['type'], shapes=indatas[0]['shape'])
# 执行推理预测
predict(model=model, model_path=model_path, indatas=[data], layer_analysis=layer_analysis, batch=batch)
# 卸载模型
sdk.un_load(model)
```

进行测试运行，在 Shell 终端执行如下命令。

```
/DEngine/run.sh model/dp1000/1nnp/onnx_resnet50/onnx_resnet50.ini
```

运行结果如下所示。

```
Name                Time(millisecond)      Percent
time_total          24.747791290283203
time_nnp            23.679582973196005      95.68%
time_dsp            0.04191666602916574      0.17%
time_crgh           0.37399999431192016      1.51%
time_sched          0.6522916567461129       2.64%
time_kcf            0.0                      0.00%

batch               1
nnp_GOPs            0.781719
nnp_use_ratio       9.83%
fps                 40.40764641459672
```

第二种推理运行方式是使用.py 脚本运行推理。这里以 test_resnet50.py 为例，具体代码如下。

```
# 指定芯片模型文件以及图片路径，在/DEngine/model/dp1000 下面有已经编译好的芯片模型，如 resnet50、mobilenet-v2 等
net_file = "/DEngine/model/dp1000/onnx_resnet50/net.bin"
model_file = "/DEngine/model/dp1000/onnx_resnet50/model.bin"
img_dir = "/DEngine/data/datasets/ILSVRC2012/ILSVRC2012_img_val"
# 设置模型输入尺寸，配置 resize_shape 为模型输入尺寸，如果模型配置了 resize 就可配置 resize_shape 为 none
size = 224
resize_shape = (size, size)
# 创建推理引擎
```

```
engine = InferEngine(net_file, model_file, max_batch=8)
# 设置输入图像格式，使其以 RGB 图像格式输入
 format = de.PixelFormat.DE_PIX_FMT_RGB888_PLANE
# 利用 OpenCV 裁剪图像，将图像数据数组化，并设置形状
img = resize.get_image_use_cv2_crop(imgpath=img_path, corp_shape=resize_shape,
rgb_en=1, norm_en=0, interp=cv2.INTER_LINEAR)
img = np.array(img.astype('uint8'))
shape = (1, 3, size, size)
# 执行推理，data 为每个样本的输入列表，每个输入 data 的格式为[(format, shape,
# img)]，format 为图像格式，shape 为数据尺寸，img 为数据内容，返回值为推理结果列表，为 NumPy 格式
data = [(format, shape, img)]
data_out = engine.predict(data)
# 输出结果
print(f"predict result: data_out len={len(data_out)}")
for i in range(len(data_out)):
print(f"data_out[{i}],shape={data_out[i].shape},dtype={data_out[i].dtype}")
# 进行后处理，将矩阵排序，并返回排序后的索引
a = np.argsort(-data_out[0].flatten())
# 获取标签
datasets_path = "/DEngine/data/datasets/ILSVRC2012"
synset_path = os.path.join(datasets_path, "synset_1000.txt")
synsets_label = get_labels(synset_path)
print(f"predict id = {a[0]}, label = {synsets_label[a[0]]}, prob = {data_out[0][a[0]]
}", flush=True)
# 输出推理过程的时间统计信息，包括连接建立时间、数据转换时间、推理时间等
engine.profile()
```

运行结果如图 8-8 所示。

```
[root@localhost example]# /DEngine/run.sh test_resnet50.py
CUR_FILE test_resnet50.py
success to create /DEngine/usbprop.ini
python3 test_resnet50.py 2>&1 | tee test_resnet50.py_run.log
load /DEngine/desdk/platform/host_linux-loongson/lib/libdcmi.so success
load /DEngine/desdk/platform/host_linux-loongson/lib/libusbdev.so success
load /DEngine/desdk/platform/host_linux-loongson/lib/libusb.so success
load /DEngine/desdk/platform/host_linux-loongson/lib/libdesdk.so success
load /DEngine/desdk/platform/host_linux-loongson/lib/libctrl.so success
load /DEngine/desdk/platform/host_linux-loongson/lib/libutils.so success
load /DEngine/desdk/platform/host_linux-loongson/lib/libDB.so success
load /DEngine/desdk/platform/host_linux-loongson/lib/libusbraw_transfer.so success
load /DEngine/desdk/platform/host_linux-loongson/lib/libusbdev_info.so success
load /DEngine/desdk/platform/host_linux-loongson/lib/libinfer_engine.so success
InferEngine example start...

==========================================
test id 1, image ILSVRC2012_val_00000019.JPEG
predict result: data_out len=1
data_out[0], shape=(1000,), dtype=float16
predict id = 478, label = n02971356 carton, prob = 0.720703125

profile:
[2022-06-16 14:45:08.886342] load library cost 0.03 ms
[2022-06-16 14:45:10.081795] engine create cost 1195.453 ms
[2022-06-16 14:45:10.094854] data to ndarray cost 2.579 ms
[2022-06-16 14:45:10.163444] predict batch=1 cost 68.59 ms
[2022-06-16 14:45:10.164805] get output cost 1.361 ms
```

▲图 8-8 运行结果

8.3 任务 2：基于 NCNN 框架的推理部署

8.3.1 任务描述

基于腾讯的 NCNN 框架的推理部署方案将基于龙芯 AI 训练平台训练出来的模型在 AI 推理平台进行推理部署。同样，需要将训练出来的模型转换为 NCNN 框架能运行的模型。

8.3.2　技术准备

前面已经叙述 NCNN 框架的下载与编译方式，这里不赘述。

8.3.3　任务实施

1. 模型转化

使用 NCNN 内部自带的转换工具 onnx2ncnn，进行模型转换操作。模型转换命令如表 8-3 所示。

表 8-3　模型转换命令

模　型	模型转换命令
ResNet 50	onnx2ncnn Resnet50.onnx Resnet50.param Resnet50.bin
MobileNet V3	onnx2ncnn mobilenetv3.onnx mobilenetv3.param mobilenetv3.bin
YOLO v5	onnx2ncnn yolov5.onnx yolov5.param yolov5.bin

通过以上命令，可在 ONNX 模型同级的路径下生成 PARAM 模型和 BIN 模型。

2. 模型加密

所在路径的 NCNN 提供了模型加密推理功能，可以先对模型进行加密。模型加密命令如表 8-4 所示。

表 8-4　模型加密命令

模　型	模型加密命令
ResNet 50	ncnn2mem Resnet50.param Resnet50.bin Resnet50.id.h Resnet50.mem.h
MobileNet V3	ncnn2mem mobilenetv3.param mobilenetv3.bin mobilenetv3.id.h mobilenetv3.mem.h
YOLO v5	ncnn2mem yolov5.param yolov5.bin yolov5.id.h yolov5.mem.h

通过以上命令，可在模型所在目录的同级目录下生成对应模型的.id.h 和.mem.h 文件。

3. 推理运行

这里主要介绍 ResNet 50、MobileNet v3 和 YOLO v5 如何通过 NCNN 框架进行模型推理的运行测试。

1）ResNet 50 模型推理的代码实现

通过 NCNN 框架进行 ResNet 50 模型推理的代码如下。

```
# 加载非加密的 NCNN 模型
ncnn::Net net;
net.load_param_bin("Resnet50.param");
net.load_model("Resnet50.bin");
# 加载加密的 NCNN 模型
ncnn::Net net;
net.load_param_bin("Resnet50.param.bin");
net.load_model("Resnet50.bin");
```

注意，模型名字不能以数字开头。

由于通过 param.bin 无法查看模型结构，因此需要导入 id.h 头文件来获取模型的输入和输出。

```
# include "Resnet50.id.h"
```

Resnet50.id.h 文件如下。

```
namespace Resnet50_param_id {
const int LAYER_x_1 = 0;
const int BLOB_x_1 = 0;
…
const int LAYER_Gemm_121 = 77;
const int BLOB_442 = 85;
} // 命名空间 Resnet50_param_id
```

由上可知，模型的输入为 Resnet50_param_id::BLOB_x_1，输出为 Resnet50_param_id::BLOB_442。定义输入和输出的代码如下。

```
# include "Resnet50.id.h"
ncnn::Mat in;
ncnn::Mat out;
ncnn::Extractor ex = net.create_extractor();
ex.set_light_mode(true);
ex.set_num_threads(4);
ex.input(Resnet50_param_id::BLOB_x_1, in);
ex.extract(Resnet50_param_id::BLOB_442, out);
```

不同网络的输入、输出文件的名字不同，整体代码如下。

```
# include <opencv2/highgui/highgui.hpp>
# include <vector>
# include "net.h"
# include "Resnet50.id.h"

using namespace std;

int main()
{
    cv::Mat img = cv::imread("test.JPEG");
    int w = img.cols;
    int h = img.rows;
    printf("img cols is %d\n", w);
    printf("img rows is %d\n", h);
    ncnn::Mat in = ncnn::Mat::from_pixels_resize(img.data, ncnn::Mat::PIXEL_BGR, w,
    h, 224, 224);

    ncnn::Net net;
    net.load_param_bin("Resnet50.param.bin");
    net.load_model("Resnet50.bin");
    ncnn::Extractor ex = net.create_extractor();
    ex.set_light_mode(true);
    ex.set_num_threads(4);

    ncnn::Mat out;
    ex.input(Resnet50_param_id::BLOB_x_1, in);
    ex.extract(Resnet50_param_id::BLOB_442, out);
    ncnn::Mat out_flattened = out.reshape(out.w * out.h * out.c);
    vector<float> score;
    score.resize(out_flattened.w);
    for (int i = 0; i < out_flattened.w; ++i) {
        score[i] = out_flattened[i];
    }
    vector<float>::iterator max_id = max_element(score.begin(), score.end());
    printf("predicted class: %d, predicted value: %f\n", max_id - score.begin(), score
    [max_id - score.begin()]);
```

```
    // printf("\n");
    // net.clear();
    return 0;
}
```

2）MobileNet v3 和 YOLO v5 模型推理的代码实现

NCNN 已提供模型推理代码，通过将其他模型转换为 NCNN 模型，修改代码中对应的名称，并重新编译，直接在终端通过命令测试即可。

```
./yolov5 reti.jpg
./mobilenetv2ssdlite reti.jpg
```

3）运行结果

MobileNet v3 的运行结果如图 8-9 所示。

▲图 8-9　MobileNet v3 的运行结果

YOLO v5 的运行结果如图 8-10 所示。

▲图 8-10　YOLO v5 的运行结果

8.4 项目总结

本项目要求基于龙芯智能计算平台的 AI 推理平台进行推理实战，介绍了基于 AI 加速卡的推理部署和基于 NCNN 框架的推理部署。